高等职业教育

机械行业"十二五"规划教材

机械设计

（含工程力学）

Mechanical Design
(Engineering Mechanics Included)

◎ 林承全 龚五堂 主编
◎ 张雄才 王文军 陈艳芳 副主编
◎ 刘合群 贺剑 主审

人民邮电出版社

北京

精品系列

图书在版编目（CIP）数据

机械设计：含工程力学 / 林承全，龚五堂主编. --
北京：人民邮电出版社，2013.3
高等职业教育机械行业"十二五"规划教材
ISBN 978-7-115-30079-9

Ⅰ．①机… Ⅱ．①林… ②龚… Ⅲ．①机械设计－高
等职业教育－教材 Ⅳ．①TH122

中国版本图书馆CIP数据核字(2013)第024276号

内 容 提 要

全书按照课程改革新体系编写，含工程力学、机械原理和机械设计全部内容；打破了旧的课程界限和学科体系，精选内容，精心编排，构建了实用性和应用型机械设计基础（含工程力学）的教材新体系；大量减少了各科课程及其章节之间的重复，缩减了教学时数。第1~6章可提供上学期使用，第7~12章可供第二学期使用。本教材免费提供电子教案、习题答案和多媒体课件等资料。

本书可作为高等职业学校、高等专科学校、成人院校及本科院校主办的二级职业技术学院和民办高校机械及机电类专业"机械设计基础"课程教材，也可作为机械、模具、数控、汽车、机电等专业的函授生的教材，还可以作为机械企业的岗位技术培训机械基础教材和从业人员的自学教材。

由于对内容深度和广度的适当扩展，本书也可供本科院校相关专业的师生和相关工程技术人员参考使用。

高等职业教育机械行业"十二五"规划教材

机械设计（含工程力学）

◆ 主　　编　林承全　龚五堂
　　副主编　张雄才　王文军　陈艳芳
　　主　　审　刘合群　贺　剑
　　责任编辑　韩旭光

◆ 人民邮电出版社出版发行　　北京市崇文区夕照寺街14号
　　邮编　100061　电子邮件　315@ptpress.com.cn
　　网址　http://www.ptpress.com.cn
　　三河市海波印务有限公司印刷

◆ 开本：787×1092　1/16
　　印张：17　　　　　　　　　　2013年3月第1版
　　字数：425千字　　　　　　　2013年3月河北第1次印刷

ISBN 978-7-115-30079-9

定价：36.00元

读者服务热线：**(010)67132746** 印装质量热线：**(010)67129223**
反盗版热线：**(010)67171154**

前　言

本书是根据教育部制定的《高职高专教育机械设计基础课程教学基本要求》，结合多所院校多年的教改经验编写而成的，主要适用于机械、模具、数控、汽车、机电一体化等机械类、近机械类各专业两年制和三年制学生的教学，参考学时数为 100～120 学时。

本书主要特色如下：

1. 教材体系新

主要体现在三个方面：

第一，本书废弃传统的机械设计的体系，现在仅仅设置 12 章；打破了旧的课程界限和学科体系，精选内容，精心编排，构建了实用性和应用型机械设计基础（含工程力学）的教材新体系；大量减少了各科课程及其章节之间的重复，缩减了教学时数。

第二，第 1～6 章可供大学一年级新生上学期使用，第 7～12 章可供其第二学期使用。本书内容按照机械的受力分析、承载能力、组成结构、工作原理分析、零件设计等顺序进行编排。这种编排体系与机械设计的一般程序是一致的，可以使学生在学习本书的过程中自觉地了解和掌握机械设计的一般过程。

第三，考虑本书既有理论性，又有实践性的特点和机电一体化的发展趋势，全书重点介绍工程实际中各种典型零部件受力分析与承载能力计算等，减少理论性分析，所举实例均为机电、模具、汽车传动机构中的受力及强度计算；以实践性为目标来编排机械的组成和工作原理、各种常用机械传动的基本知识及设计方法。

2. 内容整合力度大

本书将原理论力学中的静力学知识按照基本概念、基本定理、平面力系这一由浅入深的顺序整合成一章，将原材料力学中的四种基本变形及组合变形整合为一章，将原机械原理中的齿轮机构、轮系与原机械设计中的齿轮传动和蜗杆传动等重新整合为一章，增强了教学体系的完整性，大大节省了教学课时，符合高职高专的教学特点。

3. 实践性较强

对于基本理论，本书遵循"必须、实用、够用为度"、"少而精"、"浅而广"和"掌握概念、强化应用"的原则，对各种公式不作详细推导，例题和习题的编写突出实践和实训的应用性，且所举实例均为今后专业课中会运用到的工程实例。

4. 采用了最新的国家标准

本书全部采用国家最新标准。例如，对于传统教材中的"螺纹联接"，本书采用最新标准中的"螺纹连接"。书后附录有材料力学性能、部分钢材型号等，极大地方便了教师教，学生学。

5. 学习指导与教学资料齐全

本教材的学习资料可以到人民邮电出版社网站和该课程的精品课程网站学习和下载，习题答案、试卷、电子教案和多媒体课件等可以免费提供给教师使用。

本书由林承全、龚五堂任主编，由张雄才、王文军、陈艳芳任副主编，由林承全负责全书的统稿和定稿。随州职业技术学院贺剑副教授和咸宁职业技术学院刘合群副教授作为本书的主审，给本书提出了很多宝贵的意见和建议，在此表示衷心感谢。荆州职业技术学院林承全编写第 1 章、第 6 章、第 7 章、第 12 章及前言、目录、附录等；荆州职业技术学院龚五堂编写了第 2 章、第 3 章；武汉职业技术学院张雄才编写了第 4 章、第 5 章；荆州职业技术学院王文军编写了第 8 章、第 9 章；河源职业技术学院陈艳芳编写了第 10 章、第 11 章。

在本书的编写过程中，我们得到了人民邮电出版社和编者所在单位领导的大力帮助与支持，也参考了国内外先进教材的编写经验，在此深表谢意。

由于本书是一部教改力度比较大的教材，一定存在不足，加之编者水平有限，书中疏漏和欠妥之处在所难免，恳请广大读者批评指正。

本书编者的联系 E-mail:linchengquan@msn.com。网址：http://hexun.com/lin8188

编　者

目　录

第1章

机械设计基础概论

1.1 机械的概念

1.1.1 机械的组成

人类在长期的生产实践中，为了减轻劳动强度、改善劳动条件、提高劳动生产率，创造和发展了机械，如汽车，机床等。机械的种类繁多，形式各不相同，但却有一些共同的特征，就其组成而言，一部完整的机械主要有以下四部分。

1. 动力部分

动力部分是机械的动力来源，其作用是把其他形式的能量转变为机械能以驱动机械运动并做功，如电动机、内燃机等。

2. 执行部分

执行部分是直接完成机械预定功能的部分，如机床的主轴和刀架、起重机的吊钩等。

3. 传动部分

传动部分是将动力部分的运动和动力传递给执行部分的中间环节。它可以改变运动速度、转换运动形式，以满足工作部分的各种要求，如减速器将高速转动变为低速转动，螺旋机构将旋转运动转换成直线运动。

4. 控制部分

控制部分用来控制机械的其他部分，使操作者能随时实现或停止各项功能，如机器的开停、运动速度和方向的改变等。这一部分通常包括机械和电子控制系统。

机械的组成不是一成不变的。有些简单机械不一定具有上述四部分，有的甚至只有动力部分和执行部分,如水泵、砂轮机等。而对于较复杂的机械,除具有上述四部分外,还有润滑、照明装置等。

图 1.1 机械的组成

1.1.2 机器和机构

在现代机械中,传动部分有机械的、电力的、液压和气压的,其中以机械传动应用最广。从制造和装配方面来分析,任何机械设备都是由许多机械零件、部件组成的。图 1.2 所示为单缸四冲程内燃机,它由齿轮 1 和 2、凸轮 3、排气阀 4、进气阀 5、气缸体 6、活塞 7、连杆 8、曲轴 9 组成。当燃气推动活塞 7 做直线往复运动时,经连杆 8 使曲轴 9 做连续转动。凸轮 3 和顶杆是用来开启和关闭进气阀和排气阀的。在曲轴和凸轮轴之间的两个齿轮的齿数比为 1:2,使曲轴转两周时,进、排气阀各启闭一次。这样就把活塞的运动转变为曲轴的转动,将燃气的热能转换为曲轴转动的机械能。这里包含了气缸体、活塞、连杆、曲轴组成的曲柄滑块机构,凸轮、顶杆、机架组成的凸轮机构,齿轮和机架组成的齿轮机构。

各种机器尽管有着不同的形式、构造和用途,但是都具有下列三个共同特征:①机器是人为的多种实体的组合;②各部分之间具有确定的相对运动;③能完成有效的机械功或变换机械能。

机器是由一个或几个机构组成的;机构仅具有机器的前两个特征,它被用来传递运动或变换运动形式。若单纯从结构和运动的观点来看,机器和机构并无区别,因此,通常把机器和机构统称为机械。

a)   b)

图 1.2 单缸四冲程内燃机

a)结构简图;b)机构运动简图

1、2—齿轮 3—凸轮 4—排气阀 5—进气阀 6—气缸体 7—活塞 8—连杆 9—曲轴

1.1.3　构件和零件

组成机构的各个相对运动部分称为构件。构件可以是单一的整体（如活塞），也可以是多个零件组成的刚性结构。如曲轴 9 和齿轮 1 作为一个整体来转动，它们构成一个构件，但它们在加工时是两个不同的零件。由此可知，构件是运动的基本单元，而零件是制造的基本单元。

1.2 机械设计的基本要求和一般程序

机械设计是机械产品研制的第一步，设计的好坏直接关系到产品的质量、性能和经济效益。机械设计就是从使用要求出发，对机械的工作原理、结构、运动形式、力和能量的传递方式，乃至各个零件的材料、尺寸和形状，以及使用、维护等问题进行构思、分析和决策的创造性过程。本课程主要讨论常用机械传动装置和通用零部件的设计。

1.2.1　机械零件的主要失效形式和设计准则

机械零件不能正常工作或达不到设计要求时，称该零件为失效。零件失效与破坏是两个概念，失效并不一定意味着破坏。如塑性材料制造的零件，工作时虽未断裂，但由于其过度变形而影响其他零件的正常工作，也是失效；齿轮由于齿面发生点蚀丧失了工作精度、带传动由于摩擦力不足而发生打滑等都是失效。

机械零件的常见失效形式有：断裂或过大的塑性变形，过大的弹性变形，工作表面失效（如磨损、疲劳点蚀、表面压馈、胶合等），发生强烈的震动以及破坏正常工作条件引起的失效（如连接松动、摩擦表面打滑等）。

同一种零件可能有多种失效形式。究竟什么是主要的失效形式，取决于零件的材料、受载情况、结构特点和工作条件。例如，对于轴，它可能发生疲劳断裂，也可能发生过大的弹性变形，还可能发生共振等。对于一般载荷稳定的转轴，疲劳断裂是其主要的失效形式；对于精密主轴，过大的弹性变形是其主要的失效形式；对于高速转动的轴，发生共振、失去稳定性是其主要失效形式。

机械零件虽然有多种可能的失效形式，但归纳起来主要是强度、刚度、耐磨性和震动稳定性等几方面的问题。设计机械零件时，保证零件在规定期限内不产生失效所依据的原则，称为设计计算准则，主要有：强度准则、刚度准则、寿命准则、震动稳定性准则和可靠性准则。其中，强度准则是设计机械零件首先要满足的一个基本要求。为保证零件工作时有足够的强度，设计计算时应使其危险截面或工作表面的工作应力不超过零件的许用应力，即

$$\sigma \leqslant [\sigma] \tag{1-1}$$

$$\tau \leqslant [\tau] \tag{1-2}$$

式中：σ——正应力；$[\sigma]$——许用正应力；

　　　τ——切应力；$[\tau]$——许用切应力。

1.2.2 机械设计应满足的基本要求

机械的性能和质量在很大程度上取决于设计的质量，而机械的制造过程的实质就是要实现设计所规定的性能和质量。机械设计作为机械产品开发研制的一个重要环节，不仅决定着产品的性能好坏，而且决定着产品质量的高低。设计和选用机械零件时，必须满足从机械整体出发对其提出的以下基本要求。

1. 功能性要求

设计的机械零件应在规定条件下、规定的寿命期限内，有效地实现预期的全部职能。

2. 经济性要求

在市场经济环境下，经济性要求贯穿于机械设计全过程，应合理选用原材料，确定适当的精度要求，减少设计和制造的周期。

3. 工艺性要求

工艺性要求指在一定的生产条件下，采用合理的结构，便于制造、装配和维护机械，尽可能采用标准零部件。

4. 其他方面的要求

如考虑安全的因素等。

1.2.3 机械设计的内容与步骤

机械设计是一项复杂、细致和科学性很强的工作。随着科学技术的发展，人们对设计的理解在不断地深化，设计方法也在不断地发展。近年来发展起来的"优化设计"、"可靠性设计"、"有限元设计"、"模块设计"、"计算机辅助设计"等现代设计方法已在机械设计中得到了推广与应用。即使如此，常规设计方法仍然是工程技术人员进行机械设计的重要基础，必须很好地掌握。常规设计方法又可分为理论设计、经验设计和模型实验设计等。环保、舒适、美学等方面的要求，也是设计者所必须考虑的。

机械设计的过程通常可分为以下几个阶段。

1. 产品规划

产品规划的主要工作是提出设计任务和明确设计要求，这是机械产品设计首先需要解决的问题。通常是人们根据市场需求提出设计任务，设计人员通过可行性分析后才能进行产品规划。

2. 方案设计

在满足设计任务书中设计具体要求的前提下，设计人员构思出多种可行性方案并进行分析论证，从中优选出一种能完成预定功能、工作性能可靠、结构设计可行、成本低廉的方案。

3. 技术设计

在既定设计方案的基础上，设计人员完成机械产品的总体设计、部件设计、零件设计等，设计结果以技术图样、使用说明书及计算说明书的形式表达出来。

4. 制造及实验

经过加工、安装及调试制造出样机，对样机进行试运行或在生产现场试用，将实验过程中发现的问题反馈给设计人员，设计人员经过修改完善，最后通过鉴定。

1.2.4 机械零件设计的一般步骤

机械零件设计没有一成不变的固定程序，常因具体条件不同而异，但一般机械零件设计的步骤如下。

1. 根据零件在机械中的地位和作用，选择零件的类型和结构。
2. 分析零件的载荷性质，拟定零件的计算简图，计算作用在零件上的载荷。
3. 根据零件的工作条件及对零件的特殊要求，选择适当的材料。
4. 分析零件可能出现的失效形式，决定计算准则和许用应力。
5. 确定零件的主要几何尺寸，综合考虑零件的材料、受载、加工、装配工艺和经济性等因素，参照有关标准、技术规范以及经验公式，确定全部结构尺寸。
6. 绘制零件工作图并确定公差和技术要求。

上述设计过程和内容并不是一成不变的，随具体任务和条件的不同而改变。在一般机械中，只有部分主要零件是通过计算确定其尺寸的，而许多零件则根据结构工艺上的要求，采用经验数据或参照规范进行设计，或使用标准件。

1.3 机械设计常用材料与性能

分析零件的强度时，除计算零件在外力作用下表现出来的应力外，还应了解材料的力学性能。所谓材料的力学性能，是指材料在外力作用下表现出来的变形和破坏方面的特性。它需由实验来确定。在室温下，以缓慢平稳的方式加载进行实验，称为常温静载实验。它是测定材料力学性能的基本实验。为了便于比较不同材料的实验结果，试件应按国家标准（GB/T 228—2008）加工成标准试件（见图1.3）。对圆截面试件，标距l与横截面直径d有两种比例：$l=5d$或$l=10d$。

图1.3 拉伸试验件

1.3.1　低碳钢在拉伸时的力学性能

低碳钢是指碳的质量分数在 0.3%以下的碳素钢。低碳钢在工程中使用最广，且它在拉伸实验中表现出的力学性能较全面。因此这里选择低碳钢为典型材料，研究其拉伸时的力学性能。

实验开始，把试件装在试验机上，使它受到缓慢增加的拉力，记录各时刻的拉力 F_P，以及与各拉力 F_P 对应的试件标距 l 的伸长量 Δl，直至破坏。由于 Δl 与试件长度 l 和横截面面积 A 有关，为了消除它们的影响，反映材料本身的性能，将 F_P 除以试件横截面面积 A，即得 $F_P/A=\sigma$，σ 称为正应力；将伸长量 Δl 除以试件标距 l，可得 $\Delta l / l = \varepsilon$，$\varepsilon$ 称为线应变。若以 σ 为纵坐标，ε 为横坐标，随着 F_P 的缓慢增加，将得到一系列点。连接这些点，便得到表示 σ 与 ε 的关系曲线（见图 1.4）。这条曲线称为应力—应变曲线，它表明了低碳钢在拉伸时的力学性能。

图 1.4　低碳钢拉伸时的应力—应变曲线

1. 四个拉伸阶段

根据低碳钢的应力应变曲线特点，可以将整个拉伸过程分为四个阶段。

第Ⅰ阶段　弹性阶段

如图 1.4 所示，Ob 段为弹性阶段。Oa 段为直线段，它表明应力 σ 与应变 ε 成正比，即

$$\sigma \propto \varepsilon \tag{1-3}$$

或写成

$$\sigma = E\varepsilon \tag{1-4}$$

上式即为胡克定律，E 为弹性模量，它是与材料有关的常量，由此实验可测定。这里直线 Oa 的斜率即为 E 的大小。几种常用材料的弹性模量指标见表 1.1。

表 1.1　　　　　　　　　　　几种常用材料的 E 值和 v 值

材　　料	E/GPa	v
碳钢	196～216	0.24～0.28
合金钢	186～206	0.25～0.30
灰铸铁	78.5～157	0.23～0.42
铜及其合金	72.6～128	0.31～0.42
铝合金	70	0.33

Oa 段的最高点 a 所对应的应力 σ_p 称为比例极限。显然，只有应力低于比例极限时，应力才与应变成正比，材料才服从胡克定律。

第Ⅱ阶段　屈服阶段

如图 1.4 所示，bc 段为屈服阶段。过 b 点以后，材料出现塑性变形，σ-ε 曲线上出现一段沿 ε 坐标方向上、下微微波动的锯齿形线，这说明应力变化不大，而变形却迅速增大，材料好像失去了对变形的抵抗能力，这种现象称为材料的屈服。屈服阶段的最低应力值 σ_s 称为材料的屈服点。由于材料在屈服阶段产生塑性变形，而工程实际中的受力构件都不允许发生过大的塑性变形，所以当其应力达到材料的屈服点时，便认为已丧失正常的工作能力。所以屈服点 σ_s 是衡量材料强度的重要指标。

第Ⅲ阶段　强化阶段

如图 1.4 所示，ce 段为强化阶段。屈服阶段过后，要增大变形就必须增加拉力，材料又恢复了抵抗变形的能力，这种现象称为材料的强化。强化阶段中的最高点 e 所对应的应力 σ_b 是材料承受的最高应力，称为抗拉强度。它是衡量材料强度的另一重要指标。

第Ⅳ阶段　颈缩阶段

在应力达到抗拉强度之前，试件的长度变形是均匀的。到达抗拉强度后，试件在某一局部范围内横向尺寸突然缩小，形成颈缩现象（见图 1.5）。颈缩部分的急剧变形引起试件迅速伸长，颈缩部位截面面积快速减小，试件承受的拉力明显下降，到 f 点（见图 1.4）试件被拉断。

图 1.5　颈缩现象

2. 伸长率和断面收缩率

材料的塑性可用试件断裂后遗留下来的塑性变形来表示。一般有下面两种表示方法。

（1）伸长率 δ

$$\delta = \frac{l_1 - l}{l} \times 100\% \tag{1-5}$$

式中：l ——试件标距原长度；

　　　l_1 ——试件拉断后的标距长度。

（2）断面收缩率 ψ

$$\psi = \frac{A - A_1}{A} \times 100\% \tag{1-6}$$

式中：A ——实验前试件的横截面面积；

　　　A_1 ——试件断口处最小横截面面积。

δ、ψ 大，说明材料断裂时产生的塑性变形大，塑性好。工程上通常将 $\delta > 5\%$ 的材料称为塑性材料，如钢、铜、铝等；$\delta < 5\%$ 的材料称为脆性材料，如铸铁、玻璃、陶瓷等。

1.3.2　材料压缩时的力学性能

金属材料的压缩试件一般制成很短的圆柱，以免被压弯。圆柱高度为直径的 1.5～3 倍。

低碳钢压缩时的 σ-ε 曲线（见图 1.6）与其拉伸时的 σ-ε 曲线（图 1.6 中虚线）相比，在屈服阶段以前，两曲线基本重合。这说明压缩时的比例极限 σ_p、弹性模量 E 以及屈服点 σ_s 与拉伸时基本相同。屈服阶段以后，试件越压越扁，曲线不断上升，无法测出强度极限。因此，对于低碳钢一般不做压缩实验。

铸铁压缩时的 σ-ε 曲线如图 1.7 所示。试件在较小的变形下突然破坏，破坏断面的法线与轴线的夹角呈 45°～55°。比较图 1.6 与图 1.7 可见，铸铁的抗压强度比抗拉强度要高出 4～5 倍。其他脆性材料也具有这样的性质。

图 1.6 低碳钢压缩时的 σ-ε 曲线　　　　图 1.7 铸铁压缩时的 σ-ε 曲线

通过研究低碳钢、铸铁在拉伸与压缩时的力学性能，可以得出塑性材料和脆性材料力学性能的主要区别是：

（1）塑性材料在断裂时有明显的塑性变形，而脆性材料在变形很小时突然断裂，无屈服现象。

（2）塑性材料在拉伸时的比例极限、屈服点和弹性模量与压缩时相同，说明它的抗拉与抗压强度相同，而脆性材料的抗拉强度远远小于抗压强度。因此，脆性材料通常用来制造受压构件。几种常用材料的主要力学性能指标见表 1.2。

表 1.2　　　　　　　　　　　　几种常用材料的主要力学性能

	牌　　号	σ_s/MPa	σ_b/MPa	δ_5/（%）
碳素结构钢 （GB 700—2008）	Q215	165～215	335～410	26～31
	Q225	185～225	375～460	21～26
	Q275	235～275	490～610	15～20
优质碳素结构钢 （GB 699—2008）	15	225	375	27
	40	235	570	19
	45	255	600	16
低合金结构钢 （GB/T 1591—2008）	Q295	235～295	390～570	23
	Q345	275～345	470～630	21～22
	Q390	335～390	490～650	19～20
	Q420	390～420	530～680	18～19
合金结构钢 （GB 3077—2008）	20Cr	540	835	10
	40Cr	785	980	9
	50Mn2	785	930	9
碳素铸钢 （GB 5675—2008）	ZG200—400	200	400	25
	ZG230—450	230	450	22
可锻铸铁 （GB 9440—2008）	KTH350—10	200	350	10
	KTZ450—06	270	450	6
	KTB380—12	200	380	2

续表

	牌　号	σ_s/MPa	σ_b/MPa	δ_5/（%）
球墨铸铁 （GB l348—2008）	QT400—15 QT450—10 QT600—3	250 310 370	400 450 600	15 10 3
灰铸铁 （GB 9439—2008）	HTl50 HT300		拉 100～175，压 640 拉 230～295，压 1 100	

注：δ_5 为 5 倍试件的伸长率；部分材料的 δ_5 为 $\delta_{0.2}$。

1.4 机械设计基础课程的内容、任务和性质

本课程主要研究的对象为机械中的常用机构和通用零件的工作原理、运动特性、结构特点以及材料选择和设计计算的基本理论和方法、使用和维护、标准和规范，从而为研究开发机器打下基础。

《机械设计》课程是一门培养学生具有一定机械设计能力的专业基础课。在现代化生产中，几乎没有一个领域不使用机械。因此，不仅机械制造部门，而且动力、采矿、石油、化工、轻纺、食品工业等各部门的工程技术人员也应具有一定的，有时甚至是较深的机械及机械设计基础知识。本课程也是工程技术人员的必修课程。

1.4.1　课程的主要任务

1. 使学生掌握静力学的公理、受力分析与受力图；掌握平面力系的平衡计算方法；掌握杆件的基本变形形式、轴向拉伸与压缩、剪切与挤压、扭转和弯曲的强度计算方法。

2. 使学生理解机构的结构、运动特性和机械动力学的基础知识，为学生将来从事机械产品的设计、开发提供必要的理论基础。

3. 使学生掌握通用零件的工作原理、特点、维护和设计计算的基本知识，初步具备从事简单机械装置设计以及设备使用、维护管理和故障分析的能力。

4. 使学生掌握常用的机构的基本理论和设计方法，掌握通用零部件的失效形式、设计准则与设计方法。

5. 使学生具备设计简单机械及传动装置的基本技能，具有运用标准、规范、手册、图册等有关技术资料及编写设计说明书的能力。

1.4.2　课程的内容

本课程的内容是简要介绍有关工程力学（理论力学和材料力学）的基本知识，重点讨论常用机构的组成原理、传动特点、功能特性、设计方法等基本知识及通用机械零件在一般工作条件下的工作原理、结构特点、选用及设计计算问题。

1.4.3　课程的性质

本课程是一门技术基础课。它综合运用了普通物理、高等数学、机械制图、公差与配合等课程的知识，解决常用机构及通用零部件的分析与设计问题，比以往的先修课程更接近工程实际。但它也有别于专业课程，主要是研究各类机械所具有的共性问题，在机电类专业课程体系中占有非常重要的位置。

1.4.4　课程的要求

1. 熟练掌握静力学分析的基本理论和基本计算方法、零件承载能力的分析与计算方法，能解决日常生活和实际工程中的有关零件的强度计算等问题。

2. 了解常用机构的工作原理、运动特性及机械设计的基本理论和方法。

3. 掌握通用零件的工作原理、选用和维护等方面的知识。

4. 培养初步具有运用标准手册，查阅相关技术资料的能力；具有通用零件的参数选择和简单机械传动装置的设计计算能力。

5. 获得本学科实验、实训技能的初步训练。

6. 通过本课程的学习为后续专业课程打下良好的基础。

1.5 本课程的学习方法

本课程是一门专业技术基础课，是从理论性、系统性都很强的基础课向实践性较强的专业课过渡的一个转折点。因此，学习本课程时必须在学习方法上有所转变，具体应注意如下几点。

1. 注意理论联系实际，学以致用，把知识学活。本课程的研究对象与生产实际联系紧密，在初学本课程时，会感到内容比较抽象。因此，建议在学习本课程理论知识的同时，要有意识地去多看、多接触一些实际的机构和机器，如缝纫机、自行车等，并努力用所学到的原理和方法去分析、思考。这样就可使原本枯燥抽象的理论学习变得生动具体，有利于学好理论知识，也有利于开发智力及培养创造性思维能力。

2. 注意本课程内容的内在联系，抓住基本知识和设计两条主线。本教材的教学内容是按照机械设计的一般程序来安排的。对各种常用机构、通用零部件及常见机械传动，除了介绍一些受力分析和承载能力分析的基本理论外，其余的都是介绍它们的基本知识（结构、原理、相关标准、使用维护等）和设计方法这两方面的内容。在学习本课程内容时，要注意各章节的共性，互相联系、互相比较，抓住两条主线来学习，才能提高本课程的学习效果。

3. 本课程的实践性较强，而实践中的问题往往很复杂，难以用纯理论的方法来分析解决，常常采用经验参数、经验公式、条件性计算等方法，这容易让学生产生"没有系统性"、"逻辑性差"甚至"不讲道理"的错觉，这是由于学生习惯了基础课的系统性所造成的。这就是实践性、工程性较强的课程的特点。在学习时要了解懂得这一特点并逐步适应。

4. 本课程的一些计算结果不具有唯一性。也就是说，计算结果没有对错之分，只有好坏优劣的不同，这也是实践性、工程性较强的课程的特点。在学习时也要逐步适应这种特点并树立努力获得最佳结果的思想。

5. 注意重视结构设计。对机械工程问题来说，理论计算固然很重要，但往往并不能解决问题，结构设计有时是解决问题的关键。大量工程实践证明，一个好的设计工程师，首先必须是一个好的结构设计师。初学者往往只注重计算而忽视结构设计。实际上，如果没有正确的结构设计，再好的理论计算也毫无意义。在学习本课程时，应逐步培养将理论计算与结构设计、工艺和工程实际等问题相结合的思维方式。

思考题与习题

1. 机器与机构的共同特征有哪些？它们的区别是什么？
2. 缝纫机、洗衣机、机械式手表是机器还是机构？
3. 以自行车为例，列举两个机构，并说明每个构件上有哪些零件？
4. 常用的工程材料的力学性能有哪些？
5. 机械设计基础的任务是什么？你打算如何学好本课程？

第2章

理论力学基础知识

静力学是研究物体在力系作用下平衡规律的科学。力系是指作用于同一物体上的一组力。物体的平衡一般是指物体相对于地面静止或做匀速直线运动。它主要解决两类问题：一是将作用在物体上的力系进行简化，即用一个简单的力系等效地替换一个复杂的力系；二是建立物体在各种力系作用下的平衡条件，并借此对物体进行受力分析。静力学在工程技术中具有十分重要的实用意义。

2.1 静力学的基本概念

2.1.1 力与力系的概念

力的概念产生于人类生产劳动当中。例如，奔腾的水流能推动水轮机旋转，锤子的敲打会使烧红的铁块变形等。

1. 力的概念

力是物体间的相互作用。这表明任何一个力必定和两个物体同时发生联系，力不能脱离物体而单独存在；力一出现必牵涉两个物体，一个是施力物体，另一个是受力物体。

2. 力的三要素

实践证明，力对物体的作用效应，取决于力的大小、方向（包括方位和指向）和作用点的位置，这三个因素就称为力的三要素。在这三个要素中，如果改变其中任何一个，也就改变了力对物体的作用效应。例如，用扳手拧螺母时，作用在扳手上的力，因大小不同，或方向不同，或作用点不同，产生的效果就不同（见图 2.1a)）。

3. 力是矢量

力是一个既有大小又有方向的量，而且又满足矢量的运算法则，因此力是矢量（或称向量）。矢量常用一个带箭头的有向线段来表示（见图 2.1b））。

4. 力系的概念

物体处于平衡状态时，作用于该物体上的力系称为平衡力系。力系平衡所满足的条件称为平衡条件。如果两个力系对同一物体的作用效应完全相同，就称这两个力系互为等效力系。当一个力系与一个力的作用效应完全相同时，把这个力称为该力系的合力，而该力系中的每一个力称为合力的分力。

图 2.1　力的三要素

5. 力的单位

力的国际制单位是牛顿或千牛顿，其符号为 N，或 kN。

2.1.2　刚体的概念

所谓刚体是指在受力状态下保持其几何形状和尺寸不变的物体。显然，这是一个理想化的模型，实际上并不存在这样的物体。刚体是人们为了简化对物体受力分析的过程而作的一种科学抽象。在对物体进行静力学分析时，我们通常都假定物体为刚体。

2.2

静力学公理

人们在长期的生活和生产实践中，发现和总结出一些最基本的力学规律，又经过实践的反复检验，证明是符合客观实际的普遍规律，于是就把这些规律作为力学研究的基本出发点。这些规律称为静力学公理。

1. 公理一　二力平衡公理

一个刚体受两个力作用而处于平衡状态的充分与必要条件是：这两个力大小相等，作用于同一直线上，且方向相反（见图 2.2）。

2. 二力体

只受两个力作用而平衡的物体称为二力体。

机械和建筑结构中的二力体常常统称为"二力构件"。它们的受力特点是：两个力的方向必在二力作用点的连线上。

应用二力体的概念，可以很方便地判定结构中某些构件的受力方向。如图 2.3 所示，三铰拱中 AB 部分，当车辆不在该部分上且不计自重时，它只可能通过 A、B 两点受力，是一个二力构件，故 A、B 两点的作用力必沿 AB 连线的方向。

图 2.2　二力平衡　　　　　　　　　　　　　　图 2.3 二力体

3. 公理二　加减平衡力系公理

在刚体的原有力系中，加上或减去任一平衡力系，不会改变原力系对刚体的作用效应。依据这一公理，可以得出一个重要推论：力的可传性原理。

4. 力的可传性原理

作用于刚体上的力可以沿其作用线移至刚体内任一点，而不改变原力对刚体的作用效应。例如，图 2.4 中在车后 A 点加一水平力推车，与在车前 B 点加一水平力拉车，其效果是一样的。

如图 2.5 所示，原来的力 F 与力系（F，F_1，F_2）以及力 F_2 等效，这样就将原来的力 F 沿其作用线由点 A 移到了点 B。

图 2.4　力的可传性

a)　　　　　　　b)　　　　　　　c)

图 2.5　力的可传性原理

5. 公理三　力的平行四边形法则

作用于物体同一点的两个力可以合成为一个合力。合力也作用于该点，其大小和方向由以这两个力为邻边所构成的平行四边形的对角线所确定，即合力矢等于这两个分力矢的矢量和。如图 2.6 所示，其矢量表达式为

$$F_R = F_1 + F_2 \tag{2-1}$$

从图 2.7 可以看出，在求合力时，实际上只需作出力的平行四边形的一半，即一个三角形就行了。如图 2.7 所示，这种作图方法称为力的三角形法则。在作力的三角形时，必须遵循一个原则，即分力矢首尾相接，但次序可变，合力矢与最后分力箭头相接。

图 2.6 平行四边形法则   图 2.7 三角形法则

力的平行四边形法则总结了最简单的力系简化规律，它是将复杂力系合成的主要依据。

力的分解是力的合成的逆运算；在工程实际中，通常是分解为方向互相垂直的两个分力。例如，在进行直齿圆柱齿轮的受力分析时，常将齿面的法向正压力 F_n 分解为推动齿轮旋转的分力——圆周力 F_t，指向轴心的压力——径向力 F_r（见图 2.8）。若已知 F_n 与分度圆圆周切向所夹的压力角为 α，则有

$$F_t = F_n \cos\alpha \qquad F_r = F_n \sin\alpha \qquad (2\text{-}2)$$

运用公理二、公理三可以得到下面的推论。

6. 三力平衡汇交定理

物体受三个力作用处于平衡状态时，若其中两个力的作用线汇交于一点，则第三个力的作用线也通过汇交点，且三力共面。读者可自行证明。

7. 公理四 作用力与反作用力定律

两个物体间的作用力与反作用力，总是大小相等，方向相反，作用线相同，并分别作用于这两个物体。

图 2.8 力的分解

必须强调指出，作用力和反作用力是分别作用于两个不同的物体上的，因此，绝不能认为这两个力相互平衡，这与二力平衡公理中的两个力有着本质上的区别。

2.3 约束和约束反力

工程中的机器或者机构，总是由许多零部件组成。这些零部件按照一定的形式相互连接；因此，它们的运动必然互相牵连和限制。运动受到限制或约束的物体，称为被约束体。

那些限制物体某些运动的条件，称为约束。约束限制了物体本来可能产生的某种运动，故约束有力作用于被约束体，这种力称为约束反力。

约束反力总是作用在被约束体与约束体的接触处，其方向也总是与该约束所能限制的运动或运动趋势的方向相反。据此，即可确定约束反力的位置及方向。

2.3.1 柔 索 约 束

由绳索、胶带、链条等形成的约束称为柔索约束。这类约束只能限制物体沿柔索伸长方向的运动，因此它对物体只有沿柔索方向的拉力，如图2.9、图2.10所示。

图 2.9 柔索约束   图 2.10 皮带传动

2.3.2 光滑面约束

当两物体直接接触，并可忽略接触处的摩擦时，约束只能限制物体在接触点沿接触面的公法线方向的运动，不能限制物体沿接触面切线方向的运动，故约束反力必过接触点且沿接触面法向并指向被约束体，简称法向压力，通常用F_N表示，如图2.11和图2.12所示。

图 2.11 光滑面约束   图 2.12 直杆与方槽接触

2.3.3 光滑铰链约束

铰链是工程上常见的一种约束。它是在两个钻有圆孔的构件之间采用圆柱定位销所形成的连接，如图2.13所示。门所用的活页、铡刀与刀架、起重机的动臂与机座的连接等，都是常见的铰链连接。

一般认为销钉与构件光滑接触，所以这也是一种光滑面约束，约束反力应通过接触点K沿公法线方向（通过销钉中心）指向构件，如图2.14a）所示。但实际上很难确定K的位置，因此反力 F_N 的方向无法确定。所以，这种约束反力通常用两个通过铰链中心的大小和方向未知的正交分力 F_x、F_y 来表示，两分力的指向可以任意设定，如图2.14b）所示。

图 2.13　铰链　　　　　　　　　　　图 2.14　销钉

1. 固定铰支座

固定铰支座用以将构件和基础连接，如桥梁的一端与桥墩连接时，常用这种约束，如图 2.15a）所示。图 2.15b）是这种约束的简图。

2. 滚动铰支座

在桥梁、屋架等结构中，除了使用固定铰支座外，还常使用一种放在几个圆柱形滚子上的铰链支座，这种支座称为滚动铰支座，也称为辊轴支座。它的构造如图 2.16a）所示。由于辊轴的作用，被支承构件可沿支承面的切线方向移动，故其约束反力的方向只能是滚子与地面接触面的公法线方向，如图 2.16b）所示。

图 2.15　固定铰支座　　　　　　　　　图 2.16　滚动铰支座

2.3.4　轴承约束

轴承约束是工程中常见的支承形式，它的约束反力的分析方法与铰链约束相同。

1. 向心轴承

支承传动轴的向心轴承（见图 2.17a)），也是一种固定铰支座约束，其力学符号如图 2.17b）所示。

2. 推力轴承

推力轴承可分为推力角接触轴承和轴向接触轴承（见图 2.18a)）。它除了与向心轴承一样具有作用线不定的径向约束力外，由于限制了轴的轴向运动，因而还有沿轴线方向的约束反力（见图 2.18b)）。其力学符号如图 2.18c）所示。

图 2.17 向心轴承

图 2.18 推力轴承

2.3.5 固定端约束

观察车床上的刀架对车刀的约束情况（见图 2.19a)），可知固定端约束可阻止被约束物体作任何移动和转动，所以除存在互相垂直的约束力外，还存在一个阻止其转动的力偶矩，如图 2.19b）所示。

图 2.19 固定端约束

2.4 | 物体的受力分析和受力图

所谓受力分析，是指分析所要研究的物体（称为研究对象）的受力大小、各力作用点和方向的过程。

工程中物体的受力可分为两类：一类称为主动力，如工作载荷、构件自重、风力等；另一类就是约束反力。进行受力分析时，研究对象可以用由简单线条组成的简图来表示。在简图上除去约束，使对象成为自由体，添上代表约束作用的约束反力，称为解除约束原理。解除约束后的自由物体称为分离体。在分离体上画上它所受的全部主动力和约束反力，就称为该物体的受力图。

如果没有特别说明，则物体的重力一般不计，并认为接触面都是光滑的。

画受力图的步骤一般如下所示。

（1）确定研究对象，取分离体。根据问题的要求，选取恰当的分离体，画出其力学计算简图。分离体可以是一个物体、几个物体的组合或整个物体系统。在简单情形下，取什么样的分离体是显而易见的，通常一个分离体就足以解决问题。在复杂问题中，可能需要多次取分离体，这时，选取什么样的分离体，以及选取分离体的先后顺序和组合往往是比较重要的。

（2）在分离体上画出全部主动力。主动力往往是已知的，注意不要漏掉主动力（已知重力时一定要画上）。

（3）在分离体上画出全部约束反力。在分离体上画出全部约束反力，是画受力图的关键。因此首先判断每一个具体约束的类型，以便根据约束的性质判断其约束反力的特征（包括约束力的数量、作用位置、作用线的方位和指向等），然后分别画到受力图上。

（4）全面检查受力情况。检查时应注意：受力图中只画分离体的简图和所受的全部作用力；画每个力都要有依据（有施力体），既不要多画，也不要漏画；分离体内各部分之间的相互作用力（内力）不画。

例 2-1　重力为 P 的圆球放在板 AC 与墙壁 AB 之间，如图 2.20a）所示。设板 AC 重力不计，试作出板与球的受力图。

解：①先取球为研究对象，作出简图。②画出球上的主动力 P。③约束反力有 F_{ND} 和 F_{NE}，均属光滑面约束的法向反力。④检查。受力图如图 2.20b）所示。

再取板为研究对象。由于板的自重不计，故只有 A、C、E 处的约束反力。其中，A 处为固定铰支座，其反力可用一对正交分力 F_{Ax}、F_{Ay} 表示；C 处为柔索约束，其反力为拉力 F_T；E 处的反力为法向反力 F'_{NE}，要注意该反力与球在该处所受反力 F_{NE} 为作用力与反作用力的关系。受力图如图 2.20c）所示。

图 2.20　板与球的受力

例 2-2　如图 2.21a）所示，重物重 $G=20$ kN，用钢丝绳挂在支架的滑轮 B 上，钢丝绳的另一端绕在铰车 D 上。杆 AB 与 BC 连接，并借铰链 A，C 与墙连接。如两杆与滑轮的自重不计并忽略摩擦和滑轮的大小，试画出杆 AB 和 BC 以及滑轮 B 的受力图。

解：（1）AB 杆的受力：①以 AB 杆为研究对象，取分离体；②AB 杆没有主动力；③画出约束力，AB 杆属二力杆；④检查。受力图如图 2.21b）所示。

图 2.21　简易滑轮起重机

（2）*BC* 杆的受力：①以 *BC* 杆为研究对象，取分离体；②*BC* 杆没有主动力；③画出约束力，*BC* 杆属二力杆；④检查。受力图如图 2.21d）所示。

（3）滑轮 *B* 的受力：①以滑轮 *B* 为研究对象,取分离体；②滑轮 *B* 没有主动力；③画出约束力；④检查。受力图如图 2.21c）所示。

画受力图时，须注意以下几点：

（1）作图时要明确所取的研究对象，把它单独取出来分析。在取整体作为研究对象时，有时为了简便起见，可以在题图上画受力图，但要明确，这时整体所受的约束实际上已被解除。

（2）要注意两个构件连接处的反力的关系。当所取的研究对象是几个构件的结合体时，它们之间结合处的反力是内力，不必画出。而当两个相互连接的物体被拆开时，其连接处的约束反力是一对作用力与反作用力，要等值、反向、共线地分别画在两个物体上。

（3）若机构中有二力构件，应先分析二力构件的受力，然后再分析其他作用力。

画受力图可概括为"据要求取构件，主动力画上面，连接处解约束，先分析二力件"。

2.5

平面汇交力系的简化与平衡方程

按照力系中各力的作用线是否在同一平面内，可将力系分为平面力系和空间力系。若各力作用线都在同一平面内并汇交于一点，则此力系称为平面汇交力系。按照由特殊到一般的认识规律，我们先研究平面汇交力系的简化与平衡规律。

2.5.1　力在坐标轴上的投影

设刚体上作用有一个平面汇交力系 F_1，F_2，…，F_n，各力汇交于 A 点（见图 2.22a））。根据力的可传性，可将这些力沿其作用线移到 A 点，从而得到一个平面共点力系（见图 2.22b））。

故平面汇交力系可简化为平面共点力系。

连续应用力的平行四边形法则，可将平面共点力系合成为一个力 F_R。

$$F_R = F_1 + F_2 + \cdots + F_n = \sum F_i \qquad (2-3)$$

F_R 即是该力系的合力。故平面汇交力系的合成结果是一个合力，合力的作用线通过汇交点，其大小和方向由力系中各力的矢量和确定。

图 2.22　平面共点力系

因合力与力系等效，故平面汇交力系的平衡条件是该力系的合力为零。过 F 两端向坐标轴引垂线（见图 2.23），得垂足 a、b、a'、b'。线段 ab 和 $a'b'$ 分别为 F 在 x 轴和 y 轴上的投影大小，投影的正负号规定为：从 a 到 b（或从 a' 到 b'）的指向与坐标轴正向相同为正，相反为负。F 在 x 轴和 y 轴上的投影分别计作 F_x 和 F_y。

若已知 F 的大小及其与 x 轴所夹的锐角 α，则有

$$\left.\begin{array}{l} F_x = F\cos\alpha \\ F_y = -F\sin\alpha \end{array}\right\} \qquad (2-4)$$

如将 F 沿坐标轴方向分解，所得分力 F_x、F_y 的值与在同轴上的投影 F_x、F_y 相等。但须注意，力在轴上的投影是代数量，而分力是矢量，不可混为一谈。

若已知 F_x、F_y 值，求出 F 的大小和方向，即

图 2.23　力的分解

$$\left.\begin{array}{l} F = \sqrt{F_x^2 + F_y^2} \\ \tan\alpha = |F_y / F_x| \end{array}\right\} \qquad (2-5)$$

2.5.2　平面汇交力系合成的解析法

设刚体上作用有一个平面汇交力系 F_1，F_2，$\cdots$，F_n，据式（2-3）有

$$F_R = F_1 + F_2 + \cdots + F_n = \sum F_i \qquad (2-6)$$

将上式两边分别向 x 轴和 y 轴投影，即有

$$\left.\begin{array}{l} F_{Rx} = F_{1x} + F_{2x} + \cdots + F_{nx} = \sum F_{ix} \\ F_{Ry} = F_{1y} + F_{2y} + \cdots + F_{ny} = \sum F_{iy} \end{array}\right\} \qquad (2-7)$$

式（2-7）即为合力投影定理：力系的合力在某轴上的投影，等于力系中各力在同一轴上投影的代数和。

若进一步按式（2-7）运算，即可求得合力的大小及方向，即

$$\left.\begin{array}{l} F_R = \sqrt{\left(\sum F_{ix}\right)^2 + \left(\sum F_{iy}\right)^2} \\ \tan\alpha = \left|\sum F_{iy} / \sum F_{ix}\right| \end{array}\right\} \qquad (2-8)$$

例 2-3　一固定于房顶的吊钩上有三个力 F_1、F_2、F_3，其数值与方向如图 2.24a）所示。用解析法求此三力的合力。

图 2.24　房顶的吊钩分析

解：建立直角坐标系 Axy，并应用式（2-7），求出

$$F_{Rx} = F_{1x} + F_{2x} + F_{3x}$$
$$= 732\ \text{N} + 0 - 2\ 000\ \text{N} \times \cos 30°$$
$$= -1\ 000\ \text{N}$$
$$F_{Ry} = F_{1y} + F_{2y} + F_{3y}$$
$$= 0 - 732\ \text{N} - 2\ 000\ \text{N} \times \sin 30°$$
$$= -1\ 732\ \text{N}$$

再按式（2-8）得

$$F_R = \sqrt{\left(\sum F_{ix}\right)^2 + \left(\sum F_{iy}\right)^2} = 2\ 000\text{N}$$
$$\tan \alpha = \left| \sum F_{iy} / \sum F_{ix} \right| = 1.732$$
$$\alpha = 60°$$

2.5.3　平面汇交力系的平衡方程及其应用

平衡条件的解析表达式称为平衡方程。由式（2-7）可知平面汇交力系的平衡条件是

$$\left. \begin{array}{l} \sum F_{ix} = 0 \\ \sum F_{iy} = 0 \end{array} \right\} \tag{2-9}$$

即力系中各力在两条坐标轴上投影的代数和分别等于零。式（2-9）称为平面汇交力系的平衡方程。这是两个独立的方程，可求解两个未知量。

例 2-4　图 2.25a）所示为一简易起重机。利用绞车和绕过滑轮的绳索吊起重物，其重力 $G = 20\ \text{kN}$。各杆件与滑轮的重力不计，滑轮 B 的大小可忽略不计，试求杆 AB 与 BC 所受的力。

解：（1）取节点 B 为研究对象，画其受力图，如图 2.25b）所示。杆 AB 与 BC 均为二力构件，对 B 的约束反力分别为 F_1 与 F_2；滑轮两边绳索的约束反力相等，即 $T=G$。

图 2.25　简易起重机分析

（2）选取坐标系 Bxy。

（3）列平衡方程式求解未知力：

$$\sum F_{ix}=0, \quad F_2\cos 30° - F_1 - T\sin 30° = 0 \tag{a}$$

$$\sum F_{iy}=0, \quad F_2\sin30°- T\cos30°- G =0 \qquad (b)$$

由式（b）得 F_2=74.6 kN

代入式（a）得 F_1=54.6 kN

F_1 与 F_2 均为正值，说明此两力的方向与图示一致，即 AB 杆受拉力，BC 杆受压力。

2.6

力偶及合力矩定理

2.6.1 力对点之矩

人们从实践中知道，力的外效应作用可以产生移动和转动两种效应。由经验知道，力使物体转动的效果不仅与力的大小和方向有关，还与力的作用点（或作用线）的位置有关。

例如，用扳手拧螺母（见图 2.26）时，螺母的转动效应除与力 F 的大小和方向有关外，还与点 O 到力作用线的距离 h 有关。距离 h 越大，转动的效果就越好，且越省力，反之则越差。显然，当力的作用线通过螺母的转动中心时，无法使螺母转动。

图 2.26 用扳手拧螺母

图 2.27 矩的数值计算

可以用力对点的矩这样一个物理量来描述力使物体转动的效果。

其定义为：力 F 对某点 O 的矩等于力的大小与点 O 到力的作用线的距离 h 的乘积。记作

$$M_O(\boldsymbol{F}) = \pm Fh \qquad (2\text{-}10)$$

式中，点 O 称为矩心，h 称为力臂，Fh 表示力使物体绕点 O 转动效果的大小，而正负号表示物体绕 O 点转动的方向。通常规定：使物体逆时针方向转动的力矩为正，反之为负。力矩的单位为牛·米（N·m）或牛·毫米（N·mm）。

根据定义，图 2.26 所示的力 F_1 对点 O 的矩为

$$M_O(\boldsymbol{F_1}) =- F_1h_1=- F_1h\sin\alpha \qquad (2\text{-}11)$$

力对点的矩与矩心的位置有关，同一个力对不同点的矩是不同的。因此，对力矩要指明矩心。

如图 2.27 所示，从几何上看，力 F 对点 O 的矩在数值上等于三角形 OAB 面积的两倍。力对点的矩在两种情况下等于零：（1）力为零；（2）力臂为零，即力的作用线过矩心。

2.6.2 合力矩定理

在计算力系的合力对某点的矩时，除根据力矩的定义计算外，还常用到合力矩定理，即平面汇交力系的合力对平面上任一点之矩，等于所有分力对同一点力矩的代数和。

若在 A 点有一平面汇交力系 F_1，F_2，…，F_n 作用，则合力矩定理的表达式为：

$$M_O(F_R) = \sum M_O(F_i) \tag{2-12}$$

当计算力矩时，在力臂较难确定的情况下，用合力矩定理计算更加方便。

例 2-5 一轮在轮轴 B 处受力 F 的作用，如图 2.28a）所示。已知 F、R、r 和 α，试求此力对轮与地面接触点 A 的力矩。

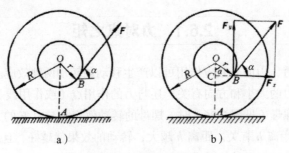

图 2.28 轮轴力矩计算

解：由于力 F 对矩心 A 的力臂未标明且不易求出，故将 F 在 B 点分解为正交的 F_x、F_y，再应用合力矩定理，有

$$M_A(F) = M_A(F_x) + M_A(F_y)$$
$$M_A(F_x) = -F_x CA$$
$$= -F_x(OA - OC)$$
$$= -F\cos\alpha(R - r\cos\alpha)$$
$$M_A(F_y) = F_y r\sin\alpha$$
$$= F\sin\alpha \, r\sin\alpha$$
$$= Fr\sin^2\alpha$$
$$M_A(F) = -F\cos\alpha(R - r\cos\alpha) + Fr\sin^2\alpha$$
$$= F(r - R\cos\alpha)$$

2.6.3 力　偶

在日常生活及生产实践中，常见到物体受一对大小相等、方向相反但不在同一作用线上的平行力作用，如图 2.29 所示的司机转动驾驶盘及钳工对丝锥的操作等。

一对等值、反向、不共线的平行力组成的力系称为力偶，此二力之间的距离称为力偶臂。由以上实例可知，力偶对物体作用的外效应是使物体单纯地产生转动效应。

1. 力偶的三要素

在力学上，以力 F 与力偶臂 d 的乘积作为量度力偶在其作用面内对物体转动效应的物理量，

称为力偶矩，并记作 $M(F, F')$ 或 M，即

$$M(F, F') = M = \pm Fd \qquad (2\text{-}13)$$

图 2.29　力偶

力偶矩的大小也可以通过力与力偶臂组成的三角形面积的二倍来表示（见图 2.30a）），即

$$M = \pm 2S_{\Delta OAB} \qquad (2\text{-}14)$$

一般规定，逆时针转动的力偶矩取正值，顺时针的取负值，如图 2.30b）所示。

图 2.30　力偶矩的大小和方向

力偶矩的单位为 N·m 或 N·mm。

力偶对物体的转动效应取决于下列三要素：

（1）力偶矩的大小。

（2）力偶的转向。

（3）力偶作用面的方位。

2．力偶的等效条件

凡是三要素相同的力偶彼此等效，即它们可以相互置换。这一点不仅由力偶的概念可以说明，还可通过力偶的性质作进一步证明。

3．力偶的性质

性质 1　力偶对其作用面内任意点的力矩恒等于此力偶的力偶矩，而与矩心的位置无关。

性质 2　由图 2.31 可见，力偶在任意坐标轴上的投影之和为零，故力偶无合力，力偶不能与一个力等效，也不能用一个力来平衡。

力偶无合力，故力偶对物体的平移运动不会产生任何影响，力与力偶相互不能代替，不能构成平衡。因此，力与力偶是力系的两个基本元素。

由于力偶具有上述性质，所以对力偶可作如下处理：

（1）力偶在它的作用面内，可以任意转移位置。其作用效应和原力偶相同，即力偶对于刚体上任意点的力偶矩值不因移位而改变。

（2）力偶在不改变力偶矩大小和转向的条件下，可以同时改变力偶中两反向平行力的大小、方向以及力偶臂的大小，而力偶的作用效应保持不变。

图 2.32a）、图 2.32b）、图 2.32c）中力偶的作用效应相同。力偶的力偶臂、力及其方向既然都可改变，就可简明地以一个带箭头的弧线并标出值来表示力偶，如图 2.32d）所示。

图 2.31　力偶的性质　　　　　　　　　图 2.32　力偶表示方式

4. 平面力偶系的合成

作用在物体上同一平面内的若干力偶，称为平面力偶系。设在刚体某平面上有力偶 M_1、M_2 的作用，如图 2.33a）所示，现求其合成的结果。

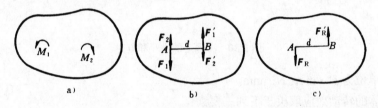

图 2.33　力偶合成

在平面上任取一线段 $AB=d$ 作为公共力偶臂，并把每个力偶化为一组作用在 A、B 两点的反向平行力，如图 2.33b）所示。根据力系等效条件，有

$$F_1 = \frac{M_1}{d}, F_2 = -\frac{M_2}{d} \quad\quad\quad (2-15)$$

于是在 A、B 两点各得一组共线力系，其合力为 $\boldsymbol{F_R}$ 与 $\boldsymbol{F'_R}$，如图 2.33c）所示，且有

$$F_R = F'_{R'} = F_1 - F_2 \quad\quad\quad (2-16)$$

$\boldsymbol{F_R}$ 与 $\boldsymbol{F'_{R'}}$ 为一对等值、反向、不共线的平行力，它们组成的力偶即为合力偶，所以有

$$M = F_R d = (F_1 - F_2)d = M_1 + M_2 \quad\quad\quad (2-17)$$

若在刚体上有若干个力偶作用，采用上述方法叠加，可得合力偶矩为

$$M = M_1 + M_2 + \cdots + M_n = \sum M_i \quad\quad\quad (2-18)$$

上式表明：平面力偶系合成的结果为一合力偶，合力偶矩为各分力偶矩的代数和。

5. 平面力偶系的平衡条件

由合成结果可知，要使力偶系平衡，合力偶的矩必须等于零。因此平面力偶系平衡的必要和充分条件是：力偶系中各力偶矩的代数和等于零，即

$$\sum M_i = 0 \tag{2-19}$$

例 2-6 四杆机构在图 2.34a）所示位置平衡，已知 $OA = 60 \text{ cm}$，$O_1B = 40 \text{ cm}$，作用在摇杆 OA 上的力偶矩 $M_1 = 1 \text{ N} \cdot \text{m}$，不计杆自重，求力偶矩 M_2 的大小。

图 2.34　四杆机构力偶矩计算

解：（1）受力分析：

先取 OA 杆分析，如图 2.34b）所示，OA 杆上作用有主动力偶矩 M_1，根据力偶的性质，力偶只与力偶平衡，所以在 OA 杆的两端点 O、A 上必作用有大小相等、方向相反的一对力 F_O 及 F_A，而连杆 AB 为二力杆，所以 F_A 的作用方向被确定。再取 O_1B 杆分析，如图 2.34c）所示，此时 $O'B$ 杆上作用有一个待求力偶 M_2，此力偶与作用在 O_1、B 两端点上的约束反力构成的力偶平衡。

（2）对 OA 杆列平衡方程（见图 2.34b）：

$$\sum M = 0, \quad M_1 - F_A \times OA = 0 \tag{a}$$

$$F_A = \frac{M_1}{OA} = 1.67 \text{N}$$

（3）对 $O'B$ 杆列平衡方程（见图 2.34c）

$$\sum M = 0, \quad F_B \times O_1B \sin 30 - M_2 = 0 \tag{b}$$

因

$$F_B = F_A = 1.67 \text{ N}$$

故由式（b）得

$$M_2 = F_A \times O_1B \times 0.5 = 1.67 \text{ N} \times 0.4 \text{ m} \times 0.5 \approx 0.33 \text{ N} \cdot \text{m}$$

2.7 平面一般力系的简化与平衡方程

所谓平面一般力系是指位于同一平面内的各力的作用线既不汇交于一点，也不互相平行的情况。它是工程实际中最常见的一种力系，工程计算中的许多实际问题都可以简化为平面一般力系问题来进行处理。

2.7.1　力的平移定理及合成计算

如图 2.35 所示，作用在刚体上 A 点处的力 F，可以平移到刚体内任意点 O 处，但必须同时附加一个力偶，其力偶矩等于原来的力 F 对新作用点 O 的矩。这就是力的平移定理。

证明如下：根据加减平衡力系公理，在任意点 O 处加上一对与 F 等值的平衡力 F'、F''（见图 2.35b)），则 F 与 F'' 为一对等值、反向、不共线的平行力，它们组成了一个力偶，其力偶矩等于原力 F 对 O 点的矩，即

$$M=M_O(F)=Fd \tag{2-20}$$

于是作用在 A 点的力 F 就与作用于 O 点的平移力 F' 和附加力偶 M 的联合作用等效，如图 2.35c）所示。

图 2.35 力偶等效

力的平移定理表明了力对绕力作用线外的中心转动的物体产生两种作用：一是力对物体的平移作用，二是附加力偶对物体产生的旋转作用。

如图 2.36 所示，圆周力 F 作用于转轴的齿轮上，为观察力 F 的作用效应，将力 F 平移至轴心 O 点，则有平移力 F' 作用于轴上，同时有附加力偶 M 使齿轮绕轴旋转。

图 2.36 齿轮绕轴旋转

再以削乒乓球为例（见图 2.37），分析力 F 对球的作用效应，将力 F 平移至球心，得平移力 F' 与附加力偶 M，平移力 F' 决定球心的轨迹，而附加力偶 M 则使球产生旋转。

图 2.37 乒乓球旋转

1. 平面一般力系向作用面内任一点简化（主矢和主矩）

设刚体上作用有一平面一般力系 F_1，F_2，…，F_n，如图 2.38a）所示，在平面内任意取一点 O，称为简化中心。根据力的平移定理，将各力都向 O 点平移，得到一个汇交于 O 点的平面汇交力系 F'_1，F'_2，…，F'_n，以及平面力偶系 M_1，M_2，…，M_n，如图 2.38b）所示。

（1）平面汇交力系 F'_1，F'_2，…，F'_n，可以合成为一个作用于 O 点的合矢量 F'_R，如图 2.38c）所示。

$$F'_R = \sum F'_i = \sum F_i \qquad (2\text{-}21)$$

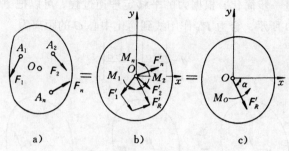

图 2.38　平面一般力系的简化

它等于力系中各力的矢量和。显然，单独的 F'_R 不能和原力系等效，它被称为原力系的主矢。将式（2-21）写成直角坐标系下的投影形式：

$$\left.\begin{aligned} F'_{Rx} &= F_{1x} + F_{2x} + \cdots + F_{nx} = \sum F_{ix} \\ F'_{Ry} &= F_{1y} + F_{2y} + \cdots + F_{ny} = \sum F_{iy} \end{aligned}\right\} \qquad (2\text{-}22)$$

因此主矢 F'_R 的大小及其与 x 轴正向的夹角分别为：

$$\left.\begin{aligned} F'_R &= \sqrt{F_{Rx}^2 + F_{Ry}^2} = \sqrt{\left(\sum F_{ix}\right)^2 + \left(\sum F_{iy}\right)^2} \\ \theta &= \arctan\left|\frac{F_{Ry}}{F_{Rx}}\right| = \arctan\left|\frac{\sum F_{iy}}{\sum F_{ix}}\right| \end{aligned}\right\} \qquad (2\text{-}23)$$

（2）附加平面力偶系 M_1，M_2，$\cdots$，M_n 可以合成为一个合力偶矩 M_O，即

$$M_O = M_1 + M_2 + \cdots + M_n = \sum M_O(F_i) \qquad (2\text{-}24)$$

显然，单独的 M_O 也不能与原力系等效，因此它被称为原力系对简化中心 O 的主矩。

综上所述，平面一般力系向平面内任一点简化可以得到一个力和一个力偶。这个力等于力系中各力的矢量和，作用于简化中心，称为原力系的主矢；这个力偶的矩等于原力系中各力对简化中心之矩的代数和，称为原力系的主矩。

原力系与主矢 F'_R 和主矩 M_O 的联合作用等效。主矢 F'_R 的大小和方向与简化中心的选择无关。主矩 M_O 的大小和转向与简化中心的选择有关。平面一般力系的简化方法，在工程实际中可用来解决许多力学问题。

2．平面一般力系的合成结果

由前述可知，平面一般力系向一点 O 简化后，一般来说得到主矢 F'_R 和主矩 M_O，但这并不是简化的最终结果，进一步分析可能出现以下四种情况。

（1）$F'_R = 0$，$M_O \neq 0$。

这说明该力系无主矢，而最终简化为一个力偶，其力偶矩就等于力系的主矩，此时主矩与简化中心无关。

（2）$F'_R \neq 0$，$M_O = 0$。

这说明原力系的简化结果是一个力，而且这个力的作用线恰好通过简化中心，此时 F'_R 就是原力系的合力 F_R。

（3）$F'_R \neq 0$，$M_O \neq 0$。

这种情况还可以进一步简化，根据力的平移定理逆过程，可以把 F'_R 和 M_O 合成一个合力 F_R。合成过程如图 2.39 所示，合力 F'_R 作用线到简化中心 O 的距离为

$$d = \left| \frac{M_O}{F_R} \right| = \left| \frac{M_O}{F'_R} \right| \tag{2-25}$$

图 2.39　平面一般力系合成过程

（4）$F'_R = 0$，$M_O = 0$。

这表明该力系对刚体总的作用效果为零，即物体处于平衡状态。

2.7.2　平面一般力系的平衡方程及其应用

1. 平面一般力系的平衡方程

（1）基本形式

由上述讨论知，若平面一般力系的主矢和对任一点的主矩都为零，则物体处于平衡状态；反之，若力系是平衡力系，则其主矢、主矩必同时为零。因此，平面一般力系平衡的充要条件是

$$\left. \begin{array}{l} F'_R = \sqrt{\left(\sum F_{ix}\right)^2 + \left(\sum F_{iy}\right)^2} = 0 \\ M_O = \sum M_O(F_i) = 0 \end{array} \right\} \tag{2-26}$$

故得平面一般力系的平衡方程：

$$\left. \begin{array}{l} \sum F_{ix} = 0 \\ \sum F_{iy} = 0 \\ \sum M_O(F_i) = 0 \end{array} \right\} \tag{2-27}$$

式（2-27）满足平面一般力系平衡的充分和必要条件，所以平面一般力系有三个独立的平衡方程，可求解最多三个未知量。

用解析表达式表示平衡条件的方式不是唯一的。平衡方程的形式还有二矩式和三矩式。

（2）二矩式

$$\left. \begin{array}{l} \sum F_{ix} = 0 \\ \sum M_A(F_i) = 0 \\ \sum M_B(F_i) = 0 \end{array} \right\} \tag{2-28}$$

附加条件：AB 连线不得与 x 轴相垂直。

（3）三矩式

$$\left.\begin{array}{l} \sum M_A(F_i)=0 \\ \sum M_B(F_i)=0 \\ \sum M_C(F_i)=0 \end{array}\right\} \tag{2-29}$$

附加条件：A、B、C 三点不在同一直线上。

2. 平面一般力系的解题步骤

（1）确定研究对象，画出受力图。应取有已知力和未知力作用的物体，画出其分离体的受力图。

（2）列平衡方程并求解。适当选取坐标轴和矩心。若受力图上有两个未知力互相平行，可选垂直于此二力的坐标轴，列出投影方程。若不存在两未知力平行，则选任意两未知力的交点为矩心，列出力矩方程，先行求解。一般水平和垂直的坐标轴可画可不画，但倾斜的坐标轴必须画。

例 2-7 绞车通过钢丝牵引小车沿斜面轨道匀速上升，如图 2.40a）所示。已知小车重 $P=10$ kN，绳与斜面平行，$\alpha=30°$，$a=0.75$ m，$b=0.3$ m，不计摩擦。求钢丝绳的拉力及轨道对车轮的约束反力。

图 2.40　绞车受力分析

解：（1）取小车为研究对象，画受力图（见图 2.40b））。小车上作用有重力 P，钢丝绳的拉力 F_T，轨道在 A、B 处的约束反力 F_{NA} 和 F_{NB}。

（2）取图示坐标系，列平衡方程：

$$\sum F_x=0, \qquad -F_T+P\sin\alpha=0$$

$$\sum F_y=0, \qquad F_{NA}+F_{NB} \qquad -P\cos\alpha=0$$

$$\sum M_O(F)=0, \qquad F_{NB}(2a)-Pb\sin\alpha-Pa\cos\alpha=0$$

解得　　　　　　　　$F_T=5$ kN，$F_{NB}=5.33$ kN，$F_{NA}=3.33$ kN

3. 物体系统的平衡

若物系由 n 个物体组成，则对每个受平面一般力系作用的物体至多只能列出 3 个独立的平衡方程，对整个物系至多只能列出 $3n$ 个独立的平衡方程。若问题中未知量的数目不超过独立的平衡方程的总数，即用平衡方程可以解出全部未知量，这类问题称为静定问题。反之，若问题中未知量的数目超过了独立的平衡方程的总数，则单靠平衡方程不能解出全部未知量，这类问题称为超静定问题或静不定问题。在工程实际中为了提高刚度和稳固性，常对物体增加一些支承或约束，因而使问题由静定变为超静定。例如，图 2.41 所示为静定结构，图 2.42 所示为静不定结构。在用平衡方程来解决工程实际问题时，应首先判别该问题是否静定。本章只研究静定问题。

图 2.41 静定结构

图 2.42 静不定结构

求解物系平衡问题的步骤是：

（1）适当选择研究对象，画出各研究对象的分离体的受力图。

研究对象可以是物系整体、单个物体，也可以是物系中几个物体的组合。

（2）分析各受力图，确定求解顺序。

研究对象的受力图可分为两类：一类是未知量数等于独立平衡方程的数目，称为是可解的；另一类是未知量数超过独立平衡方程的数目，称为暂不可解的。若是可解的，应先取其为研究对象，求出某些未知量，再利用作用力与反作用力关系，扩大求解范围。有时也可利用其受力特点，列出平衡方程，解出某些未知量。如某物体受平面一般力系作用，有四个未知量，但有三个未知量汇交于一点，则可取该三力汇交点为矩心，列方程解出不汇交于该点的那个未知力。这便是解题的突破口，因为由于某些未知量的求出，其他不可解的研究对象也成为可解了。这样便可确定求解顺序。

（3）根据确定的求解顺序，逐个列出平衡方程并求解。

由于同一问题中有几个受力图，所以在列出平衡方程前应加上受力图号，以示区别。

思考题与习题

1. 回答下列问题：

（1）作用力与反作用力是一对平衡力吗？

（2）题 2-1 图 a）中所示三铰拱架上的作用力 F，可否依据力的可传性原理把它移到 D 点？为什么？

（3）二力平衡条件、加减平衡力系原理能否用于变形体？为什么？

（4）只受两个力作用的构件称为二力构件，这种说法对吗？

（5）确定约束反力方向的基本原则是什么？

（6）等式 $\boldsymbol{F} = \boldsymbol{F_1} + \boldsymbol{F_2}$ 与 $F = F_1 + F_2$ 的区别何在？

（7）题 2-1 图 b）、图 c）中所画出的两个力三角形各表示什么意思？二者有什么区别？

题 2-1 图

2. 作出下列物系中每个刚体的受力图。设接触面都是光滑的，没有画重力矢的物体都不计重力。

题 2-2 图

3. 试分别画出题 2-3 图 a）、图 b）所示结构中 AB 与 BC 的受力图。

题 2-3 图

4. 试分别画出题 2-4 图中工件及压块的受力图。

5. 如题 2-5 图所示，内燃机的曲柄滑块受到载荷的作用，画出图中滑块的受力图。

题 2-4 图   题 2-5 图

6. 画出题 2-6 图中下列物体的受力图（各构件的自重不计，摩擦不计）：

（1）图 a）中的杆 *DH*、*BC*、*AC* 及整个系统；

（2）图 b）中的杆 *DH*、*AB*、*CB* 及整个系统。

a)   b)

题 2-6 图

7. 试用解析法求题 2-7 图 a）、图 b）所示示平面汇交力系的合力。

a）   b）

题 2-7 图

8. 如题 2-8 图 a）、图 b）所示，简易起重机用钢丝绳吊起重 $W=2\,000$ N 的重物，各杆自重不计，*A*、*B*、*C* 三处简化为铰链连接，求杆 *AB* 和 *AC* 受到的力。（滑轮尺寸和摩擦不计）

题 2-8 图

9. 试计算题 2-9 图中力 F 对点 O 之矩。

题 2-9 图

10. 构件的载荷及支承情况如题 2-10 图所示，$l=4$ m，求支座 A、B 的约束反力。

题 2-10 图

11. 试求题 2-11 图中支座 A、B 的约束反力，已知 $F = 6$ kN，$q = 2$ kN/m，$M = 2$ kN·m，$l = 2$ m，$a = 1$ m，$a = 30°$。

12. 锻锤工作时，若锻件给锻锤的反作用力有偏心，如题 2-12 图所示，已知打击力 $F=1\,000$ kN，偏心距 $e=20$ mm，锤体高 $h = 200$ mm，求锤头给两侧导轨的压力。

13. 一均质杆重 1 kN，将其竖起，如题 2-13 图所示。在图示位置平衡时，求绳子的拉力和 A 处的支座反力。

题 2-11 图

题 2-12 图

题 2-13 图

14. 水塔总重 $G = 160$ kN，固定在支架 A、B、C、D 上，A 为固定铰链支座，B 为活动铰支，水箱右侧受风压为 $q = 16$ kN/m，如题 2-14 图所示。为保证水塔平衡，试求 A、B 间最小距离。

15. 如题 2-15 图所示，汽车起重机的车重 $W_Q = 26$ kN，臂重 $G = 4.5$ kN，起重机旋转及固定部分重 $W = 31$ kN。设伸臂在起重机对称面内。试求题 2-15 图所示位置汽车不致翻倒的最大起重载荷 G_P。

题 2-14 图

题 2-15 图

第3章
材料力学基础知识

3.1 承载能力分析

3.1.1 材料力学的任务

机械或工程结构的每一组成部分称为构件。这些构件工作时都要承受力的作用。为确保构件在规定的工作条件和使用寿命期间能正常工作，须满足以下要求。

1. 足够的强度

在材料力学中，构件抵抗破坏的能力称为强度。在载荷作用下构件应不至于破坏，即具有足够的强度。

2. 足够的刚度

构件抵抗变形的能力称为刚度。在载荷作用下构件所产生的变形应在工程允许的范围以内，即具有足够的刚度。

3. 足够的稳定性

某些细长杆件（或薄壁构件）在轴向压力达到一定的数值时，会失去原来的平衡形态而丧失工作能力，这种现象称为失稳。所谓稳定性是指构件维持原有形态平衡的能力。

构件的强度、刚度和稳定性与所用材料的力学性能有关，而材料的力学性能必须由实验来测定。此外，还有些实际工程问题至今无法由理论分析来解决，必须依赖于实验手段。

由此可见，材料力学的任务是：在保证构件满足强度、刚度和稳定性要求的前提下，以最经济的代价为构件选择最适合的材料，确定合理的截面形状与尺寸，提供必要的理论基础、计算方法和实验技术。

3.1.2　变形固体及其基本假设

自然界中一切物体，在外力的作用下或多或少总要产生变形。为了便于分析和简化计算，略去变形固体的一些次要性质。因此，对变形固体做以下假设。

1. 均匀连续假设

认为构成变形固体的物质毫无间隙地充满整个几何空间，并且各处具有相同的性质。

2. 各向同性假设

认为材料在各个不同的方向都具有相同的力学性能。

3.1.3　外力的形式

1. 分布力或分布载荷

作用于构件的外力又可称为载荷，是一个物体对另一物体的作用力。

压力容器内部的气体或液体对容器内壁的作用力，风对建筑物墙面的作用力及水对水坝的作用力等都是表面力，均为分布载荷。沿长度方向分布的分布力单位用牛/米或千牛/米，分别记为 N/m，kN/m。这里我们主要研究沿长度（轴向）方向分布的载荷，例如，楼板对屋梁的作用力，即以沿梁轴线每单位长度作用多少力来度量。一般情况下，q 是轴向坐标的函数 $q=q(x)$，$q(x)$ 称为分布载荷。如果 q 在其分布长度内为常数，则称为均布载荷。

2. 集中力或集中载荷

若外力分布的面积远小于受力物体的整体尺寸，或沿长度的分布长度远小于轴线的长度，则这样的外力可以看成是作用于一点的集中力。如火车车轮对钢轨的压力、汽车对大桥桥面的压力等都可看作是集中力。集中力的单位是牛或千牛，分别记为 N 或 kN。

3. 集中力偶

载荷以力偶的形式施加在杆件上，如图 3.1 所示。

图 3.1　集中力偶

4. 约束反力

与分离体相连的物体对分离体的作用称为约束，其作用力称为约束力或约束反力。通常，载荷往往是作为已知力给出的，而约束反力需要经过平衡分析求解出来。

3.1.4　杆件变形的基本形式

　　构件的形式按其几何形状可分为多种，但最常见的形式是杆件，即长度尺寸远大于横向尺寸的构件。杆件的几何特点由轴线和横截面描述。横截面与杆的长度方向相垂直；横截面形心的连线称为轴线。根据轴线的特征，杆件可分为直杆和曲杆；根据横截面的特征，杆件可分为等截面杆和变截面杆。材料力学主要研究等截面直杆，简称等直杆。

　　杆件变形的基本形式有以下4种。

　　（1）轴向拉伸与压缩，如图3.2所示。

　　（2）剪切，如图3.3所示。

图 3.2　拉伸与压缩　　　　　　　　图 3.3　剪切

　　（3）扭转，如图3.4所示。

　　（4）弯曲，如图3.5所示。

图 3.4　扭转　　　　　　　　　　图 3.5　弯曲

3.1.5　内力、截面法、应力

1.　内力

　　构件工作中受到其他物体对它的作用力称为外力，包括主动力和约束反力。在外力的作用下，物体内部各质点之间的相对位置以及相互作用力发生改变，表现出来就是构件发生了变形。构件内部质点之间相互作用力（固有内力）的改变量，即由外力作用而引起的"附加内力"，简称内力。内力随外力的大小变化而变化，当内力达到某一限度时就会引起构件的破坏。因此，构件的内力大小及其分布方式与其承载能力之间有密切的关系。研究和分析内力是解决强度、刚度等问题的基础。

2. 截面法

截面法是分析、计算内力的方法，就是假想用一截面把构件截为两部分，取其中一部分为研究对象，并以内力代替另一部分对研究部分的作用，根据研究部分内力与外力的平衡来确定内力的大小和方向。截面法是材料力学分析内力的基本方法。

如图 3.6 所示，杆件在外力 F_1、F_2、F_3 和 F_4 的作用下平衡。欲求杆件的内力，可用一假想的截面将杆件一分为二，任取其中一段来研究。由于杆件处于平衡状态，所以截开后其中任一段也应平衡，这时可利用静力平衡条件来列出平衡方程，求出截面 $m\text{-}m$ 上的内力。

3. 应力

截面法可以确定杆件截面上内力的合力，但不能确定内力在截面上的分布密度，由此需引入应力的概念。

如图 3.7a）所示，在杆件截面上任一点 K 周围，取一微面积 ΔA，ΔA 上内力的合力为 ΔF，则它们的比值为

$$p_m = \frac{\Delta F}{\Delta A} \tag{3-1}$$

图 3.6　截面法　　　　　　　　　　图 3.7　应力

式中，p_m 称为 ΔA 上的平均应力。一般内力不是均匀分布的，这时平均应力 p_m 随 ΔA 的大小变化而变化，不能反映内力分布的真实情况。为确切地反映 K 点处的内力集度，将 ΔA 减小，当 ΔA 趋于零时，得

$$p = \lim_{\Delta A \to 0} \frac{\Delta F}{\Delta A} = \frac{dF}{dA} \tag{3-2}$$

式中，p 称为 K 点的全应力，表明了内力系在 K 点的集度。p 是一个矢量，通常把 p 分解为两个正交的分量：垂直于截面的分量 σ 称为正应力，切于截面的分量 τ 称为切应力，如图 3.7b）所示。

应力的单位是 Pa（帕），1 Pa=1 N/m²。另外，在工程实践中还常用 MPa 和 GPa，其换算关系为 1 MPa=10^6 Pa，1 GPa=10^9 Pa。

3.2 | 轴向拉伸或压缩时的内力

3.2.1 轴向拉伸与压缩的概念

（1）受力特点：外力的作用线与杆的轴线重合。

（2）变形特点：杆的轴向长度发生伸长或缩短。

为了研究构件内力的分布及大小，通常采用截面法。它的过程可归纳为以下 3 个步骤。

（1）截开：在需要求内力的截面处，假想用一垂直于轴线的截面把构件分成两部分，保留其中任一部分作为研究对象，称为分离体；

（2）代替：将弃去的另一部分对保留部分的作用力用截面上的内力代替；

（3）平衡：对保留部分（分离体）建立平衡方程式，由已知外力求出截面上内力的大小和方向。

工程中有很多杆件是承受轴向拉伸或压缩的。例如，简易吊车中的 AB 杆（见图 3.8）是受拉伸的杆件，而油缸活塞杆（见图 3.9）等则是受压缩的杆件。其受力特点为：作用于杆件的外力合力的作用线与杆件的轴线相重合。其变形为沿杆轴线方向的伸长或缩短。杆件的这种变形称为轴向拉伸或压缩。轴向拉伸或压缩杆件的力学简图如图 3.2 所示。

图 3.8 简易吊车

图 3.9 油缸活塞杆

3.2.2 拉压杆的内力计算、轴力图

1. 内力的计算

图 3.10a）所示的拉杆受两个力 F 的作用，现用截面法求其内力。

用截面 m-m 假想将杆截为两段，取左段为研究对象，并单独画出。同时，用内力 F_N 表示右段对左段的作用，如图 3.10b）所示。根据平衡条件列出平衡方程如下。

$$\sum F_x = 0 \qquad F_N - F = 0$$

求得
$$F_N = F$$

如果取右段为研究对象,如图 3.10c)所示,所得结果相同,即

$$F_N' = F$$

F_N 和 F_N' 是作用力与反作用力的关系,即对同一截面来说,选取不同部分为研究对象,所得内力必等值、反向。

由于外力 F 沿杆的轴线方向,内力的合力 F_N 也可合成为一个合力,作用于杆轴线,故称为轴力,如图 3.10d)所示。

图 3.10 拉杆内力计算

轴力的正负号规定如下:轴力的正负号由杆件的变形确定,当轴力沿轴线离开截面,即与横截面外法线方向一致时为正,这时杆件受拉;反之轴力为负,杆件受压。一般未知指向的轴力可假设为正向,由计算结果的正负判断截面受拉还是受压。

例 3-1 杆件在 A、B、C、D 各截面处作用有外力,如图 3.11 所示,求 1-1、2-2、3-3 横截面处的轴力。

图 3.11 杆件的轴力

解:由截面法,沿各所求截面将杆件切开,取左段为研究对象,在相应截面分别画出轴力 F_{N1},F_{N2},F_{N3},列平衡方程

$$\sum F_x = 0$$

由图 3.11b)得

$$F_{N1} - 3F - F = 0 \qquad\qquad (a)$$

$$F_{N1} = 3F + F = 4F$$

同理，由图 3.11（c）得

$$F_{N2} - 3F = 0 \qquad\qquad (b)$$

$$F_{N2} = 3F$$

由图 3.11（d）得

$$F_{N3} + 2F - 3F - F = 0 \qquad\qquad (c)$$

$$F_{N3} = 3F - 2F + F = 2F$$

由式（a）、（b）、（c），不难得到以下结论：

拉（压）杆各横截面上的轴力在数值上等于该截面一侧（研究段）各外力的代数和。外力离开该截面时取为正，指向该截面时取为负。即

$$F_N = \sum_{i=1}^{n} F_i \qquad\qquad (3-3)$$

2. 轴力图

工程上受拉、压的杆件往往同时受多个外力作用，称为多力杆。这时，杆上不同轴段的轴力将不同。为了清楚地表达轴力随截面位置变化的情况，可以用轴力图来表示。轴力图的画法如下：

可按选定的比例尺，用平行于杆件轴线的坐标表示杆件截面的位置，用垂直于杆件轴线的另一坐标表示轴力数值的大小，正轴力画在坐标轴正向，反之画在负向。这样绘出的图形称为轴力图。

例 3-2　图 3.12a）表示一等截面直杆的受力情况。试作其轴力图。

解：（1）作杆的受力图（见图 3.12b）），求约束反力 F_A。

根据 $\sum F_x = 0$，得

$$-F_A - F_1 + F_2 - F_3 + F_4 = 0$$

$$F_A = -40 + 55 - 25 + 20 = 10(\text{kN})$$

（2）求各段横截面上的轴力并作轴力图。

计算轴力可用截面法，亦可直接应用式（3-3），因而不必再逐段截开和作研究段的分离体图。在计算时，取截面左侧或右侧均可，一般取外力较少的杆段为好。

AB 段　　　　$F_{N1} = F_A = 10 \text{ kN}$　　　　（考虑左侧）

BC 段　　　　$F_{N2} = F_A + F_1 = 50 \text{ kN}$　　　　（考虑左侧）

CD 段　　　　$F_{N3} = F_4 - F_3 = -5 \text{ kN}$　　　　（考虑右侧）

DE 段　　　　$F_{N4} = F_4 = 20 \text{ kN}$　　　　（考虑右侧）

由以上计算结果可知，杆件在 CD 段受压，其他各段均受拉。最大轴力 F_{Nmax} 在 BC 段，其轴力图如图 3.12c）所示。

图 3.12 轴力图

3.2.3 轴向拉伸或压缩时横截面上的正应力

取一等截面直杆，在其侧面作两条垂直于杆轴的直线 ab 和 cd，然后在杆两端施加一对轴向拉力 F 使杆发生变形，此时直线 ab、cd 分别平移至 $a'b'$、$c'd'$，且仍保持为直线（见图 3.13a）。由变形现象可以推知，原为平面的横截面，变形后仍保持为平面，这就是平面假设。设想杆由纵向纤维组成，根据平面假设，等直杆在轴向拉力作用下，其横截面间的纵向纤维的伸长量是相等的。由均匀性假设，既然性质相同的纵向纤维得到了同样的伸长量，可以推想它们的受力是相同的。因而，横截面上各点只有正应力且均匀分布（见图 3.13b），故横截面上各点的正应力可以直接表示为

$$\sigma = \frac{F_N}{A} \text{ 或 } \sigma = \frac{F}{A} \qquad (3\text{-}4)$$

图 3.13 正应力

式中：σ——杆横截面上的正应力，正负号由轴力的符号决定，即拉应力为正，压应力为负；

F_N——横截面上的轴力；

A——横截面的面积。

3.2.4　轴向拉伸或压缩变形计算

轴向拉伸或压缩时，杆件的变形主要表现为沿轴向的伸长或缩短，即纵向变形。由试验可知，当杆沿轴向伸长（或缩短）时，其横向尺寸也会相应缩小（或增大），即产生垂直于轴线方向的横向变形。

1.　纵向变形

设一等截面直杆原长为 l，横截面的面积为 A，在轴向拉力 F 的作用下，长度由 l 变为 l_1（见图 3.14a）。杆件沿轴线方向的伸长量为

$$\Delta l = l_1 - l \tag{3-5}$$

a)　　　　　　　　　　　　　　　　b)

图 3.14　纵向变形

拉伸时 Δl 为正，压缩时 Δl 为负。杆件的伸长量与杆的原长有关。为了消除杆件原长的影响，将 Δl 除以 l，即以单位长度的伸长量表示杆件变形的程度，称为纵向线应变，用 ε 表示，即

$$\varepsilon = \frac{\Delta l}{l} \tag{3-6}$$

ε 是一个无量纲的量，其正负号与 Δl 的正负号一致。

2.　胡克定律

试验证明：若杆横截面上的正应力不超过某一限度，则杆件的伸长量 Δl 与轴力 F_N、杆的长度 l 成正比，与横截面面积 A 成反比，即

$$\Delta l \propto \frac{F_N l}{A} \tag{3-7}$$

引入比例常数 E，则上式可写为

$$\Delta l = \frac{F_N l}{EA} \tag{3-8}$$

式（3-8）称为胡克定律。

将式（3-4）和式（3-6）代入式（3-8），可得

$$\sigma = E \cdot \varepsilon \tag{3-9}$$

这是胡克定律的另一形式，可表述为：若应力不超过某一限度，则横截面上的正应力与纵向线应变成正比。式中 E 为材料的弹性模量，其单位与应力相同，常用单位为 GPa。材料的弹性模量由试验测定，见第 1 章表 1.1。

弹性模量表示杆在受拉（压）时抵抗弹性变形的能力。由式（3-8）可看出，EA 越大，杆件的变形 Δl 就越小，故称 EA 为杆件的抗拉（压）刚度。

3. 横向变形

在轴向外力作用下，杆件沿轴向伸长（缩短）的同时，横向尺寸也将缩小（增大）。设横向尺寸由 b 变为 b_1（见图 3.14b）），则横向线应变为

$$\varepsilon' = \frac{\Delta b}{b} = \frac{b_1 - b}{b} \tag{3-10}$$

ε' 也为一个无量纲的量。

拉伸时，纵向伸长，$\varepsilon > 0$；横向变细，$\varepsilon' < 0$。

压缩时，纵向缩短，$\varepsilon < 0$；横向变粗，$\varepsilon' > 0$。

4. 泊松比

试验表明，对于同一种材料，当应力不超过比例极限时，横向线应变与纵向线应变之比的绝对值为常数，比值 υ 称为泊松比，亦称横向变形系数，即

$$\upsilon = \left| \frac{\varepsilon'}{\varepsilon} \right| \tag{3-11}$$

由于这两个应变的正负号恒相反，故有

$$\varepsilon' = -\upsilon\varepsilon \tag{3-12}$$

泊松比 υ 是材料的另一个弹性常数，为一个无量纲的量，由实验测得。工程上常用材料的泊松比见第 1 章表 1.1。

例 3-3 图 3.15a）为一阶梯形钢轴，已知材料的弹性模量 $E=200$ GPa，AC 段的横截面面积为 $A_{AB}=A_{BC}=500$ mm^2，CD 段的横截面面积为 $A_{CD}=250$ mm^2，杆的各段长度及受力情况如图所示。试求杆横截面上的轴力和正应力。

解：（1）求各段杆横截面上的轴力。

AB 段　　　　　　　$F_{N1} = F_1 - F_2 = 30 - 10 = 20(\text{kN})$

BC 段与 CD 段　　　$F_{N2} = F_2 = -10(\text{kN})$

（2）画轴力图（见图 3.15b））。

（3）计算各段正应力。

AB 段　　$\sigma_{AB} = \dfrac{F_{N1}}{A_{AB}} = \dfrac{20 \times 10^3\,\text{N}}{500 \times 10^{-6}\,\text{m}^2} = 4.0 \times 10^7\,\text{Pa}=40\ \text{MPa}$

a）

b）

图 3.15　阶梯形钢轴

BC 段 　$\sigma_{BC} = \dfrac{F_{N2}}{A_{AB}} = \dfrac{10 \times 10^3\,\text{N}}{500 \times 10^{-6}\,\text{m}^2} = -2.0 \times 10^7\,\text{Pa} = -20\,\text{MPa}$

CD 段 　$\sigma_{CD} = \dfrac{F_{N3}}{A_{CD}} = \dfrac{10 \times 10^3\,\text{N}}{250 \times 10^{-6}\,\text{m}^2} = -4.0 \times 10^7\,\text{Pa} = -40\,\text{MPa}$

3.2.5　拉（压）杆件的强度计算

1.　许用应力的确定

由金属材料拉压试验可知，杆件受到的应力如果超过所用材料的屈服极限 σ_s 或抗拉极限 σ_b，便会因产生过大的塑性变形或发生破坏等强度不足而丧失正常的工作能力，即失效。因此，工程中根据材料的屈服极限 σ_s 或抗拉极限 σ_b，考虑杆件的实际工作情况，规定了保证杆件具有足够的强度所允许承担的最大应力值，称为许用应力，常用符号 $[\sigma]$ 表示。显然，只有当杆件所受的应力小于或等于其许用应力时，杆件才具有足够的强度。

从理论上讲，应取屈服极限 σ_s 或抗拉极限 σ_b 为许用应力 $[\sigma]$ 的值。但由于实际工作中有很多难以确定的因素，如载荷的变动、杆件材质的不均匀性和载荷计算的不准确性等，若取 σ_s 或 σ_b 为 $[\sigma]$，则很难保证杆件有足够的强度。因此，为了保证杆件的安全可靠，需要使其有一定的强度储备。为此，应将极限应力 σ_s 或 σ_b 除以一个大于 1 的系数 S，并将结果作为许用应力 $[\sigma]$。计算见表 3.1。

表 3.1　　　　　　　　　　　　　　拉伸和压缩时的许用应力 $[\sigma]$

塑 性 材 料	脆 性 材 料	
许用拉压（应）力 $[\sigma]$	许用拉应力 $[\sigma_t]$	许用压应力 $[\sigma_c]$
$[\sigma] = \dfrac{\sigma_s}{S}$ 或 $[\sigma] = \dfrac{\sigma_{0.2}}{S}$	$[\sigma_t] = \dfrac{\sigma_{bt}}{S}$	$[\sigma_c] = \dfrac{\sigma_{bc}}{S}$

注：表中符号参看图 1.6。

对于安全系数，必须根据杆件的实际工作情况，进行综合分析。若安全系数偏大，则许用应力 $[\sigma]$ 值低，杆件安全性高，但结构尺寸过大，不经济；若安全系数小，则许用应力 $[\sigma]$ 值高，杆件的结构尺寸虽小了，但安全性又降低了。因此，安全系数的确定，应综合考虑安全性和经济性指标。

许用应力和安全系数的具体数据，可查阅相关专业的标准确定。一般机械设计中，在静载条件下，对塑性材料取 $S=1.5\sim2.0$；对脆性材料取 $S=2.0\sim5.0$；若材质均匀性差，且杆件很重要，也可取 $S=3.0\sim9.0$。

2.　杆件的强度条件

为使杆件在工作中安全可靠（强度足够），必须使其所受的最大工作正应力 σ_{max} 小于或等于其在拉伸（压缩）时的许用正应力 $[\sigma]$，即

$$\sigma_{max} = \frac{F_N}{A} \leqslant [\sigma] \tag{3-13}$$

式（3-13）称为拉（压）杆件的强度条件，是对拉（压）杆件进行强度分析和计算的依据。杆件中最大工作应力所在的截面称为危险截面。式中 F_N 和 A 分别为危险截面的轴力和截面面积。等截面直杆的危险截面位于轴力最大处；而变截面杆的危险截面，必须综合轴力和截面面积两方面来确定。

上述强度条件，可以解决以下 3 种类型的强度计算问题。

（1）若已知杆件尺寸、所受载荷和材料的许用应力，则由式（3-13）校核杆件是否满足强度要求，即

$$\sigma_{max} \leqslant [\sigma] \qquad (3\text{-}14)$$

（2）设计截面尺寸。

若已知杆件所受的载荷和材料的许用应力，则由（3-13）得

$$A \geqslant \frac{F_N}{[\sigma]} \qquad (3\text{-}15)$$

由此先确定出面积，再根据截面形状得相应的尺寸。

（3）确定许可载荷。

若已知杆件尺寸和材料的许用应力，则由（3-13）得

$$F_{max} \leqslant [\sigma]A \qquad (3\text{-}16)$$

由此算出杆件所能承受的最大轴力，从而确定杆件的许用载荷[F]。

例 3-4　图 3.16a）所示为一刚性梁 *ACB* 由圆杆 *CD* 在 *C* 点悬挂连接，*B* 端作用有集中载荷 *F*=25 kN，已知 CD 杆的直径 *d*=20 mm，许用应力 [σ]=160 MPa。

（1）试校核 *CD* 杆的强度。

（2）试求结构中 *CD* 杆的许用载荷[*F*]。

解：（1）校核 *CD* 杆强度。

因 *CD* 杆是二力杆，故取 *AB* 杆为研究对象作受力图（见图 3.16b)）；求 F_{CD}。

由平衡方程

$$\sum M_A = 0$$

得杆 *CD* 的轴力：

$$F_{CD} = \frac{3}{2}F$$

杆 *CD* 的工作应力：

图 3.16　刚性梁受力分析

$$\sigma_{CD} = \frac{F_N}{A_{CD}} = \frac{\dfrac{3F}{2}}{\dfrac{\pi d^2}{4}} = \frac{6 \times 25 \times 10^3 \, \text{N}}{\pi \times (0.020)^2 \, \text{m}^2} = 1.194 \times 10^8 \, \text{Pa} = 119.4 \, \text{MPa}$$

则 $\sigma_{CD} < [\sigma]$，所以 *CD* 杆的强度足够。

（2）求结构中 *CD* 杆的许用载荷[*F*]。

由

$$\sigma_{CD} = \frac{F_{CD}}{A_{CD}} = \frac{6F}{\pi d^2} \leqslant [\sigma]$$

得

$$F \leqslant \frac{\pi d^2 [\sigma]}{6} = \frac{\pi \times (0.020)^2 \times 160 \times 10^6}{6} = 33.5 \times 10^3 \text{ N} = 33.5 \text{ kN}$$

由此得结构中 CD 杆的许用载荷[F]=33.5 kN。

例 3-5 如图 3.17a）所示，三角形托架的杆 AB 由两根等边角钢组成。已知载荷 F=75 kN，钢的许用应力[σ]=160 MPa。试选择等边角钢的型号。

图 3.17　三角形托架

解：（1）杆 AB、BC 均为二力杆件，为求杆 AB 的轴力，取结点 B 为研究对象，受力如图 3.17b）所示。

列出平衡方程

$$\sum F_x = 0 \quad F_{N1} + F_{N2} \cos 45° = 0$$
$$\sum F_y = 0 \quad F + F_{N2} \sin 45° = 0$$

联立求解，得

$$F_{N1} = F = 75 \text{ kN} \qquad F_{N2} = -\sqrt{2} F = -106 \text{ kN}$$

（2）确定 AB 杆横截面面积。根据强度条件，有

$$A \geqslant \frac{F_{N1}}{[\sigma]} = \frac{75 \times 10^3}{160 \times 10^6} = 0.469 \times 10^{-3} \text{ m}^2 = 469 \text{ mm}^2$$

（3）选择角钢型号。查本书附录部分型钢表可知，边厚为 3 mm 的 4 号等边角钢的横截面面积为 2.539 cm²=253.9 mm²。采用两个这样的角钢，其总横截面面积为 253.9 mm²×2=507.8 mm²>A=469 mm²，故能满足设计要求。

3.3

剪切与挤压

3.3.1　剪切的概念

工程结构中的许多连接件，如铆钉、螺栓、键、销等，受力后产生的主要变形为剪切。剪

切是杆件的基本变形形式之一。

　　图 3.18 所示为一剪床剪切钢板的示意图。钢板在上、下刀刃产生的力 **F** 作用下，在相距很近的 δ 区域内，迫使钢板左右两部分沿中间截面 *m-m* 发生相对错动。当力 **F** 足够大时，钢板被剪断。

a)　　　　　　　　　b)　　　　　　　　c)

图 3.18　剪切原理

　　图 3.19a）所示为一铆钉连接简图。当被连接件（钢板）上受到外力 F 的作用后，力由两块钢板传到铆钉与钢板的接触面上，铆钉受到大小相等、方向相反的两组分布力（合力为 **F**）的作用，使铆钉上下两部分沿中间截面 *m-m* 发生相对错动的变形，如图 3.19b）、图 c）所示。

a)　　　　　　　　b)　　　　　　c)

图 3.19　铆钉受剪图

　　（1）受力特点：作用在杆件两侧面上且与杆轴线垂直的外力的合力大小相等，方向相反且作用线相距很近。

　　（2）变形特点：使杆件两部分在中间截面 *m-m* 沿作用力的方向上发生相对错动或有相对错动的趋势。杆件的这种变形称为剪切。杆件发生相对错动所沿的中间截面 *m-m* 称为剪切面。图 3.20 所示为双剪。

　　剪切面上的内力仍然由截面法求得，它也是分布内力的合力，称为剪力，用 **F**$_S$ 表示，如图 3.21c）所示。剪切面上分布内力的集度即为切应力 τ（见图 3.21d））。

a)　　　　　　　　　b)

图 3.20　双剪

图 3.21　切应力

3.3.2　剪切的实用计算

切应力在剪切面上分布的情况比较复杂。为便于计算，工程中通常采用实用计算，即根据构件的实际破坏情况，作出粗略的、简单的，但基本符合实际情况的假设，作为强度计算的依据。在这种实用计算中，假设剪切应力在剪切面内是均匀分布的（见图 3.21），按此假设计算出的切应力实质上是截面上的平均应力，称为名义切应力，即

$$\tau = \frac{F_S}{A_S} \tag{3-17}$$

材料的极限切应力 τ_u 是用试验方法得到的。将此极限切应力除以适当的安全因数，即得材料的许用切应力

$$[\tau] = \frac{\tau_u}{n} \tag{3-18}$$

由此建立剪切强度条件

$$\tau = \frac{F_S}{A_S} \leqslant [\tau] \tag{3-19}$$

大量实践结果表明，剪切的实用计算能满足工程实际的要求。工程中常用材料的许用切应力，可以从机械设计手册中查得。

对于剪切问题，工程上除应用式（3-19）进行剪切的强度校核，以确保构件正常工作外，有时会遇到相反的问题，即所谓剪切破坏。例如，车床传动轴的保险销，当载荷超过极限值时，保险销首先被剪断，从而保护车床的重要部件。而冲压模具冲裁工件则是利用剪切破坏来达到加工目的的。剪切破坏的条件为

$$F_b \geqslant \tau_b A_s \tag{3-20}$$

式中：F_b——破坏时横截面上的剪力；

　　　τ_b——材料的剪切强度极限。

剪切强度条件同样可解决三类问题：校核强度，设计截面尺寸和确定许用载荷。

3.3.3　挤压的概念

铆钉等连接件在外力的作用下发生剪切变形的同时，在连接件和被连接件接触面上互相压

紧，产生局部压陷变形，以致压溃破坏，这种现象称为挤压（见图 3.22a））。接触面上的压力称为挤压力，用 F_{bs} 表示。由挤压力引起的接触面上的表面压强，习惯上称为挤压应力，用 σ_{bs} 表示。

图 3.22　挤压计算

应当注意，挤压与压缩的概念是不同的。压缩变形是指杆件的整体变形，其任意横截面上的应力是均匀分布的；挤压时，挤压应力只发生在构件接触的局部表面，一般并不均匀分布。

3.3.4　挤压的实用计算

与切应力在剪切面上的分布相类似，挤压面上挤压应力的分布也较复杂，如图 3.22b）所示。为了简化计算，工程中同样采用挤压实用计算，即假设挤压应力在挤压面上是均匀分布的（见图 3.22c））。按这种假设所得的挤压应力称为名义挤压应力。当接触面为平面时，挤压面就是实际接触面；对于圆柱状连接件，接触面为半圆柱面，挤压面面积用 A_{bs} 表示。取为实际接触面的正投影面，即其直径面面积 $A_{bs}=td$（见图 3.22c）），因此有

$$\sigma_{bs} = \frac{F_{bs}}{A_{bs}} \tag{3-21}$$

也可通过试验得到材料的极限挤压应力，除以适当的安全系数 n，即得材料的许用挤压应力

$$[\sigma_{bs}] = \frac{\sigma_u}{n} \tag{3-22}$$

由此建立挤压强度条件

$$\sigma_{bs} = \frac{F_{bs}}{A_{bs}} \leqslant [\sigma_{bs}] \tag{3-23}$$

挤压应力是连接件和被连接件之间的相互作用。当两者材料不同时，应对其中许用挤压应力较低的材料进行挤压强度校核。工程实践证明，挤压的实用计算能满足工程实际的要求。工程中常用材料的许用挤压应力，可以从机械设计手册中查到。

例 3-6　机车挂钩的销钉连接如图 3.23a）所示。已知挂钩厚度 $t=8$ mm，销钉材料的 $[\tau]=60$ MPa，$[\sigma_{bs}]=200$ MPa，机车的牵引力 $F=20$ kN，试选择销钉的直径。

解：（1）求剪力 F_s。销钉受力情况如图 3.23b）所示，因销钉受双剪，故每个剪切面上的剪力 $F_S = \dfrac{F}{2}$，剪切面面积 $A_S = \dfrac{\pi d^2}{4}$。

图 3.23　销钉连接

（2）根据剪切强度条件设计销钉直径。

由式（3-19）可得

$$A_S = \frac{\pi d^2}{4} \geqslant \frac{F/2}{[\tau]}$$

有

$$d \geqslant \sqrt{\frac{2F}{\pi[\tau]}} = \sqrt{\frac{2 \times 20 \times 10^3}{\pi \times 60 \times 10^6}} \approx 14.57 \times 10^{-3} \text{ m} = 14.57 \text{ mm}$$

取 $d=15$ mm。

（3）根据挤压强度条件设计销钉直径。

由图 3.23b）可知，销钉上、下部挤压面上的挤压力 $F_{bs} = \dfrac{F}{2}$，挤压面面积 $A_{bs} = t \cdot d$，由式（3-23）得

$$A_{bs} = t \cdot d \geqslant \frac{F/2}{[\sigma_{bs}]}$$

即

$$d \geqslant \frac{F}{2t[\sigma_{bs}]} = \frac{20 \times 10^3}{2 \times 0.008 \times 200 \times 10^6} = 6.25 \times 10^{-3} \text{ m} \approx 7 \text{ mm}$$

选 $d=15$ mm，可同时满足挤压和剪切强度的要求。

3.4

扭转

3.4.1　扭转的概念

扭转是杆件的基本变形之一。扭转变形是指杆件在若干截面内受到转向不同的外力偶作用，使

杆件的轴线变成螺旋线形状的一种变形形式，如图 3.24 所示。

工程上受到扭转的杆件很常见。例如，汽车转向盘轴，如图 3.25 所示，在操纵汽车方向时，双手在转向盘上施加的一对力构成力偶与下端的阻力偶，使转向盘轴受扭。又如汽车传动轴、电动机轴、搅拌器轴、车床主轴等，都受扭转作用。

图 3.24　扭转变形　　　　　　　　图 3.25　转向盘轴

（1）受力特点：在垂直于杆件轴线的平面内，作用着一对大小相等、转向相反的力偶。

（2）变形特点：各横截面绕轴线发生相对转动。

工程上常将以扭转变形为主要变形的杆件称为轴。本节只讨论圆截面直轴的扭转问题。

3.4.2　外力偶矩、扭矩和扭矩图

1. 外力偶矩

在分析轴扭转时的强度、刚度条件之前，首先要分析轴的受力情况。在工程实际中，作用在轴上的外力偶矩 T 往往不是直接给出来的，而是要通过已知轴所传递的功率 P 和轴的转速 n 求出。它们之间的关系为

$$T = \frac{9\,550P}{n} \qquad\qquad (3\text{-}24)$$

式中：T——轴所受的外力偶矩（N·m）；

$\quad\quad P$——轴所传递的功率（kW）；

$\quad\quad n$——轴的转速（r/min）。

从式（3-24）可看出，轴所承受的力偶矩与传递的功率成正比，与轴的转速成反比。当轴所传递的功率相同时，高速轴所受外力偶矩较小，低速轴所受外力偶矩较大。因此，在同一传动系统中，低速轴的轴径要大于高速轴轴径。

2. 扭矩

当已知作用在轴上的所有外力偶矩时，可用"截面法"计算圆轴扭转时各横截面上的内力。如图 3.26a）所示，在 *AB* 轴两端垂直于杆轴线的平面内，作用有一对反向力偶，杆件处于平衡状态。为了求出轴的内力，用一假想截面 *m-m* 将轴一分为二。先研究左段的平衡，其上受一外

力偶矩 T 作用，要使左段平衡，m-m 截面上必有一力偶矩 M_n 与外力偶矩 T 相平衡，即截面上的内力是一力偶矩。

图 3.26　扭矩计算与方向

a）扭矩计算；b）扭矩的正负号

根据平衡条件得

$$\sum M = 0 \qquad M_n - T = 0$$

$$M_n = T$$

M_n 是轴在扭转时截面上的内力偶矩，称为扭矩。如果研究右段的平衡，会得到同一截面上大小相等、方向相反的扭矩 M_n'，实际上两者是作用力与反作用力的关系。

扭矩的正负号规定如下：用右手螺旋法则判断，右手四指绕向表示扭矩绕轴线方向，则大拇指指向与截面外法线方向一致时扭矩为正，反之扭矩为负，如图 3.26b）所示。同一截面的扭矩符号是一致的，如上例中扭矩 M_n、M_n' 均为正。

3. 扭矩图

当轴上作用有两个以上外力偶时，轴上各段扭矩 M_n 的大小和方向有所不同。为了形象地表达轴上各截面扭矩大小和符号的变化情况，可用扭矩图来表示。

在扭矩图上，以平行于轴线的直线为横轴，轴上各点表示轴上横截面的位置，纵轴表示扭矩的大小；按照选定的比例尺，正扭矩画在纵轴正向，负扭矩画在负向。根据扭矩图可清楚地看出轴上扭矩随截面的变化规律，便于分析轴上的危险截面，以便进行强度计算。

例 3-7　如图 3.27a）所示，传动轴 AD，已知轴的转速为 $n=300\ \text{r/min}$，主动轮 A 的输入功率 $P_A=400\ \text{kW}$，三个从动轮 B、C、D 的输出功率分别为 $P_B=120\ \text{kW}$、$P_C=120\ \text{kW}$、$P_D=160\ \text{kW}$，试求各段轴的扭矩并画出传动轴的扭矩图，确定最大扭矩 $|M_n|_{\max}$。

解：（1）先求出主、从动轮上所受的外力偶矩。

图 3.27　传动轴

$$T_A = \frac{9\,550 P_A}{n} = \frac{9\,550 \times 400}{300} = 1.27 \times 10^4 \ \text{N·m} = 12.7 \ \text{kN·m}$$

$$T_B = T_C = \frac{9\,550 P_B}{n} = \frac{9\,550 \times 120}{300} = 3.8 \times 10^3 \ \text{N·m} = 3.8 \ \text{kN·m}$$

$$T_D = \frac{9\,550 P_D}{n} = \frac{9\,550 \times 160}{300} = 5.1 \times 10^3 \ \text{N·m} = 5.1 \ \text{kN·m}$$

（2）用截面法求各段轴的扭矩。在 BC、CA、AD 段任取截面 1-1、2-2、3-3，并取相应轴段为研究对象，画受力图，如图 3.27b）所示。由平衡条件得

$$\sum M = 0 \qquad M_{n1} = -T_B = -3.8 \ \text{kN·m}$$

$$\sum M = 0 \qquad M_{n2} = -(T_B + T_C) = -7.6 \ \text{kN·m}$$

$$\sum M = 0 \qquad M_{n3} = T_D = 5.1 \ \text{kN·m}$$

（3）画扭矩图，如图 3.27c）所示，最大扭矩 $\left| M_n \right|_{\max} = 7.6 \ \text{kN·m}$。

从以上分析可知：轴上任一截面的扭矩等于该截面以左或以右轴段上各外力偶矩的代数和。

3.4.3　圆轴扭转应力和变形

前面分析了圆轴扭转时横截面上的内力，即扭矩的计算。为了对受扭圆轴进行强度和刚度计算，还需进一步分析讨论扭转时的应力和变形，我们以圆轴扭转时横截面上的应力为例讨论。

（1）扭转实验。

为了分析圆轴扭转时横截面上应力的分布情况，现取一等直圆轴，事先在圆轴表面画上若干平行于轴线的纵向线和垂直于轴线的圆周线，然后在圆轴两端分别用一外力偶矩 T，使圆轴发生扭转变形，如图 3.28 所示。

图 3.28　圆轴扭转实验

通过观察其变形过程可以发现以下特点：

① 各圆周线形状、大小以及相邻圆周线之间距离均未改变，只是绕轴线转过了一定的角度。

② 各纵向线都倾斜了同一角度 γ，使圆轴表面的小方格变成了菱形。

根据以上观察到的现象可作出如下假设：圆轴扭转后各横截面仍保持为平面，而且各截面之间的距离不变，只是各截面绕轴线转过了一定角度，各半径线仍为直线。

以上假设称为平面截面假设。根据这一假设，可作出如下分析：

圆轴扭转时，由于横截面间距离未变，即线应变$\varepsilon=0$，所以横截面上没有正应力。横截面绕轴线相对转动，即发生了相对错动，出现剪切变形，故横截面上有切应力存在。由于截面半径长度未变，故切应力应垂直于半径方向。即圆轴扭转时，横截面上只有垂直于半径方向的切应力τ，而无正应力σ。

（2）切应力分布规律。

圆轴扭转时横截面上切应力τ的分布规律为：横截面上任一点的切应力大小与该点到圆心的距离成正比，并垂直于半径方向呈线性分布。此规律可用下式表示

$$\tau_\rho = \frac{M_n}{I_p}\rho \qquad (3\text{-}25)$$

式中：ρ——截面上任一点到中心的距离；

M_n——所求截面上的扭矩值；

I_p——横截面对圆心的极惯性矩；

τ_ρ——半径为ρ处的切应力。

圆心处（$\rho=0$）$\tau=0$，圆轴表面处（$\rho=\rho_{max}$）切应力最大。

圆轴扭转时横截面上最大切应力计算公式为

$$\tau_{max} = \frac{M_n R}{I_p} \qquad (3\text{-}26)$$

式（3-26）中，R和I_P均为与截面尺寸有关的几何量，可令$W_P=I_P/R$，则有

$$\tau_{max} = \frac{M_n}{W_P} \qquad (3\text{-}27)$$

式中，W_P称为抗扭截面系数。

（3）截面的极惯性矩和抗扭截面系数的计算。

工程上，轴的形状通常采用实心圆和空心圆两种，如图3.29所示。它们的I_P、W_P计算公式如下：

实心圆截面：

极惯性矩 $\qquad I_P = \dfrac{\pi d^4}{32}$

抗扭截面系数 $\qquad W_P = \dfrac{\pi d^3}{16}$

空心圆截面：

极惯性矩 $\qquad I_P = \dfrac{\pi}{32}(D^4-d^4) = \dfrac{\pi D^4}{32}(1-\alpha^4)$

抗扭截面系数 $\quad W_P = \dfrac{\pi}{16D}(D^4-d^4) = \dfrac{\pi D^3}{16}(1-\alpha^4)$

式中：D、d——空心轴的外、内径；

α——内、外径之比，$\alpha=d/D$。

切应力的分布如图3.30所示。

图 3.29　轴的截面形状

图 3.30　轴的截面上切应力分布

3.4.4　圆轴扭转时强度和刚度的计算

1．强度条件

为了保证轴在扭转时能安全工作，必须使轴的危险截面上的最大剪切应力 τ_{max} 不超过材料的许用剪切应力$[\tau]$，即

$$\tau_{max} = \frac{M_n}{W_P} \leqslant [\tau] \tag{3-28}$$

式中：M_n——轴上危险截面的扭矩（绝对值）；

　　　　W_P——危险截面的抗扭截面系数；

　　　　$[\tau]$——材料的许用剪切应力。

所谓危险截面，对于等截面轴是指扭矩最大的截面；而对于阶梯轴，应该是扭矩大而抗扭截面系数小的截面，需综合考虑 M_n 和 W_P 两个因素来定。对于许用切应力$[\tau]$，可通过$[\sigma]$来近似确定：

塑性材料　　　$[\tau] = （0.5 \sim 0.6）[\sigma]$

脆性材料　　　$[\tau] = （0.8 \sim 1.0）[\sigma]$

例 3-8　图 3.31 中 AB 轴为汽车传动轴，由 45 钢无缝管制成，其外径 $D = 90$ mm，内径 $d = 85$ mm，材料的许用剪切应力$[\tau] = 60$ MPa，工作时最大扭矩 $M_n = 1.5 \times 10^3$ N·m。（1）试校核轴的强度；（2）若将传动轴 AB 改为实心轴，且其强度相同，试确定轴的直径 D'，并比较空心轴和实心轴的质量。

解：（1）校核轴的强度。

$$\alpha = \frac{d}{D} = \frac{85}{90} = 0.944$$

图 3.31　汽车传动轴

抗扭截面系数

$$W_P = \frac{\pi D^3}{16}(1-\alpha^4) = \frac{\pi(90 \times 10^{-3})^3}{16}(1-0.944^4)\ m^3 = 29.4 \times 10^{-6}\ m^3$$

最大切应力为

$$\tau_{max} = \frac{M_n}{W_P} = \frac{1.5 \times 10^3}{29.4 \times 10^{-6}} = 5.1 \times 10^7 \, \text{Pa} = 51 \, \text{MPa}$$

由于 $\tau_{max} = 51 \, \text{MPa} < [\tau]$，所以强度足够。

（2） AB 轴改为实心轴后确定轴径 D' 。因要求实心轴与空心轴强度相同，故有

$$\tau'_{max} = \frac{M_n}{W_P'} = 51 \, \text{MPa}$$

$$W_P' = \frac{\pi D'^3}{16} = \frac{M_n}{\tau'_{max}} = \frac{1.5 \times 10^3}{51 \times 10^6}$$

$$D' = \sqrt[3]{\frac{16 \times 1.5 \times 10^3}{\pi \times 51 \times 10^6}} = 0.053 \, \text{m} = 53 \, \text{mm}$$

在两轴材料相同、长度相等的情况下，其质量之比应等于横截面面积之比，于是有

$$\frac{Q_S}{Q_K} = \frac{A_S}{A_K} = \frac{\pi D'^2/4}{\pi(D^2 - d^2)/4} = \frac{53^2}{90^2 - 85^2} = 3.2$$

也就是说，改为实心轴后，其质量是空心轴的 3.2 倍。可见，在其他条件相同的情况下，采用空心轴可减少质量及材料消耗。在工程上，空心轴有着广泛的应用。

3.5

平面弯曲

3.5.1　平面弯曲概述

1. 弯曲的受力特点与变形特点

在工程实际中，常常会遇到发生弯曲的杆件，如桥式起重机的大梁（见图 3.32），火车轮轴（见图 3.33）等。这类杆件在力的作用下，杆轴线由直线变成曲线。这种变形称为弯曲变形。工程上将以弯曲为主要变形的杆件统称为梁。

图 3.32　桥式起重机

图 3.33　火车轮轴

工程中常见的梁，其横截面通常有一个纵向对称轴。该对称轴与梁的轴线组成梁的纵向对称面（见图 3.34）。若梁上所有外力、外力偶作用在梁的纵向对称平面内，则梁变形时其轴线

在此平面内弯曲成一条平面曲线，这种弯曲称为平面弯曲。

图 3.34　平面弯曲

平面弯曲是弯曲问题中最基本和最常见的情况。上述起重机的大梁和火车轮轴的弯曲即为平面弯曲。

（1）受力特点：在通过杆轴线的平面内，受到力偶或垂直于轴线的外力作用。

（2）变形特点：杆的轴线被弯成一条曲线。

2. 梁的分类及计算简图

工程中受弯杆件的支承情况是复杂多样的。为了便于分析，有必要根据杆件的变形情况将这些支承简化，从而将实际受弯杆件抽象为梁的计算简图。

（1）简单梁的分类。根据梁的支承简化情况，在实际工程中常见的梁分为如下 3 种。

简支梁：梁的一端为固定铰支座，另一端为可动铰支座，如图 3.35a）所示。

外伸梁：梁的一端（或两端）伸出支座以外的简支梁，如图 3.35b）所示。

悬臂梁：一端为固定端，另一端为自由端的梁，如图 3.35c）所示。

在对称弯曲情况下，梁的主动力与约束反力构成平面力系。上述简支梁、外伸梁和悬臂梁的约束反力，都能由静力平衡方程确定，因此，又统称为静定梁。

在工程实际中，有时为了提高梁的强度和刚度，采取增加梁的支承的办法，此时静力平衡方程就不足以确定梁的全部约束反力，这种梁称为静不定梁或超静定梁。

（2）作用于梁上的载荷可简化为以下 3 种形式。

① 集中力：指通过一微小段梁作用在梁上的横向力 F，如图 3.36a）所示。

图 3.35　梁的类型
a）简支梁；b）外伸梁；c）悬臂梁

图 3.36　载荷的类型
a）集中力；b）集中力偶；c）分布载荷

② 集中力偶　指作用于梁纵向平面内的外力偶，如图 3.36b）所示。

③ 均布载荷　在梁的部分长度或全长上连续分布的横向力。若均匀分布，则称为均布载荷，常用载荷集度 q 来表示，其单位为 N/m 或 kN/m，如图 3.36c）所示。梁的自重等，就属此类载荷。

3.5.2　梁弯曲时的内力

1. 梁的内力（剪力与弯矩）

作用于梁上的外力以及支承对梁的约束反力都是梁的外载荷。支承对梁所产生的约束反力一般都由静力平衡条件求得。在外载荷的作用下，梁要产生弯曲变形，梁的各横截面内就必定存在相应的内力。梁的内力可由截面法求出。

设梁 AB 受横向力 F_1，F_2，F_3 作用（见图 3.37a）），相应的支反力为 F_{Ay}，F_{By}。现求距 A 端 x 处横截面 m–m 上的内力。用截面法，沿横截面 m–m 将梁切开，任取其中一段，如以左段作为研究对象。因原来梁处于平衡状态，故左段梁在外力及截面处内力的共同作用下亦应保持平衡。因外力 F_{Ay} 及 F_1，均垂直于梁的轴线，故一般地，在截面 m–m 上应有一个与截面相切的力 F_s 和一个在外力所在平面内的力偶 M 与之平衡（见图 3.37b））。F_s 和 M 分别称为剪力和弯矩。剪力和弯矩的数值可由左段梁的平衡方程确定。

图 3.37　梁受横向力分析

由
$$\sum F_y = 0, F_{Ay} - F_1 - F_S = 0$$
得
$$F_S = F_{Ay} - F_1$$

即剪力 F_s 等于左段梁上所有外力的代数和。

由
$$\sum M_C = 0, \quad -F_{Ay}x + F_1(x-a) + M = 0$$
得
$$M = F_{Ay}x - F_1(x-a)$$

矩心 C 为截面 m–m 的形心，于是弯矩 M 等于左段梁上所有外力对截面形心 C 的力矩的代数和。

2. 剪力和弯矩的符号规定

如果以右段梁为研究对象，同样可求得截面 $m\text{-}m$ 上的剪力和弯矩，它们与取左段梁时求得的剪力和弯矩数值相同但方向相反，分别构成作用力和反作用力关系。为使以上两种情况所得同一横截面的内力具有相同的正负号，对剪力与弯矩的正负作以下规定：在所切横截面的内侧截取一微段，凡使该微段有作顺时针方向转动趋势的剪力为正（见图 3.38a)），反之为负（见图 3.38b)）；使该微段弯曲变形为向上凹的弯矩为正（见图 3.38c)），反之为负（见图 3.38d)）。

图 3.38　剪力和弯矩的符号

综上所述，可得如下结论：

弯曲时梁横截面上的剪力在数值上等于该截面一侧外力的代数和；横截面上的弯矩在数值上等于该截面一侧外力对该截面形心的力矩的代数和。

利用上述规则，可直接根据截面左侧或右侧梁上的外力求横截面上的剪力和弯矩。

例 3-9　简支梁如图 3.39 所示，试求图中各指定横截面上的剪力和弯矩。

解：（1）求 A、B 支座的反力。

$$\sum M_B = 0, \quad F_A = \frac{Fb}{l}$$

$$\sum M_A = 0, \quad F_B = \frac{Fa}{l}$$

图 3.39　简支梁

（2）求 1-1 截面内力。

以左段为研究对象，根据平衡条件列平衡方程可求得该截面的剪力和弯矩为

$$F_{S1} = F_A = \frac{Fb}{l}, \quad M_1 = F_A a = \frac{Fab}{l}$$

显然，弯矩和剪力均为正值。

（3）求 2-2 截面内力。仍以左段为研究对象，同样可求得该截面的剪力和弯矩为

$$F_{S2} = F_A - F = -\frac{Fa}{l}, \quad M_2 = F_A a - F \times 0 = \frac{Fab}{l}$$

弯矩为正值，剪力为负值。

3.5.3 剪力图与弯矩图

1. 剪力方程和弯矩方程

由上节可求出任意横截面上的剪力和弯矩。一般地，它们随横截面的位置变化而变化。如果沿梁的轴线方向选取坐标 x 表示横截面的位置，则各横截面上的剪力和弯矩可以表示为坐标 x 的函数，即

$$F_S = F_S(x), \quad M = M(x) \tag{3-29}$$

上述二函数式称为剪力方程和弯矩方程。

如果以 x 为横坐标轴，以 F_s 或 M 为纵坐标轴，分别绘制 $F_S = F_S(x)$ 和 $M = M(x)$ 函数图线，这样得出的图形分别称为剪力图和弯矩图。

利用剪力图和弯矩图，很容易确定梁的最大剪力和最大弯矩，以及梁的危险截面的位置。所以画剪力图和弯矩图往往是梁的强度计算中的重要步骤。

下面举例说明剪力图和弯矩图的做法。

例 3-10 图 3.40a）所示为简支梁 AB，长为 l，在 C 点处作用有集中力 $\boldsymbol{F}$，图中尺寸 m、n 为已知，试列出剪力方程、弯矩方程，并画出剪力图和弯矩图。

解：（1）求支座反力。由平衡方程得：

$$F_A = \frac{Fn}{l} \qquad F_B = \frac{Fm}{l}$$

（2）列剪力方程与弯矩方程。由于在 C 点有集中力作用，引起 AC、CB 两端的剪力和弯矩方程各不相同，故必须分别列方程。如图 3.40b）所示，对 AC 段，取 x_1 截面的左段梁为研究对象，可得剪力和弯矩方程分别为：

$$F_{s1} = F_A = \frac{Fn}{l} \qquad (0 \leqslant x_1 < m) \tag{a}$$

$$M_1 = F_A x_1 = \frac{Fn}{l} x_1 \qquad (0 \leqslant x_1 \leqslant m) \tag{b}$$

同理，对 CB 段可得剪力和弯矩方程分别为：

$$F_{s2} = F_A - F = \frac{Fn}{l} - F = -\frac{Fm}{l} \qquad (m < x_2 \leqslant l) \tag{c}$$

$$M_2 = F_A x_2 - F(x_2 - m) = \frac{Fn}{l} x_2 - F(x_2 - m) = \frac{Fm}{l}(l - x_2) \quad (m \leqslant x_2 \leqslant l) \tag{d}$$

（3）绘制剪力图和弯矩图。式（a）表示 AC 段内各截面的剪力为常量 $F_{s1} = \frac{Fn}{l}$；BC 段类似，$F_{s2} = -\frac{Fm}{l}$，绘制剪力图如图 3.40c）所示。式（b）表示 AC 段内的弯矩图是一条向上方倾斜的直线，据两点 $x_1 = 0$，$M = 0$；$x_1 = m$，$M = \frac{Fmn}{l}$ 画出。用相同的方法绘制 CB 段弯矩图。梁 AB 的弯矩图如图 3.40d）所示。

图 3.40 受集中力的简支梁

例 3-11 图 3.41a）所示为简支梁 AB，长为 l，在全梁上受集度为 q 的均布载荷作用，试列出剪力方程、弯矩方程，并画出剪力图和弯矩图。

解：（1）求支座反力。

由 $\sum M_A = 0$ 及 $\sum M_B = 0$ 得：

$$F_A = F_B = \frac{ql}{2}$$

（2）列剪力方程和弯矩方程。

取 A 为坐标轴原点，并在截面 x 处切开，取左段为研究对象（见图 3.41b）），则

$$F_S = F_A - qx = \frac{ql}{2} - qx \qquad （0 \leq x \leq l） \tag{a}$$

$$M = F_A x - \frac{qx^2}{2} = \frac{qlx}{2} - \frac{qx^2}{2} \qquad （0 \leq x \leq l） \tag{b}$$

（3）画剪力图。

式（a）表明，剪力 F_S 是 x 的一次函数，所以剪力图是一斜直线，过以下两点：

$$x = 0, F_S = \frac{ql}{2}$$

$$x = l, F_S = -\frac{ql}{2}$$

（4）画弯矩图。

式（b）表明，弯矩 M 是 x 的二次函数，弯矩图是一条抛物线。由方程

$$M(x) = \frac{qlx}{2} - \frac{qx^2}{2} = \frac{q}{2}(lx - x^2) = -\frac{q}{2}\left(x - \frac{l}{2}\right)^2 + \frac{ql^2}{8}$$

得曲线顶点为 $\left(\dfrac{l}{2}, \dfrac{ql^2}{8}\right)$，开口向下。可按表 3.2 所列对应值确定几点。

表 3.2   弯矩图对应值

x	0	$\dfrac{l}{4}$	$\dfrac{l}{2}$	$\dfrac{3l}{4}$	l
M	0	$\dfrac{3ql^2}{32}$	$\dfrac{ql^2}{8}$	$\dfrac{3ql^2}{32}$	0

剪力图与弯矩图分别为图 3.41c）和图 3.41d）。由图可知，剪力最大值在两支座 A、B 内侧的横截面上，$F_{S\max} = \dfrac{ql}{2}$。弯矩的最大值在梁的中点，$M_{\max} = \dfrac{ql^2}{8}$。

例 3-12 图 3.42a）所示为简支梁 AB，长为 l，在 C 点处作用有集中力偶 M，图中尺寸 m、n 为已知，试列出剪力方程、弯矩方程，并画出剪力图和弯矩图。

解：（1）求支座反力。由平衡方程得：

$$F_A = \frac{M}{l} \qquad\qquad F_B = \frac{M}{l}$$

在 AC 段，距 A 点 x_1 处取截面 1-1，如图 3.42b）所示，以截面左段为研究对象，列平衡方程：

$$\sum F_y = 0 \qquad\qquad F_{s1} = F_A = \frac{M}{l} \qquad\qquad\qquad\text{（a）}$$

$$M_{o1}(F) = 0 \qquad M_1 = F_A x_1 = \frac{Mx_1}{l} \qquad (0 \leqslant x_1 \leqslant m) \qquad\text{（b）}$$

（2）在 BC 段，距 A 点 x_2 处取截面 2-2，以截面右段为研究对象，列平衡方程：

$$\sum F_y = 0 \qquad\qquad F_{s2} = F_B = \frac{M}{l} \qquad\qquad\qquad\text{（c）}$$

$$M_{o2}(F) = 0 \qquad M_2 = -F_B(l - x_2) = -\frac{M}{l}(l - x_2) \qquad (m \leqslant x_2 \leqslant l) \qquad\text{（d）}$$

（3）画剪力图和弯矩图。按以上方法作剪力图如图 3.42c）所示，弯矩图如图 3.42d）所示。

图 3.41 受均布载荷的简支梁

图 3.42 受集中力偶的简支梁

2. 剪力图和弯矩图的规律

（1）梁上集中力作用处，剪力图发生突变，突变值等于集中力的大小，弯矩图发生转折，如例 3-10。

（2）梁上集中力偶作用处，剪力图不受影响，弯矩图出现突变，突变值等于集中力偶矩的大小，如例 3-12。

（3）梁上没有均布载荷时，剪力图为一水平直线，弯矩图为一斜直线，如例 3-10 和例 3-12。

（4）梁上有均布载荷作用时，剪力图为一斜直线，弯矩图为二次曲线，且抛物线开口方向与均布载荷作用方向一致，如例 3-11。

3.5.4 梁的弯曲强度计算

与直杆的拉（压）情况相同，尽管求出了梁横截面上的剪力和弯矩，却并不能以此判断梁的强度，即不知道梁能否发生破坏。为了解决梁的强度问题，必须要进一步研究梁横截面上内力的分布规律，也就是要研究梁横截面上的应力。

梁在弯曲时，其横截面上既有剪力又有弯矩。剪力实际上是与横截面相切的分布内力系的合力，故横截面上应存在剪切应力τ；而弯矩则是与横截面垂直的分布内力系合成所得的合力偶矩，因此横截面上也必然存在正应力σ。

1. 纯弯曲时梁横截面上的正应力

若梁的各个横截面上仅有弯矩而无剪力，则梁的横截面上仅有正应力而无切应力，这时梁的弯曲称为纯弯曲。若梁的横截面上同时存在弯矩和剪力，这种弯曲就称为横力弯曲或剪切弯曲。例如，图 3.43 所示的梁 CD 段上，只有弯矩，没有剪力，即为纯弯曲。梁 AC 段和 BD 段上，既有弯矩，又有剪力，即为横力弯曲。

纯弯曲是梁的最简单也是最基本的弯曲形式。本节通过对纯弯曲时梁横截面正应力分布规律的分析和计算，推导出梁的弯曲强度条件。

（1）变形特点。

取一截面具有纵向对称轴的等直梁，在其侧面画出两条互相平行的横向线和纵向线，然后在梁的两端纵向对称面内施加一对等值、反向的力偶，使梁产生纯弯曲变形（见图 3.44）。通过这一试验可观察到如下现象：

图 3.43　纯弯曲与横力弯曲

① 横向直线仍为直线，且仍然垂直于梁的轴线，只是相对旋转了一个角度。

② 纵向线变成了弧线，梁下部的纵向线伸长了，而上部的纵向线则缩短了。

根据以上现象可以作出平面假设，梁在纯弯曲时各横截面变形后仍保持为平面，且仍垂直于变形后梁的轴线，只是绕横截面内某一轴旋转了一个角度。

图 3.44　弯曲变形中性层

设想梁由无数纵向纤维组成，纯弯曲时，横截面保持平面，说明纵向纤维从缩短到伸长是连续变化的，其中必有一个既不缩短也不伸长的中性层（不受压也不受拉）。中性层是梁上拉伸区与压缩区的分界面，中性层与横截面的交线，称为中性轴，如图 3.44 所示。变形时横截面是绕中性轴转动的。

（2）纯弯曲时梁的正应力。

梁在弯曲时的正应力分布如图 3.45 所示。

① 由平面假设可知，纯弯曲时梁横截面上只有正应力而无切应力。

② 由于梁截面保持平面，所以沿横截面高度方向上纵向纤维从缩短到伸长是线性变化的，因此，横截面上的正应力沿横截面高度方向也是线性分布的。

③ 以中性轴为界，凹边是压应力，使梁缩短；凸边是拉应力，使梁伸长。横截面上同一高度各点的正应力相等，距中性轴最远点有最大拉应力或最大压应力，中性轴各点正应力为零。

纯弯曲时梁横截面上任意一点正应力的计算公式为

图 3.45　弯曲正应力的分布规律

$$\sigma = \frac{My}{I_z} \tag{3-30}$$

式中：M——截面上的弯矩；

　　　y——截面上所求应力点到中性轴的距离；

　　　I_z——横截面对中性轴 z 的惯性矩。

I_z 是一个仅与横截面形状和尺寸有关的几何量，可以通过理论计算来求得。一般地，各种平面几何图形的 I_z 可以查表 3.3 或机械设计手册。

在用式（3-30）计算正应力时，M 和 y 均以绝对值代入，而正应力的正负号则可由弯矩图中弯矩的正负直接判断或由梁的变形情况来确定，即梁凹入一侧受压，凸出一侧受拉。

由公式（3-30）可知，在截面的上、下边缘处，y 达到最大值，因此，梁横截面上的最大弯曲正应力发生在此处，其值为

$$\sigma_{max} = \frac{My_{max}}{I_z} \tag{3-31}$$

令

$$W_z = \frac{I_z}{y_{max}} \tag{3-32}$$

式中，W_z 称为横截面对于中性轴 z 的弯曲截面系数。与惯性矩 I_z 一样，W_z 也是一个只与截面形状和尺寸有关的几何量，于是，梁横截面上的最大弯曲应力为

$$\sigma_{max} = \frac{M}{W_z} \tag{3-33}$$

表 3.3 所示为几种常用几何图形的截面惯性矩 I_z 和弯曲截面系数 W_z 的计算公式。

表 3.3　　　　　　　　几种常用几何图形的截面惯性矩和弯曲截面系数值

图 形 形 状	形心位置	截面惯性矩	弯曲截面系数
![矩形截面 h b z y c]	C 点	$I_y = \dfrac{b^3 h}{12}$ $I_z = \dfrac{bh^3}{12}$	$W_z = \dfrac{bh^2}{6}$

续表

图 形 形 状	形心位置	截面惯性矩	弯曲截面系数
	圆心 O	$I_y = I_z = \dfrac{\pi D^4}{64}$	$W_z = \dfrac{\pi D^3}{32}$
	圆心 O	$I_y = I_z = \dfrac{\pi}{64}(D^4 - d^4)$	$W_z = \dfrac{\pi D^3}{32}(1-\alpha^4)$ 其中 $\alpha = \dfrac{d}{D}$
	中心 C	$I_z = \dfrac{BH^3 - bh^3}{12}$	$W_z = \dfrac{BH^3 - bh^3}{6H}$

例 3-13 矩形截面简支梁如图 3.46a）所示。已知 $F=5\ \text{kN}$，$a=180\ \text{mm}$，$b=30\ \text{mm}$，$h=60\ \text{mm}$。试分别求将截面竖放和横放时梁横截面上的最大正应力。

图 3.46 简支梁受力图

解：（1）求支座反力。根据外力平衡条件列平衡方程可解得支座反力为

$$F_{Ay} = F_{By} = 5 \text{ kN}$$

（2）画出剪力图和弯矩图（见图 3.46b）与图 3.46c））。可见，在 CD 段上横截面剪力为零，故 CD 段为纯弯曲段，截面上弯矩值

$$M_{\max} = M_C = 900 \text{ N·m}$$

（3）求竖放时最大正应力。先由表 3.3 查得矩形截面的截面弯曲系数 W_z 的计算公式，代入式（3-33）中即可求出竖放时横截面上的最大正应力为

$$\sigma_{\max} = \frac{M}{W_z} = \frac{M}{\dfrac{bh^2}{6}} = \frac{900}{\dfrac{0.03 \times 0.06^2}{6}} = 50 \times 10^6 \text{ Pa} = 50 \text{ MPa}$$

同理，可求得横放时横截面上的最大正应力为

$$\sigma_{\max} = \frac{M}{W_y} = \frac{M}{\dfrac{b^2 h}{6}} = \frac{900}{\dfrac{0.06 \times 0.03^2}{6}} = 100 \times 10^6 \text{ Pa} = 100 \text{ MPa}$$

由本例可知，矩形截面梁的横截面放置方位不同，其最大正应力值也不同，即梁的弯曲强度不同。矩形截面梁的横截面竖放时比横放时强度高。

2. 梁的弯曲强度条件

由前面分析可知，$\sigma_{\max}$ 一般在危险截面上离中性轴最远的边缘处。为使梁安全可靠地工作，应使梁横截面上的最大工作应力 $\sigma_{\max}$ 满足不发生失效的条件，即 $\sigma_{\max}$ 不能超过梁所用材料的许用应力。由此可建立如下弯曲强度条件

$$\sigma_{\max} = \frac{M_{\max}}{W_z} \leqslant [\sigma] \tag{3-34}$$

应该指出，上述强度条件公式（3-34）只适用于抗拉强度和抗压强度相同的材料（比如钢制梁）且梁的截面形状以中性轴为对称轴（如矩形、圆形、工字形、箱形、圆环形等）的场合。此时因梁的凸侧和凹侧应力大小相等，所以只需计算一侧应力即可。

而对于抗拉强度和抗压强度不同的脆性材料（比如铸铁梁），或梁的截面形状不以中性轴为对称轴（如槽形、T 字形、角形截面等）的情况，由于抗拉强度和抗压强度不同，且梁的凸侧和凹侧应力大小不相等，因此应按拉、压两种情况分别进行强度计算，计算公式如下：

$$\sigma_{\max} = \frac{M_{\max}}{W_z} \leqslant [\sigma_t] \tag{3-35}$$

或

$$\sigma_{\max} = \frac{M_{\max}}{W_z} \leqslant [\sigma_c] \tag{3-36}$$

与拉（压）强度条件的应用相似，弯曲强度条件同样可以用来解决强度校核、截面尺寸设计和确定最大许用载荷三方面的强度问题。下面通过例题说明弯曲强度条件的应用。

例 3-14 图 3.47a）所示为阶梯圆截面轴，CD 段受均布载荷 $q = 1\,000 \text{ kN/m}$ 作用。已知直径 $D = 330 \text{ mm}$，$d = 250 \text{ mm}$，材料的许用应力 $[\sigma] = 160 \text{ MPa}$。试校核轴的强度。

解：（1）求支座约束反力。根据外力平衡条件，列平衡方程求得支座约束反力为

图 3.47　阶梯圆轴受力及弯矩图

（2）绘制弯矩图，确定最大弯矩及危险截面。因只需校核强度，可不必求出剪力和画剪力图，根据弯矩方程可画出梁的弯矩图，如图 3.47b）所示。由弯矩图可知，梁的中点处弯矩最大，该处可能是危险截面；另外，在梁的 C、D 两处截面上，尽管弯矩不是最大，但它们是截面尺寸发生变化处，截面上的应力有可能最大。因此应分别校核梁的中点和 C 或 D 处截面的强度。先求出这些点的弯矩值如下：

$$M_A=M_B=0 \qquad M_C=M_D=210 \text{ kN} \cdot \text{m} \qquad M_{max}=445 \text{ kN} \cdot \text{m}$$

（3）校核强度。

AC 段（或 BD 段）上 C（或 D）截面，由式（3-33）有

$$\sigma_{max}=\frac{M}{W}=\frac{210\times10^3}{\dfrac{\pi\times0.25^3}{32}}=1.37\times10^8 \text{ Pa}$$

$$=137\text{MPa} \leqslant [\sigma]$$

同理，CD 段危险截面上 $M_{max}=445$ kN · m，则

$$\sigma_{max}=\frac{M}{W}=\frac{445\times10^3}{\dfrac{\pi\times0.33^3}{32}}=1.26\times10^8 \text{ Pa}=126 \text{ MPa} \leqslant [\sigma]$$

两危险截面处的强度均满足要求，故梁弯曲强度足够。

从以上例题得知梁的强度计算的一般步骤如下：

① 确定梁的横截面的几何性质参数：形心、惯性矩；

② 根据梁的力学模型，计算约束力，画出剪力图和弯矩图，确定危险截面，计算危险截面上的弯矩和剪力；

③ 根据截面上应力分布规律和材料性质（拉压强度是否相同）确定危险点，计算危险点的正应力和切应力。

3. 提高梁的弯曲强度的主要措施

从前面的分析和计算可知，在其他条件相同的情况下，选择不同的轴为中性轴或选择不同

的截面形状，均能使梁的弯曲正应力减小，使其弯曲强度提高，以满足经济要求。提高梁弯曲强度的关键在于减小弯曲正应力σ_{max}。根据弯曲强度条件公式（3-34）可知，要使σ_{max}减小，可从M_{max}和W_z两个方面考虑；一是在相同载荷的情况下设法减小最大弯矩M_{max}；二是在截面面积相同的情况下增大抗弯截面系数W_z。因此工程上可采取以下几项措施提高梁的弯曲强度。

（1）合理布置梁的支座和载荷。

在载荷相同的情况下，梁的支座安排不同、载荷布置不同均可使最大弯矩发生变化，可通过合理布置梁的支座和载荷来降低最大弯矩值。图3.48a）所示为受均布载荷作用的简支梁，其弯矩最大值$M_{max}=ql^2/8$。若将支座改为图 3.48b）所示的位置，则从弯矩图可知最大弯矩$M_{max}'=ql^2/40$，是原来的1/5，弯曲承载能力提高了4倍。

图3.48　合理布置梁的支座

又如图3.49a）所示，受集中力F作用的简支梁AB，其最大弯矩$M_{max}=Fl/4$。若在梁上增加一副梁，如图3.49b）所示，则集中力通过副梁作用于C、D点，弯矩最大值M_{max}减小为$Fl/8$，比原来减小了一半，因此，承载能力提高了一倍。集中力作用下的简支梁，将载荷作用点靠近支座或设法将载荷分散作用，都将显著地减小最大弯矩值。在工程上，常将轴上齿轮尽可能靠近轴承，就是这个道理。

图3.49　合理布置梁的载荷

（2）选择合理的截面形状。

由弯曲强度条件可知，抗弯截面系数W_z越大，梁的抗弯曲强度越高。因此，应尽量选择横截面面积较小而抗弯截面系数大的截面形状，即W_z/A值大的截面是合理截面。工程中常用截面的W_z/A值如下，设各式中$h=d=D$。

圆形截面 $\qquad \dfrac{W_z}{A} = \dfrac{\pi d^3 / 32}{\pi d^2 / 4} = 0.125d$

矩形截面 $\qquad \dfrac{W_z}{A} = \dfrac{bh^2 / 6}{bh} = 0.167h$

工字钢 $\qquad \dfrac{W_z}{A} = (0.27 \sim 0.31)h$

槽钢 $\qquad \dfrac{W_z}{A} = (0.27 \sim 0.31)h$

圆环截面 $\qquad \dfrac{W_z}{A} = 0.205D$

从上述表达式可得如下结论：工字钢和槽钢比较好。

（3）采用等强度梁。

一般情况下，梁截面上弯矩随截面位置的不同而变化。若能在弯矩较大处采用较大截面、弯矩较小处采用较小截面，就能实现全梁强度基本相等，即等强度梁。图 3.50a）所示的悬臂梁、图 3.50b）所示的阶梯梁及图 3.50c）所示的汽车车架上的纵梁等均为等强度梁。采用等强度梁既能满足强度要求，又减少了材料的消耗。

a)　　　　　　　　　　　b)　　　　　　　　　　c)

图 3.50　等强度梁

3.6

梁的变形与刚度计算

3.6.1　弯　曲　变　形

工程上的各种梁除了要求其具有足够的强度以外，还要求其具有足够的刚度，以使其工作时变形不致过大，否则会引起震动，影响机器运转的精度，甚至导致失效。例如，图 3.51 所示的传动齿轮轴，如果弯曲变形过大，会影响两齿轮的正常啮合，加剧轴承的磨损。因此，必须限制梁的弯曲变形。

另一方面，弯曲变形也有可利用的一面，如汽车上的钢板弹簧，就是通过其弯曲变形来缓冲车辆的震动的。下面对梁的弯曲变形加以简单分析挠曲体方程。

如图 3.52 所示，悬臂梁在 B 点受集中力 F 作用后，梁的轴线 AB 弯曲变形成为一条平面曲线 AB'，称为挠曲线。

图 3.51　齿轮轴　　　　　　　　　图 3.52　梁的弯曲变形

建立如图 3.52 所示的 $xA\omega$ 坐标系，梁上与 A 点距离为 x 的截面的形心 C 移至了 C' 点，则 C 点在弯曲变形时沿垂直于梁轴线方向的位移 CC' 称为挠度，用 ω 表示。由于挠曲线是一条曲率半径很大的较平缓的曲线，因而 C 点沿 x 轴方向的位移很小，可忽略不计。从图上可看出，截面的位置不同，挠度 ω 值也不等。因此，挠度是横坐标 x 的函数，即

$$\omega = f(x) \tag{3-37}$$

式（3-37）称为挠曲线方程。

梁在弯曲变形时，其上任一截面都绕其中性轴转过一定角度，称为转角，用 θ 表示。转角 θ 也就是挠曲线在 C 点处的切线与 x 轴的夹角，如图 3.52 所示。由于 θ 角很小，因此有

$$\theta \approx \tan\theta = \omega' = f'(x) \tag{3-38}$$

式（3-38）表明，转角近似等于挠曲线方程对 x 的一阶导数。

挠度和转角的大小反映了梁在弯曲变形时的横截面移动和转动的程度，故用以衡量梁的变形大小。挠度和转角的正负号规定如下：挠度与坐标轴 ω 正方向一致时为正，反之为负；变形时截面逆时针转向的转角为正，反之为负。

挠曲线方程是研究梁的弯曲变形的基本方程，梁的变形可用积分法求得（可参考有关资料，本书不作详述）。梁在简单载荷作用下的挠度和转角的计算公式可查阅有关设计手册。

3.6.2　梁的弯曲刚度计算

为保证受弯梁能安全工作，必须限制梁的最大挠度和最大转角（绝对值）不超过许用值，即梁的刚度条件为

$$|\omega|_{\max} \leqslant [\omega] \tag{3-39}$$

$$|\theta|_{\max} \leqslant [\theta] \tag{3-40}$$

式中，$[\omega]$ 为梁材料的许用挠度，$[\theta]$ 为材料的许用转角。

这两个许用值可根据梁的工作性质来确定，其值可查阅机械设计手册。

设计时，通常根据强度条件、结构要求，确定梁的截面尺寸，然后校核其刚度。对于刚度要求高的轴，其截面尺寸往往由刚度条件所决定。

3.7 弯曲与扭转的组合变形

前面分别讨论了杆件的几种基本变形下的强度和刚度计算。然而，实际工程结构中有些构件的受力情况是复杂的，构件往往会发生两种或两种以上的基本变形。这种变形称为组合变形。工程中许多受扭构件同时发生弯曲变形，称为弯扭组合变形，是机械传动中常见的一种组合变形形式。这里只分析圆轴的弯扭组合变形。

3.7.1 弯扭组合变形计算步骤

在弯扭组合变形下建立杆件强度条件的步骤如下。

（1）对杆件作受力分析，将作用于杆件上的各外力向轴心简化，并将外力分为两组，一组是使杆件发生扭转变形的力，另一组是使杆件发生弯曲变形的力。

（2）分别计算两组外力作用下杆件的内力（扭矩 M_n 和弯矩 M），作出相应的扭矩图和弯矩图，并据此确定杆件的危险截面（最大弯矩所在截面）。

（3）分别计算危险截面上与扭矩对应的最大剪切应力 τ_{max} 以及与最大弯矩对应的最大正应力 $|\sigma|_{max}$，作为强度计算的依据。

（4）按弯扭组合强度条件进行计算。

下面结合实例进行分析说明。图 3.53a）所示为汽车发动机冷却系统中风扇带轮轴经简化后的受力图，其中 A 端可视为固定端，B 端带轮上作用有切向力 F_1、F_2（$F_1 > F_2$），带轮直径为 d，轴长为 l，现分析其强度的计算方法如下。

（1）分析 AB 轴受力，并画出其计算简图。利用力的平移原理将作用于轮缘上的力 F_1、F_2 向轮心 B 平移，得到作用于轮心上的力 $F=F_1+F_2$ 以及附加力偶 $T=(F_1-F_2)d/2$，如图 3.53b）所示。力 F 使 AB 轴弯曲，T 使 AB 轴受扭，即轴发生弯扭组合变形。

（2）计算在 F 和 T 作用下轴截面上的扭矩和弯矩，并画出扭矩图和弯矩图，如图 3.53c）所示。由弯矩图可知最大弯矩出现在 A 右侧截面，故 A 右侧为危险截面。

（3）计算危险截面的应力。与扭矩对应的是切应力 $\tau=M_n/W_P$。式中，W_P 为抗扭截面系数。与弯矩对应的是正应力 $\sigma=\pm M/W_Z$。式中 W_Z 为抗弯截面系数。

正应力 σ 位于与横截面垂直的 xOy 平面内，切应力 τ 位于横截面内，它们的分布如图 3.54 所示，即 σ 和 τ 位于两个互相垂直的平面内。最大正应力 σ_{max} 出现在 A 截面的上、下边缘 A_1、A_2 点，最大切应力 τ_{max} 则出现在整个横截面的外圆周上各点。

（4）建立强度条件。

A 截面上除了正应力 σ 外，还有切应力 τ，属于复杂应力状态。对于这类复杂应力状态下强度条件的建立，不能沿用前面介绍的拉（压）、扭转、弯曲等基本变形时的单向应力状态的强度公式。因为复杂应力状态下应力的组合是多样化的，显然试验难以完整进行。但是，通过找出引起材料破坏的原因，可探索复杂应力状态下材料破坏的规律。经过长期的研究分析，人们提出了强度理论。强度理论认为，无论是单向应力还是复杂应力状态，材料的破坏都是由某一特定因素引起的。因此，利用单向应力状态下的试验结果（如拉伸试验测得的 σ_S、σ_b 值等），可建立既能满足工程需要又简单的强度计算公式。目前广泛使用的有四种强度理论。对于机械工程上中常用的金属材料等塑性材料，第三、第四强度理论与实际较吻合。下面简单介绍第三、第四强度理论。

图 3.53　带轮轴

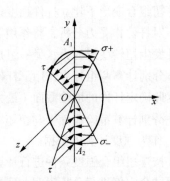

图 3.54　梁弯扭组合变形时截面的应力分布

3.7.2　强度理论简介

第三强度理论（最大切应力理论）认为：最大切应力是引起材料屈服破坏的主要因素，无论材料处于何种状态，只要材料内一点最大切应力 τ_{max} 达到材料的极限应力 τ_u，即发生塑性屈服破坏。其强度表达式为

$$\tau_{max} \leqslant [\tau] \tag{3-41}$$

由实验可知，在弯扭组合时，最大切应力为

$$\tau_{max} = \frac{\sqrt{\sigma^2 + 4\tau^2}}{2} \tag{3-42}$$

对于塑性材料，$[\tau]$ 与 $[\sigma]$ 之间的关系为 $[\tau]= [\sigma]/2$。因此，第三强度理论的强度条件表达式可写成

$$\sigma_{r3} = \sqrt{\sigma^2 + 4\tau^2} \leqslant [\sigma] \tag{3-43}$$

第四强度理论（畸变能理论）认为：引起材料塑性屈服破坏的主要因素是畸变能密度。无论材料处于何种应力状态，只要构件内危险点处的畸变能密度 ν_d 达到材料在单向拉伸时发生塑

性屈服破坏的极限畸变能密度 v_u，该点处的材料就会发生塑性屈服破坏。其强度表达式为

$$\sigma_{r4} = \sqrt{\sigma^2 + 3\tau^2} \leqslant [\sigma] \qquad (3\text{-}44)$$

式中，σ_{r3}、σ_{r4} 分别是按第三、第四强度理论计算时 σ 和 τ 的当量应力。

把 $\sigma = M/W_Z$、$\tau = M_n/W_p$ 代入上述两式（圆轴 $W_p = 2W_Z$），得

$$\sigma_{r3} = \frac{\sqrt{M^2 + M_n^2}}{W_Z} \leqslant [\sigma] \qquad (3\text{-}45)$$

$$\sigma_{r4} = \frac{\sqrt{M^2 + 0.75M_n^2}}{W_Z} \leqslant [\sigma] \qquad (3\text{-}46)$$

式（3-45）、（3-46）只适用于由塑性材料制成的弯扭组合变形的实心圆截面和空心圆截面轴。

例 3-15 图 3.55a）所示为减速器中的高速轴，动力由电动机通过联轴器输入。已知轴长 $l = 1.2\,\text{m}$，中间装有齿轮，齿轮上所受的力 $F = 14\,\text{kN}$，分度圆直径 $D = 128\,\text{mm}$，轴的直径为 $d = 100\,\text{mm}$，轴材料的许用应力 $[\sigma] = 50\,\text{MPa}$。试校核该轴的强度。

图 3.55　减速器高速轴

解：（1）将作用在齿轮上的力简化到轴线并由力的平移定理求出力偶矩的值。画出该轴的计算简图，如图 3.55b）所示。

$$F = 14\,\text{kN}$$

$$T_1 = F\frac{D}{2} = 14 \times \frac{128 \times 10^{-3}}{2} = 0.9\,\text{kN} \cdot \text{m}$$

齿轮上的力偶矩与电动机的输出扭矩平衡。

（2）绘制弯矩图和扭矩图，如图 3.55c）和图 d）所示。从图中可以看出，C 截面为危险截面，由弯矩方程和扭矩图可求得该截面上的最大弯矩值及扭矩值为

$$M_{max} = 4.2\,\text{kN} \cdot \text{m} \qquad M_n = 0.9\,\text{kN} \cdot \text{m}$$

（3）强度校核。根据第四强度理论可得

$$\sigma_{r4} = \frac{\sqrt{M^2 + 0.75M_n^2}}{W_Z} = \frac{\sqrt{(4.2 \times 10^3)^2 + 0.75 \times (0.9 \times 10^3)^2}}{\dfrac{\pi \times 0.1^3}{32}}$$

$$= 4.35 \times 10^7\,\text{Pa} = 43.5\,\text{MPa}$$

由此可知，$\sigma_{r4} < [\sigma]$，故该轴强度足够。

思考题与习题

1. 试用截面法求题 3-1 图中所列各杆指定截面的轴力，并作出轴力图。

题 3-1 图

2. 试绘出题 3-2 图所示的各轴的转矩图。

题 3-2 图

3. 试作出题 3-3 图中各梁的弯矩图，并求出 $|M|_{max}$。

题 3-3 图

4. 题 3-4 图中扭转切应力分布是否正确？（其中 M_n 为该截面的扭矩）

题 3-4 图

5. 题 3-5 图中传动轴，在截面 A 处的输入功率 P_A=15 kW，在截面 B、C 处的输出功率分别为 P_B=10 kW，P_C=5 kW，已知轴的转速 n=60 r/min。试绘出该轴的扭矩图。

6. 题 3-6 图中传动轴，在截面 A 处的输入功率 P_A=30 kW，在截面 B、C、D 处的输出功率 P_B=P_C=P_D=10 kW。已知轴的转速 n=300 r/min，BA 段直径 D_1=40 mm，AC 段直径 D_2=50 mm，CD 段直径 D_3=30 mm。材料的许用切应力 $[\tau]$=60 MPa，试校核此轴的强度。

题 3-5 图   题 3-6 图

7. 求题 3-7 图所示的各梁中 1-1 截面上的剪力和弯矩，并用内力方程法绘制各梁的剪力图和弯矩图。

题 3-7 图

8. 由工字钢制成的简支梁受力如题 3-8 图所示。已知材料的许用应力 $[\sigma]$=170 MPa，试选择工字钢的型号。

题 3-8 图

9. 切削工件时，刀具的受力情况如题 3-9 图所示。已知 $F=2$ kN，许用应力$[\sigma]=200$ MPa，刀具横截面尺寸见题 3-9 图。试校核刀具的强度。

10. 剪力机构如题 3-10 图所示，图中 *AB* 杆与 *CD* 杆的截面均为圆形，材料相同，许用应力$[\sigma]=100$ MPa，$F=200$ N，试确定 *AB* 杆与 *CD* 杆的直径。

题 3-9 图

题 3-10 图

第4章 平面机构设计

机构是具有确定的相对运动的构件系统，其组成要素有构件和运动副。所有构件的运动平面都相互平行的机构称为平面机构。本章学习平面机构具有确定相对运动的条件、建立平面机构运动分析和受力分析的一般方法；应熟悉平面四杆机构的工作特性。

4.1 平面机构的组成

4.1.1 运动副及约束

机构中各个构件之间必须有确定的相对运动。因此，构件的连接既要使两个构件直接接触，又能产生一定的相对运动，这种直接接触的活动连接称为运动副。在图 4.1 中，轴承中的滚动体与内外圈的滚道（见图 4.1a)）、啮合中的一对齿廓（见图 4.2b)）、滑块与导轨（见图 4.1c)），均保持直接接触，并能产生一定的相对运动，因而都构成了运动副。两构件上直接参与接触而构成运动副的点、线或面称为运动副元素。

图 4.1 运动副   图 4.2 转动副

两个构件通过运动副连接以后，相对运动受到限制。运动副对组成该副的两个构件间的相对运动所加的限制称为约束。而约束的多少及约束的特点取决于运动副的形式。

（1）转动副

图 4.2 所示的运动副限制了轴颈沿 x 轴和 y 轴的移动，只允许轴颈绕轴承相对转动，这种

运动副称为转动副，也叫回转副。转动副引入了 2 个约束。

（2）移动副

图 4.3 所示的运动副，构件间只能沿 x 轴作相对移动，这种沿一个方向相对移动的运动副称为移动副。移动副也具有 2 个约束。

转动副和移动副都是面接触，统称为低副。

（3）平面高副

如图 4.4 所示，在曲线（或曲面）构成的运动副中构件 b 相对于构件 a 既可沿接触点处切线方向移动，又可绕接触点 A 转动，引入了一个约束。这种点接触或线接触的运动副称为平面高副，简称高副。

图 4.3　移动副　　　　　　　　　图 4.4　平面高副

4.1.2　运　动　链

两个以上的构件通过运动副连接组成的系统称为运动链。运动链分为闭式运动链和开式运动链两种。所谓闭式运动链是指组成运动链的每个构件至少包含两个运动副，组成一个首末封闭的系统，如图 4.5a）所示；开式运动链的构件中有的构件只包含一个运动副，它们不能组成一个封闭的系统，如图 4.5b）所示。

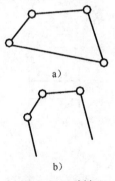

图 4.5　运动链

4.1.3　平面机构的组成

如果将运动链中的一个构件固定，并使另一个构件（或几个构件）按给定的运动规律相对

于该构件运动，而其余构件都能随之做确定的相
对运动，则这种运动链便成为机构。由此可知，
机构中有以下几类构件。

（1）原动件：机构中按外部给定运动规律运动
的构件。如图 4.6 中的构件 1 就是原动件（也称主
动件），在原动件上须标上带箭头的圆弧或直线。

（2）从动件：机构中随原动件做确定的相对运
动的构件。如图 4.6 中的构件 2 和 3 就是从动件。

图 4.6　机构的组成

（3）机架：机构中固定不动的构件。如图 4.6 中的构件 4 就是机架。

4.2 平面机构运动简图

实际构件的外形和结构往往很复杂。在分析机构运动时，可以不考虑构件的形状和尺寸及
运动副的具体结构等与运动无关的因素，而只需用规定的简单符号和线条来代表构件和运动副，
并按一定的比例表示各种运动副的相对位置。这种表示机构各构件之间相对运动的简化图形，
称为机构运动简图。机构运动简图与原机构具有完全相同的运动特性。

4.2.1　构件、运动副的表达方法

1. 两构件组成转动副的表达方法如图 4.7 所示。圆圈表示转动副，圆心代表转动轴线，带
斜线的为机架。

图 4.7　转动副的表达方法

2. 两构件组成移动副的表达方法如图 4.8 所示，其导路必须与相对移动方向一致。

图 4.8　移动副的表达方法

3. 两构件组成平面高副时，其运动简图中应画出两构件接触处的曲线轮廓。对于齿轮，常用点划线画出其节圆；对于凸轮、滚子，习惯上画出其全部轮廓，如图 4-9 所示。

a）　　　　　　　　b）　　　　　　　　c）　　　　　　　　d）

图 4.9　平面高副的表达方法

4. 图 4.10a）表示包含 2 个运动副元素的构件的各种画法，图 4.10b）表示包含 3 个运动副元素的构件的各种表达方法，图 4.10c）表示包含 4 个运动副元素的构件的画法，可供绘制机构运动简图时参考。

a）

b）　　　　　　　　　　　　　　　c）

图 4.10　构件的表达方法

4.2.2　机构运动简图的绘制

机构运动简图的绘制步骤：

1. 分析机构的运动原理和结构情况，确定其原动件、机架、执行部分和传动部分。

2. 沿着运动传递路线，逐一分析每个构件间相对运动的性质，以确定运动副的类型和数目。

3. 选择视图平面，通常可选择机械中多数构件的运动平面为视图平面，必要时也可选择两个或两个以上的视图平面，然后将其画到同一图面上。

4. 选择适当的比例尺，定出各运动副的相对位置，并用各运动副的代表符号、常用机构的运动简图符号和简单的线条来绘制机构运动简图。

5. 从原动件开始，按传动顺序标出各构件的编号和运动副的代号。在原动件上标出箭头以表示其运动方向。

例 4-1　试绘制图 4.11a）所示的活塞式内燃机的机构运动简图。

a)　　　　　　　b)

图 4.11　活塞式内燃机

解：（1）分析并了解机构的结构及运动。

图示活塞式内燃机中，活塞 1 的运动通过连杆 2 推动安装在机架（气缸体）4 上的曲轴 3 转动。由此可知，该机构是由曲轴 3（称为曲柄）、活塞 1（称为滑块）、连杆 2 和机架 4 等四个构件组成的曲柄滑块机构。

与曲轴 3 固接在一起的齿轮 5 推动齿轮 6，使其绕机架 4 转动，故齿轮 5、6 与机架 4 等三个构件组成齿轮机构。

与齿轮 6 固接在一起的凸轮 7 推动气阀顶杆 8，使其相对机架 4 移动，故凸轮 7、顶杆 8 与机架 4 等三个构件组成凸轮机构。

各构件之间组成运动副的情况为：构件 5 与 6、构件 7 与 8 均组成高副，构件 1 与 4、构件 8 与 4 均组成移动副，构件 7 与 4、构件 2 与 1、构件 3 与 2 、构件 4 与 3 均组成转动副。

（2）选择视图平面、比例尺，绘制机构运动简图。

选择图 4.11b）所示的各构件的运动平面为视图平面。绘制各运动副，其中，齿轮 5、6 组成的高副按规定画成粗实线（或点划线）的一对圆，凸轮 7、顶杆 8 组成的高副画出全部轮廓曲线。再用简单的线条画各个构件，便得到机构运动简图。

4.3 平面机构的自由度

4.3.1 平面运动构件的自由度

对于一个做平面运动的构件，只有三个自由度，如图 4.12 所示，即沿 x 轴和 y 轴移动，以及在 xOy 平面内转动。我们把构件相对于参考系具有的独立运动参数的数目称为自由度。

图 4.12 平面运动构件的自由度

4.3.2 机构具有确定相对运动的条件

运动链和机构都是由构件和运动副组成的系统。机构要实现预期的运动传递和变换，必须使其运动具有可能性和确定性。如图 4.13 所示，由 3 个构件通过 3 个转动副连接而成的系统就没有运动的可能性。如图 4.14 所示的五杆系统，若取构件 1 作为主动件，当给定角度 φ_1 时，构件 2、3、4 既可以处在实线位置，也可以处在虚线或其他位置，因此，其从动件的位置是不确定的。如图 4.15 所示的四杆机构，当给定构件 1 的位置时，其他构件的位置也被相应确定。

图 4.13 桁架

图 4.14 五杆铰链机构

图 4.15 平面四杆机构

由此可见，无相对运动的构件组合或无确定运动的运动链都不能实现预期的运动变换。将运动链的一个构件固定为机架，当运动链中一个或几个主动件位置确定时，其余从动件的位置也随之确定，则称机构具有确定的相对运动。那么究竟取一个还是几个构件作主动件？这取决于机构的自由度。理论和实践证明，机构具有确定的相对运动的条件是机构的主动件数等于自由度。

4.3.3　平面机构自由度计算

设一个平面机构中除去机架后其余活动构件的数目为 n 个。而一个不受任何约束的构件在平面中有三个自由度，故一个机构中全部活动构件在平面内共具有 $3n$ 个自由度。当两构件连接成运动副后，其运动受到约束，自由度将减少。自由度减少的数目，应等于运动副引入的约束数目。平面机构中的运动副只可能是高副或低副，其中每个低副引入的约束数为 2，每个高副引入的约束数为 1。因此，对于平面机构，若各构件之间共构成了 P_L 个低副和 P_H 个高副，则它们共引入（$2P_L + P_H$）个约束。平面机构自由度 F 计算公式为：

$$F = 3n - 2P_L - P_H \tag{4-1}$$

式中：F——机构的自由度；

　　n——活动构件的数目；

　　P_L——低副的数目；

　　P_H——高副的数目。

由公式（4-1）可知，机构自由度 F 取决于活动构件的数目以及运动副的性质和数目。此式也称为平面机构结构公式。

例如，图 4.13 中桁架的自由度为 $F = 3n - 2P_L - P_H = 3 \times 2 - 2 \times 3 - 0 = 0$，它的各杆件之间不可能产生相对运动；图 4.14 中五杆铰链机构的自由度为 $F = 3n - 2P_L - P_H = 3 \times 4 - 2 \times 5 - 0 = 2$，原动件数 <机构自由度，机构运动不确定，表现为任意乱动；图 4.15 中平面四杆机构的自由度为 $F = 3n - 2P_L - P_H = 3 \times 3 - 2 \times 4 - 0 = 1$，原动件数 = 机构自由度，机构有确定的运动。

综上所述，机构具有确定运动的条件是：机构自由度必须大于零且原动件数与其自由度必须相等。

4.3.4　几种特殊结构的处理

为了改善机构的试用性能，机构中有时采用一些特殊结构。对于这些特殊结构，必须经过适当处理，才能运用公式（4-1）计算机构的自由度。

1. 复合铰链

由两个以上构件组成两个或更多个共轴线的转动副，即为复合铰链，如图 4.16a）为三个构件在 A 处构成复合铰链。由其侧视图 4.16b）可知，此三构件共组成两个共轴线转动副。当 m 个构件组成复合铰链时，组成（$m-1$）个共轴线转动副。

例 4-2　计算图 4.17 所示的直线机构的自由度。

解：该机构的活动构件数 $n = 7$，A、B、D、E 点为复合铰链，各有两个转动副，所以，低副数 $P_L = 10$，高副数 $P_H = 0$，则该机构的自由度为

$$F = 3n - 2P_L - P_H = 3 \times 7 - 2 \times 10 - 0 = 1$$

图 4.16　复合铰链 　　　　　　　　图 4.17　直线机构

2. 局部自由度

机构中常出现一种与输出构件运动无关的自由度，称为局部自由度或多余自由度。在计算机构自由度时，可预先排除。如图 4.18a）所示的平面凸轮机构中，为了减少高副接触处的磨损，在从动件上安装一个滚子 3，使其与凸轮轮廓线滚动接触。显然，滚子绕其自身轴线转动与否并不影响凸轮与从动件间的相对运动，因此，滚子绕其自身轴线的转动为机构的局部自由度。在计算机构的自由度时，应预先将转动副 C 除去不计，或如图 4.18b）所示，设想将滚子 3 与从动件 2 固接在一起作为一个构件来考虑。这样在机构中，$n = 2$，$P_L = 2$，$P_H = 1$，其自由度为 $F = 3n - 2P_L - P_H = 3 \times 2 - 2 \times 2 - 1 = 1$。

图 4.18　局部自由度

3. 虚约束

在运动副引入的约束中，有些约束对机构自由度的影响是重复的。这些对机构运动不起限制作用的重复约束，称为虚约束或消极约束，在计算机构自由度时，应当除去不计。

图 4.19a）所示的平行四边形机构中，如果以 $n = 4$，$P_L = 6$，$P_H = 0$ 来计算，则 $F = 3n - 2P_L - P_H = 3 \times 4 - 2 \times 6 - 0 = 0$。显然计算结果不符合实际，其原因是，该机构中的连杆做平移运动，因此，去掉一个构件的右图与左图的运动完全相同。这种起重复限制作用的约束称为虚约束。计算自由度时应先将产生虚约束的构件去掉（见图 4.19b）），再进行计算，可得到正确的结果为 $F = 3n - 2P_L - P_H = 3 \times 3 - 2 \times 4 - 0 = 1$。

图 4.19　运动轨迹重合引入虚约束

平面机构的虚约束常出现于下列情况：

（1）两个构件之间组成多个导路平行的移动副时，只有一个移动副起作用，其余都是虚约束。

（2）两个构件之间组成多个轴线重合的转动副时，只有一个转动副起作用，其余都是虚约束。如图 4.20 所示，两个轴承支撑一根轴，只能看作一个转动副。

（3）机构中对传递运动不起独立作用的对称部分，也为虚约束。如图 4.21 所示的轮系中，中心轮经过三个对称布置的小齿轮 2、2′ 和 2″ 驱动内齿轮 3，其中只有一个小齿轮对传递运动起独立作用。但由于其余两个小齿轮的加入，使机构增加了两个虚约束。

图 4.20　轴线重合的虚约束　　　　图 4.21　对称结构的虚约束

应当注意，对于虚约束，从机构的运动观点来看是多余的，但它能增加机构的刚性，改善其受力状况，因而被广泛采用。但是虚约束对机构的几何条件要求较高，因此对机构的加工和装配提出了较高的要求。

例 4-3　计算图 4.22 所示的平面连杆机构的自由度。

解：（1）分析：

该机构活动件数 $n = 3$，低副数 $P_L = 4$，高副数 $P_H = 0$。

（2）计算：

由自由度公式得 $F = 3n - 2P_L - P_H = 3 \times 3 - 2 \times 4 - 0 = 1$，所以此机构应有 1 个原动件。

图 4.22　平面连杆机构

4.4 平面四杆机构分析

平面连杆机构是将各构件用转动副或移动副连接而成的平面机构。最简单的平面连杆机构是由四个构件组成的，简称平面四杆机构。它的应用非常广泛，而且是组成多杆机构的基础。

4.4.1　铰链四杆机构的基本形式

全部用转动副组成的平面四杆机构称为铰链四杆机构，如图 4.23 所示。固定件 4 称为机架，与机架用转动副连接的杆 1 和杆 3 称为连架杆，不与机架直接连接的杆 2 称为连杆。连架杆如能绕机架上的转动副中心 A（或 D）作整周回转，则称为曲柄，否则称为摇杆。

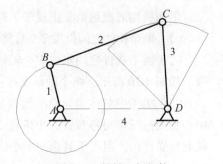

图 4.23　铰链四杆机构

1. 曲柄摇杆机构

两连架杆一个为曲柄另一个为摇杆的四杆机构，称为曲柄摇杆机构。如图 4.24 所示的搅拌机及图 4.25 所示的缝纫机脚踏机构均为曲柄摇杆机构。

图 4.24　搅拌机

图 4.25　缝纫机

曲柄摇杆机构的特点是它能将曲柄的整周回转运动变换成摇杆的往复摆动，相反它也能将摇杆的往复摆动变换成曲柄的连续回转运动。

2. 双曲柄机构

两连架杆均为曲柄的四杆机构称为双曲柄机构，如图 4.26 所示的惯性筛及图 4.27 所示的机车车辆机构均为双曲柄机构。

图 4.26　惯性筛

图 4.27　机车车辆机构

双曲柄机构的特点之一就是能将等角速度转动变为周期性变角速度转动。

3. 双摇杆机构

若四杆机构的两连架杆均为摇杆，则此四杆机构称为双摇杆机构。在实际中的应用中，主要是通过适当的设计，将主动摇杆的摆角放大或缩小，使从动摇杆得到所需的摆角；或者利用连杆上某点的运动轨迹实现所需的运动。如图 4.28 所示的起重机及图 4.29 所示的电风扇的摇头机构，均为双摇杆机构。在起重机中，CD 杆摆动时，连杆 CB 上悬挂重物的点 M 在近似水平的直线上移动。图 4.29 所示的机构中，电机安装在摇杆 4 上，铰链 A 处装有一个与连杆 1 固接在一起的蜗轮。电机转动时，电机轴上的蜗杆带动蜗轮迫使连杆 1 绕 A 点作整周转动，从而使连架杆 2 和 4 作往复摆动，达到风扇摇头的目的。

图 4.28　鹤式起重机

图 4.29　电风扇的摇头机构

4.4.2　平面四杆机构的演化

除前面介绍的三种基本型式的铰链四杆机构以外，实际中还广泛使用着其他型式的四杆机构，它们都可看作是从铰链四杆机构演化而来的。

1. 曲柄滑块机构（转动副转化成移动副）

图 4.30a）所示的曲柄摇杆机构中，当摇杆 CD 长度无限增加时，C 点的运动轨迹便由弧线变成了直线，摇杆 CD 便成了滑块，原来的转动副变成了移动副，曲柄摇杆机构便演变成了曲柄滑块机构。图 4-30b）称为偏置曲柄滑块机构。图 4.30c）称为对心曲柄滑块机构。

图 4.30　转动副转化成移动副

2. 偏心轮机构（扩大转动副）

在曲柄摇杆机构中，当曲柄较短时，往往由于加工和装配工艺、结构和强度等方面的需要，将转动副 B 的销轴半径扩大到超过曲柄长度，使曲柄成为绕 A 点转动的偏心轮机构，如图 4.31 所示。

a)   b)

图 4.31 偏心轮机构

3. 导杆机构（变换机架）

图 4.32a）所示的曲柄滑块机构中，若取构件 AB 为机架，则机构演化为图 4.32b）和 c）所示的导杆机构。通过套筒 3 的构件 AC 称为导杆。若杆长 $L_1 > L_2$，杆 2 整周回转时，杆 4 只能作绕点 A 的往复摆动，这种导杆机构称为摆动导杆机构，如图 4.32b）所示；若杆长 $L_1 < L_2$，杆 2 整周回转时，杆 4 也作整周回转，这种导杆机构称为转动导杆机构，如图 4.32c）所示。

a)   b)   c)   d)   e)

图 4.32 导杆机构

导杆机构在工程上常用作回转式油泵、牛头刨床和插床等工作机构。如图 3.33 为牛头刨床的摆动导杆机构。

4. 摇块机构

在图 4.32a）所示的曲柄滑块机构中，若取构件 BC 为机架，则变成如图 4.32d）所示的摇块机构，或称摆动滑块机构。这种机构广泛应用于摆动式内燃机和液压驱动装置内。图 4.34 所示为自卸卡车翻斗机构及其运动简图。在该机构中，因为液压油缸 3 绕铰链 C 摆动，故称为摇块。

图 4.33 牛头刨床的摆动导杆机构

5. 定块机构

在图 4.32a）所示的曲柄滑块机构中，若取杆 3 为固定件，即可得图 4.32e）所示的固定滑块机构，或称定块机构。这种机构常用于如图 4.35 所示的抽水唧筒等机构中。

图 4.34　自卸卡车翻斗机构及其运动简图

图 4.35　抽水唧筒机构

4.4.3　铰链四杆机构曲柄存在的条件

铰链四杆机构三种基本形式的根本区别在于是否存在曲柄及存在几个曲柄。下面讨论连架杆成为曲柄的条件。

图 4.36 所示的铰链四杆机构中，杆 1、2、3、4 的长度分别为 a、b、c、d。若连架杆 1 既能转到 AB_1C_1 位置（杆 1 与杆 2 重叠共线），又能转到 AB_2C_2 位置（杆 1 与杆 2 拉直共线），则它就能绕 A 点作整周转动而成为曲柄。此时各杆的长度应满足：

在三角形 AC_2D 中，根据三角形两边之和大于第三边可得

图 4.36　铰链四杆机构

$$a+b < c+d \qquad （4-2）$$

在三角形 AC_1D 中，根据三角形两边之差小于第三边可得

$$c-d \leqslant b-a \text{ 及 } d-c \leqslant b-a \qquad （4-3）$$

即

$$a+c \leqslant b+d \text{ 及 } a+d \leqslant b+c \qquad （4-4）$$

将以上式（4-2）、（4-4）中任两式分别相加后可得：

$$a \leqslant b \quad a \leqslant c \quad a \leqslant d \qquad （4-5）$$

由上可知，铰链四杆机构中存在曲柄的条件是：

1. 曲柄是最短杆；

2. 最短杆与最长杆的长度之和小于或等于（极限情况下）其余两杆长度之和，此条件称为"杆长之和条件"。

进一步分析图 4.36 还可得知，当 AB 为曲柄时，组成转动副 A 及 B 的杆件均作相对整周回转。因此，在满足"杆长之和条件"下，若以最短杆为机架，它们之间的相对运动关系仍应保持不变，但此时两连架杆（AD 和 BC）均为曲柄，而得双曲柄机构。

综上所述，可以归纳如下机电，作为判断铰链四杆机构类型的准则。

1. 如果最短杆与最长杆长度之和小于或等于其余两杆长度之和，则有以下三种情况：

① 若取与最短杆相邻的杆为机架，则此机构为曲柄摇杆机构，其中最短杆为曲柄，最短杆对面的杆为摇杆；

② 若取最短杆为机架，则此机构为双曲柄机构；

③ 若取最短杆对面的杆为机架，则此机构为双摇杆机构。

2. 如果最短杆与最长杆长度之和大于其余两杆长度之和，则不论取何杆为机架，都只能得到双摇杆机构。

4.5 | 平面四杆机构的基本特性

4.5.1　压力角和传动角

实际使用的连杆机构，不仅要保证实现预期的运动，而且要求有良好的传力性能。因此，要对机构的传力情况进行分析。

在图 4.37 所示的曲柄摇杆机构中，若不考虑构件的重力、惯性力以及转动副中的摩擦力等的影响，则当曲柄 AB 为原动件时，通过连杆 BC 作用于从动件 CD 上的力 F 沿 BC 方向，此力的方向与力作用点 C 的速度 v_c 方向之间的夹角用 α 表示。将 F 分解为沿 v_c 方向的切向力 F_t 和垂直于 v_c 的法向力 F_n，其中 $F_t = F\cos\alpha$ 为驱使从动件运动并做功的有效分力，而 $F_n = F\sin\alpha$ 不做功，

图 4.37　压力角和传动角

仅增加转动副 D 中的径向压力。因此在 F 大小一定的情况下，分力 F_t 愈大，即 α 愈小，对机构工作愈有利，故称 α 为压力角，它可反映力的有效利用程度。

机构在运转过程中，α 角是不断变化的。压力角的余角 γ 称为传动角。如图 4.37 所示，其中连杆 BC 与从动件 CD 之间所夹的锐角 δ 也等于传动角 γ。γ 愈大，对机构工作愈有利。由于传动角易于观察和测量，因此工程上常以传动角 γ 来衡量机构的传动性能。为了使传动角不致过小，常要求其最小值 γ_{min} 大于许用传动角 $[\gamma]$。$[\gamma]$ 一般取为 $40° \sim 50°$。

4.5.2　急回特性及行程速比系数

在图 4.38 所示的曲柄摇杆机构中，当主动件曲柄 AB 与连杆 BC 两次共线时，从动件摇杆分别处于 C_1D 及 C_2D 两个极限位置。当曲柄按等角速度 ω 由 AB_1 转过 φ_1 角至极限位置 AB_2 位置时，摇杆则由极限位置 C_1D 转过 ψ 角至极限位置 C_2D；当曲柄再由 AB_2 按等角速度 ω 转过 φ_2（$\varphi_2 < \varphi_1$）至 AB_1 位置时，摇杆则由极限位置 C_2D 摆过 φ 角回到极限位置 C_1D。因为曲柄 AB 的

角速度 ω 恒定，所以 φ_1 大于 φ_2 就意味着摇杆来回摆动的平均速度不相等，回摆时的速度较大，产生急回运动。

图 4.38　曲柄摇杆机构的急回特性

一般用行程速度变化系数（简称行程速比系数）K 来衡量机构的急回运动。K 的定义为从动件回程平均角速度和工作行程平均角速度之比。机构具有急回特性，必有 $K>1$，则极位夹角 $\theta\neq0$。极位夹角的定义是指当机构的从动件分别位于两个极限位置时，主动件曲柄的两个相应位置之间所夹的锐角。θ 和 K 之间的关系为：

$$K = \frac{\varphi_1}{\varphi_2} = \frac{180°+\theta}{180°-\theta} \tag{4-6}$$

$$\theta = 180° \frac{K-1}{K+1} \tag{4-7}$$

在各种形式的四杆机构中，只要极位夹角 $\theta\neq0$，该机构就具有急回特性，且 θ 角越大，急回程度就越大。生产中使用的牛头刨床及往复式运输机等机械，就是利用急回特性缩短了非生产时间，提高了生产效率的。

4.5.3　死　　点

在铰链四杆机构中，当连杆与从动件处于共线位置时，主动件通过连杆传给从动件的驱动力必通过从动件铰链的中心，也就是说驱动力对从动件的力矩为零，因此，无论施加多大的驱动力，均不能使从动件转动。我们把机构中的这种位置称为死点位置。图 4.39 所示的曲柄摇杆机构中，若摇杆 3 为主动件，而曲柄 1 为从动件，则当摇杆摆动到极限位置 C_1D 或 C_2D 时，连杆 2 与从动件 1 共线，从动件的传动角 $\gamma=0$，通过连杆加于从动件上的力将经过铰链中心 A，从而驱使从动件曲柄运动的有效分力为零。四杆机构是否存在死点位置，决定于连杆能否运动至与转动从动件（摇杆或曲柄）共线或与移动从动件移动导路垂直。

对于传动机构来说，机构有死点位置是不利的。为了使机构能顺利地通过死点位置，通常在曲柄轴上安装飞轮，利用飞轮的惯性来通过死点位置，如家用缝纫机中的曲柄摇杆机构（将踏板往复摆动变换为带轮单向转动），就是借助于带轮的惯性来通过死点位置并使带轮转向不变的。

但在工程实践中，有时也常常利用机构的死点位置来实现一定的工作要求。如图 4.40 所示的工件夹紧装置，当工件 5 需要被夹紧时，就利用连杆 BC 与摇杆 CD 形成的死点位置，这时工件经杆 1、杆 2 传给杆 3 的力，通过杆 3 的传动中心 D。此力不能驱使杆 3 转动。故当撤去主动外力 P 后，在工作反力 N 的作用下，机构不会反转，工件依然被可靠地夹紧。

图 4.39　死点的位置

图 4.40　利用死点夹紧工件的夹具

思考题与习题

1. 机构具有确定的相对运动的条件是什么？

2. 在计算机构的自由度时要注意哪些事项？

3. 机构运动简图有什么作用？如何绘制机构运动简图？

4. 绘制题 4-4 图所示的各机构的运动简图，并计算其自由度。

a）唧筒机构

b）缝纫机刺布机构

题 4-4 图

5. 铰链四杆机构有哪几种类型，如何判别？它们各有什么运动特点？

6. 下列概念是否正确？若不正确，请改正。

（1）极位夹角就是从动件在两个极限位置的夹角；

（2）压力角就是作用于构件上的力和速度的夹角；

（3）传动角就是连杆与从动件的夹角。

7. 加大四杆机构原动件的驱动力，能否使该机构越过死点位置？应采用什么方法越过死点位置？

8. 若题 4-8 图所示的各四杆机构中，构件 3 为原动件、构件 1 为从动件，试作出该机构的死点位置。

a)   b)   c)

题 4-8 图

9. 题 4-9 图所示的铰链四杆机构 $ABCD$ 中，AB 长为 a，欲使该机构成为曲柄摇杆机构、双摇杆机构，a 的取值范围分别为多少？

题 4-9 图

第5章

凸轮机构

5.1 凸轮机构的应用及分类

5.1.1 凸轮机构的组成及应用

凸轮机构由凸轮、从动件、机架以及附属装置组成。该机构可以将具有一定轮廓曲线的凸轮的连续转动或移动转换成从动件的移动或摆动。

在各种机器中，为了实现各种复杂的运动要求，广泛地使用着凸轮机构。下面我们先看两个凸轮使用的实例。

图 5.1 所示为内燃机的配气凸轮机构。

图 5.2 所示为自动车床自动送料凸轮机构。

图 5.1 内燃机配气机构

图 5.2 自动车床送料机构

由上述例子可以看出，从动件的运动规律是由凸轮轮廓曲线决定的，只要凸轮轮廓设计得当，就可以使从动件实现任意给定的运动规律。

同时，凸轮机构的从动件是在凸轮控制下，按预定的运动规律运动的。这种机构具有结构简单、运动可靠等优点。但是，由于凸轮机构是高副机构，接触应力较大，易于磨损，因此，多用于小载荷的控制或调节机构中。

5.1.2 凸轮机构的分类

根据凸轮及从动件的形状和运动形式的不同，凸轮机构的分类方法有以下四种。

1. 按凸轮的形状分类

（1）盘形凸轮机构。如图 5.1 所示，该机构的凸轮是一个具有变化半径的盘形构件。其绕固定轴转动时，可推动从动件在垂直于凸轮轴的平面内运动。

（2）圆柱凸轮机构。如图 5.2 所示，这种凸轮是把圆柱端面加工成曲线轮廓或在圆柱面上加工出曲线凹槽。当其转动时，可使从动件在与圆柱凸轮轴线平行的平面内运动。这种凸轮可以看成是将移动凸轮卷成圆柱体而形成的。

（3）移动凸轮机构。如图 5.3 所示，当盘形凸轮的转动中心移向无穷远时，凸轮相对于机架作直线移动，这种凸轮称作移动凸轮。当移动凸轮做直线往复运动时，将推动从动件在同一平面内作直线往复运动。

图 5.3 移动凸轮结构

2. 按从动件的机构形状分类

根据从动件与凸轮接触处结构形式的不同，从动件可分为三类：

（1）尖顶从动件。这种从动件结构简单，但尖顶易磨损（接触应力高），故只适用于传力不大的低速凸轮机构中。

（2）滚子从动件。由于滚子与凸轮间为滚动摩擦，所以不易磨损，可以传递较大动力，应用最为广泛。

（3）平底从动件。这种从动件与凸轮间的作用力方向不变，受力平稳。而且在高速情况下，凸轮与平底间易形成油膜而减小摩擦与磨损。其缺点是：不能与具有内凹轮廓的凸轮配对使用；而且不能与移动凸轮和圆柱凸轮配对使用。

从动件常见结构如图 5.4 所示。

a)   b)   c)

图 5.4   从动件结构

3. 按从动件的运动形式分类

（1）直动从动件：作往复直线移动的从动件称为直动从动件，如图 5.4a）和图 5.4c）所示。

（2）摆动从动件：作往复摆动的从动件称为摆动从动件，如图 5.4b）所示。

4. 按凸轮与从动件保持接触的方法分类

我们知道，凸轮机构是通过凸轮（主动件）的转动而带动从动件运动的。我们要采用一定的方式、手段使从动件和凸轮始终保持接触（锁合），从动件才能随凸轮转动完成预定的运动规律。常用的方法有两类：

1）力锁合。这类凸轮机构主要利用重力、弹簧力或其他外力使从动件与凸轮始终保持接触，如前述气门凸轮机构（见图5.1）。

2）形锁合，也叫几何锁合。这类凸轮机构是依靠凸轮和从动件的特殊几何形状来保持两者接触的，如图5.2所示。

将不同类型的凸轮和从动件组合起来，即可得到满足各种工作要求的凸轮机构。

5.2 从动件的常见运动规律

凸轮机构是由凸轮旋转或平移带动从动件进行工作的。所以设计凸轮机构时，首先要根据实际工作要求确定从动件的运动规律，然后依据这一运动规律设计出凸轮轮廓曲线。由于工作要求的多样性和复杂性，从动件满足的运动规律也是各不相同。本节中，我们将介绍几种常用从动件的运动规律。

5.2.1 凸轮机构的工作原理

图5.5a）所示为一对心尖顶直动从动件盘形凸轮机构，以凸轮轴心为圆心、最小向径 r_b 为半径所作的圆称为基圆，其半径称为凸轮的基圆半径。

图 5.5 凸轮机构工作原理

通常取基圆与轮廓 AB 的连接点 A 为起始点，从动件轮廓在 A 点接触时离轴心 O 最近。当凸轮按逆时针方向转动时，轮廓 AB 部分依次与从动件的尖顶接触。由于 AB 段的向径值是逐渐增大的，所以迫使从动件逐渐远离凸轮轴心 O。当凸轮上最大的向径点 B 转至 B' 位置时，从动件被推到离轴心最远的位置。从动件由离轴心最近的位置被推到最远位置的运动过程称为推程。与推程相对应的凸轮转角 φ_0 称为推程运动角。当凸轮继续回转时，以 O 为圆心的圆弧轮廓 BC 与从动件接触，从动件将在最远位置静止不动，与此对应的凸轮转角 φ_s 称为远休止角。当向径值逐渐减小的一段轮廓 CD 依次与从动件接触时，从动件由最远位置回到初始位置的运动过程称为回程，与此对应的凸轮转角 φ_0' 称为回程运动角。当基圆上的圆弧 DA 与从动件接触时，从动件在距轴心 O 最近的位置静止不动，与此对应的凸轮转角 φ_s' 称为近休止角。推程或回程中，从动件所移动过的距离 h 称为行程。由此我们知道，当凸轮沿顺时针转动一周时，推杆的运动经历了四个阶段：停、升、停、降，其位移曲线如图 5.5b）所示。这是最常见、最典型的运动形式。

从动件的运动规律很多，下面我们仅就停—升—停—降过程来分析几种常见的运动规律。

5.2.2　等速运动规律

从动件运动的速度为常数时的运动规律，称为等速运动规律。这种运动规律的凸轮，从动件的位移 s 与凸轮的转角 φ 成正比，其运动线图如图 5.6 所示。其中位移曲线为一过原点的倾斜直线。由位移曲线及位移、速度、加速度之间的导数关系可得运动线图的表达式：

$$\left.\begin{array}{l} s = \dfrac{h}{\varphi_0}\varphi \\[2mm] v = \dfrac{\mathrm{d}s}{\mathrm{d}t} = \dfrac{h}{\varphi_0}\omega \\[2mm] a = \dfrac{\mathrm{d}v}{\mathrm{d}t} = 0 \end{array}\right\} \qquad (5\text{-}1)$$

由图 5.6 可知，从动件在运动开始的瞬间，速度由零突变为 $\dfrac{h}{\varphi_0}\omega$，其加速度 a 为

$$a = \frac{\mathrm{d}v}{\mathrm{d}t} = \frac{\dfrac{h}{\varphi_0}\omega}{0} = +\infty$$

图 5.6　等速运动线图

同理，在推程终止的瞬间，速度由 $\dfrac{h}{\varphi_0}\omega$ 突变为零，其加速度为 $-\infty$，由加速度引起的惯性力在理论上为无穷大。而实际上由于材料的弹性变形，加速度和惯性力不会达到无穷大，不过仍然会引起强烈的冲击，这种冲击称为刚性冲击。因此，如果单独采用这种运动规律，只宜用于低速轻载的场合。

5.2.3　等加速等减速运动规律

这种运动规律，通常在前半行程中做等加速运动，而在后半行程中做等减速运动，且加速度的绝对值相等。根据我们所学的物理学知识可得等加速运动时的位移、速度和加速度方程：

$$s = \frac{2h}{\varphi_o{}^2}\varphi^2$$

$$v = \frac{4h\omega}{\varphi_o{}^2}\varphi \qquad\qquad (5\text{-}2)$$

$$a = \frac{4h\omega^2}{\varphi_o{}^2}$$

等减速运动时的位移、速度和加速度方程：

$$s = h - \frac{2h}{\varphi_o{}^2}(\varphi_o - \varphi)^2$$

$$v = \frac{4h\omega}{\varphi_o{}^2}(\varphi_o - \varphi) \qquad\qquad (5\text{-}3)$$

$$a = -\frac{4h\omega^2}{\varphi_o{}^2}$$

根据式（5-2）和式（5-3）可绘出从动件的运动线图，如图 5.7 所示。由图可知，这种运动规律的速度曲线是连续的，不会产生刚性冲击，但在 A、B、C 三处加速度有突变，这表明惯性力也有突变，但不过是有限值的突变。这种冲击称为柔性冲击，可用于中速凸轮机构中。

图 5.7 等加速等减速运动线图

5.3

凸轮轮廓设计

在合理地选择了从动件运动规律以后，结合一些具体条件可以进行凸轮轮廓设计。凸轮轮廓曲线的设计方法有图解法和解析法。解析法精确，而图解法直观、方便。本节主要介绍图解法。

5.3.1 反转法原理

图 5.8a）所示为一对心直动尖顶推杆盘形凸轮机构。当凸轮以角速度 ω 绕轴心 O 等速逆时针回转时，将推动推杆运动。图 5.8b）所示为凸轮回转 φ 角时，推杆上升至位移 s 的瞬时位置。

为讨论凸轮轮廓线设计的基本原理，设想给整个凸轮机构加上一个公共角速度（$-\omega$），使其绕凸轮轴心 O 转动。根据相对运动原理，我们知道凸轮与推杆间的相对运动关系并不发生改

图 5.8 反转法原理

变，但此时凸轮将静止不动，而推杆则一方面和机架一起以角速度 $-\omega$ 绕凸轮轴心 O 转动，同

时又在其导路内按预期的运动规律运动。由图 5.8c）可见，推杆在复合运动中，其尖顶的轨迹就是凸轮轮廓线。这就是凸轮轮廓线设计的反转法原理。

5.3.2 用作图法设计凸轮轮廓线

针对不同形式的凸轮机构，凸轮轮廓线作图法也有所不同。我们以三类从动件形式分别给予介绍。同学们要注意理解三类机构设计的异同之处。

1. 对心尖顶直动从动件盘形凸轮机构

图 5.9a）所示为一基圆半径为 r_0 的对心尖顶直动从动件盘形凸轮机构，其从动件的位移线图如图 5.9b）所示，凸轮以等角速度 ω 顺时针转动。试设计该凸轮的轮廓曲线。

设计步骤如下：

（1）根据已知从动件的规律（位移线图），选定适当比例尺 μ_s，作出位移曲线，并将横轴上 ϕ 角等分为 4 份，即图 5.9b）中 1、2、3、4。通过各等分点作横轴的垂线并与位移曲线相交，得到相应的凸轮转过各转角时从动件的位移 1-1′，2-2′，3-3′，4-4′；同理，将图 5.9b）中的 ϕ' 角等分为 6 份，从 5 开始得 6，7，…，11，通过各等分点作横轴的垂线并与位移曲线相交，得到相应的凸轮转过各转角时从动件的位移 6-6′，…，11-11′，如图 5.9b）所示。（注意，ϕ_s 角、ϕ_s' 角在横轴上不用等分，只按同样比例画出即可；ϕ、ϕ' 角等分几份视具体情况而定，总之等分份数越多，图形设计越精确。）

图 5.9 尖顶从动盘形凸轮

（2）以基圆半径 r_0 为半径按所选比例尺 μ_s 作出基圆。

（3）在基圆上，任取一点 B_0 作为从动件升程的起始点。由 B_0 开始，沿 $-\omega$ 的方向将基圆 360° 角按已知的 ϕ、ϕ_s、ϕ'、ϕ_s' 大小分出，在图 5.9a）中，$\angle B_0OB_4=\phi$，…，再将 ϕ 角、ϕ' 角等分成与位移线图相同的等份（见图 5.9a）中 ϕ 角等分成 4 份，ϕ' 角等分成 6 份），得各等分点

B_1'，B_2'，B_3'，…。连接 OB_1'，OB_2'，OB_3'，…，得各径向线并将其延长，则这些径向线即为从动件导路在反转过程中每转过相应的等份角度时所占据的位置。

（4）在各条径向线上自 B_1'，B_2'，B_3'，…各点分别截取 B_1B_1'=1-1'，B_2B_2'=2-2'，B_3B_3'=3-3'，…，得 B_1，B_2，B_3，…各点。将 B_0，B_1，B_2，B_3，…各点连成光滑曲线，该曲线即为所要设计的对心尖顶直动从动件盘形凸轮轮廓曲线。（注意，B_4B_5 为等半径的圆弧，$B_{11}B_0$ 也为等半径的圆弧。）

按以上作图法绘制的光滑封闭曲线即为凸轮轮廓线，如图 5.9a）所示。

对于其他类型的凸轮机构的凸轮轮廓线设计，同样可根据如上所述反转法原理进行。接下来，我们主要讨论其各自的特点及设计时要注意的问题。

2. 对心滚子直动从动件盘形凸轮机构

滚子从动件与尖顶从动件的不同点，只是从动件端部不是尖顶，而是装了半径为 r_g 的小滚子。由于滚子的中心是从动件上的一个定点，因此此点的运动就是从动件的运动。在运用反转法绘制凸轮轮廓线时，滚子中心的轨迹与尖顶从动件尖端的轨迹完全相同，故可参照前述方法绘制凸轮轮廓曲线，分两步进行。

（1）将滚子中心看作从动件的尖顶，按前述方法设计出轮廓线 β_0，这一轮廓线称为理论轮廓线。

（2）以理论轮廓线上的各点为圆心、以滚子半径 r_T 为半径作一系列的圆，这些圆的内包络线 β 即为所求凸轮的实际轮廓线，如图 5.10 所示。

3. 对心平底直动从动件盘形凸轮机构

在设计这类凸轮机构的凸轮轮廓线时，也要按两步进行：

（1）把平底与导路的交点 B 看作从动件的尖顶，按照前述方法，求出尖顶的一系列位置，将其连成曲线，即为凸轮的理论轮廓线。

（2）过理论轮廓线上各点作一系列代表反转后从动件平底位置的直线，这一系列直线的包络线就是凸轮的实际轮廓线。

求出凸轮轮廓线后，根据平底从动件的一系列位置，选择出从动件平底的最小尺寸不应小于 l_{max} 的两倍，如图 5.11 所示。

图 5.10 滚子从动件

图 5.11 平底从动件

5.4 凸轮机构结构设计

凸轮的基圆半径 r_b 直接决定着凸轮机构的尺寸。在前面我们介绍凸轮轮廓线设计时，都是假定凸轮的基圆半径已经给出。而实际上，凸轮基圆半径的选择要考虑许多因素，首先要考虑到凸轮机构中的作用力，保证机构有较好的受力情况。为此，需要就凸轮基圆半径和其他有关尺寸对凸轮机构受力情况的影响加以讨论。

5.4.1 凸轮机构的基本参数

1. 凸轮机构的压力角和自锁

在图 5.12 所示的凸轮机构中，凸轮和从动件在 B 点接触。当不考虑摩擦时，凸轮作用于从动件上的驱动力 F 是沿轮廓线上 B 点法线 n-n 方向传递的。将力 F 分解为 F' 和 F'' 两个分力。F' 沿从动件运动方向作用，是有用分力；F'' 垂直于运动方向，是有害分力。

$$F' = F\cos\alpha$$
$$F'' = F\sin\alpha \tag{5-4}$$

式中 α 是凸轮对从动件的法向力 F 与从动件上该力作用点的速度 v 之间所夹的锐角，称为从动件在该位置时的压力角，通常也称为凸轮机构的压力角。压力角越大，则有用分力越小，有害分力越大，对传力越不利。当压力角大到一定程度时，不论作用力 F 有多大，都不能推动从动件，即机构发生自锁现象。因此凸轮机构的最大压力角 α_{max} 不能超过许用压力角 $[\alpha]$。根据实践经验和分析，在推程时许用压力角 $[\alpha]$ 推荐如下：

直动从动件在推程时的 $[\alpha] = 30° \sim 38°$

摆动从动件在推程时的 $[\alpha] = 40° \sim 50°$

图 5.12　压力角

对于滚子从动件，润滑良好和支承的刚性较好时，可取上述数据的上限，否则取下限。在回程时，特别是对于力封闭的凸轮机构，从动件是由弹簧等外力驱动的，并非由凸轮驱动，故无自锁问题，通常回程时的压力角 $[\alpha] = 70° \sim 80°$。在设计凸轮机构时，应满足：

$$\alpha_{max} \leqslant [\alpha] \tag{5-5}$$

2. 凸轮基圆半径的确定

由于基圆半径 r_b 与凸轮机构压力角 α 的大小有关，在确定基圆半径时，主要考虑的是使机构的压力角 $\alpha_{max} \leqslant [\alpha]$ 这一要求。

一般在工程实际中，可按经验来确定基圆半径 r_b。当凸轮与轴制成一体时，可取凸轮基圆

半径 r_b 略大于轴的半径;当凸轮与轴分开制造时,常取 $r_b = (1.6 \sim 2)r$,其中 r 是安装凸轮处轴颈的半径。

当从动件的运动规律确定后,凸轮基圆半径 r_b 越小,则机构的压力角越大。所以,我们在设计凸轮机构时,可根据实际情况适当将基圆取大些,以便减小压力角,改善凸轮机构的传力性能。

3. 滚子半径 r_T 及平底尺寸的确定

（1）滚子半径的选择

对于滚子从动件中滚子半径的选择,要考虑其结构、强度及凸轮轮廓线的形状等诸多因素。这里我们主要说明轮廓线与滚子半径的关系。

图 5.13a）所示为一内凹的凸轮轮廓曲线,β 为实际轮廓,β_0 为理论轮廓。实际轮廓的曲率半径 ρ_a 等于理论轮廓的曲率半径 ρ 与滚子半径 r_T 之和,即 $\rho_a = \rho + r_T$。这样,不论滚子半径大小如何,凸轮的工作轮廓线总是可以平滑地作出。

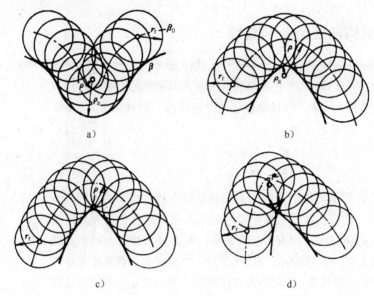

a)

b)

c)

d)

图 5.13　滚子半径的选择

对于图 5.13b）中的外凸轮,$\rho_a = \rho - r_T$,则实际轮廓的曲率半径为零,实际轮廓上将出现尖点。当 $\rho < r_T$ 时,ρ_a 为负值,这时实际的轮廓出现交叉,从动轮将不能按照预期的运动规律运动,这种现象称为"失真"。因此,对于外凸的凸轮,应使滚子的半径 r_T 小于理论轮廓的最小曲率半径 ρ_{min}。另一方面,要考虑强度、结构等因素,滚子的半径也不能太小,通常取 $r_T = (0.1 \sim 0.5)r_b$,其中 r_b 为基圆半径。

（2）平底尺寸的选择

平底从动件,其平底尺寸的确定必须保证凸轮轮廓与平底始终相切,否则从动件也会出现"失真",甚至卡住。

通常平底长度 L 应取

$$L = 2l_{max} + (5 \sim 7)mm \qquad (5-6)$$

其中 l_{max} 为凸轮与平底相切点到从动件运动中心距离的最大值。

5.4.2 凸轮及从动件的常用材料、结构及固定

1. 凸轮及从动件的常用材料

凸轮机构工作时，一般存在冲击，使凸轮与从动件表面产生磨损。因此对凸轮材料的要求是表面要有一定的硬度，而芯部韧性要好；从动件尖端或滚子的表面硬度要高。凸轮和从动件接触端的材料及热处理见表 5.1。

表 5.1   凸轮和从动件接触端的材料及热处理

工作条件	凸轮		从动件接触端	
	材料	热处理	材料	热处理
低速轻载	40、45、50	调质 HB220～260	45	表面淬火 HRC40～50
	HT200、HT250 HT300	HB170～250		
	QT500-1.5 QT600-2	HB190～270	尼龙	
中速中载	45	表面淬火 HRC40～45		
	45、40Cr	表面高频淬火 HRC52～58	20Cr	渗碳淬火，渗碳层深 0.8～1 mm
	15、20、20Cr 20CrMn	渗碳淬火，渗碳层深 0.8～1.5 mm，HRC56～62		
高速重载或靠模凸轮	40Cr	高频淬火，表面 HRC56～60，芯部 HEC45～50	T8 T10 T12	淬火 HRC58～62
	38CrMoAl、35CrAl	氮化、表面硬度 HV700～900（约 HRC60～67）		

注：对一般中等尺寸的凸轮机构，100 r/min 为低速，100～200 r/min 为中速，200 r/min 为高速。

2. 凸轮及从动件的精度与表面粗糙度

对于向径在 300～500 mm 以下的凸轮可以分为三个精度等级，其公差和表面粗糙度见表 5.2。对于高速凸轮机构的从动件，表面粗糙度应低于 0.1～0.2 μm。

表 5.2   凸轮精度

凸轮精度	极限偏差			表面粗糙度 $Ra/\mu m$	
	向径/mm	基准孔	凸轮槽的槽宽	盘型凸轮	凸轮槽
较高	±（0.05～0.10）	H7	H7（H8）	0.4	0.8
一般	±（0.10～0.20）	H7（H8）	H8	0.8	1.6
低	±（0.20～0.50）	H8	H9（H10）	0.8	1.6

3. 凸轮的结构及固定

盘型凸轮的结构通常分为整体式和组合式。整体式结构如图 5.14 所示，它具有加工方便、精度高和刚性好的优点。凸轮轮廓尺寸的推荐值为：

$$d_1 = (1.5\sim2)d_0, L = (1.2\sim1.6)d_0 \tag{5-7}$$

对于大型低速凸轮机构的凸轮或经常调整轮廓形状的凸轮，常用组合凸轮结构，如图 5.15 所示。图 5.15a）所示为凸轮与轮毂分开的结构，利用圆弧槽可调整轮盘与轮毂的相对角度；图 5.15b）为可以通过调整凸轮盘之间的相对位置来改变从动件在最远位置停留的时间。

图 5.14　整体式凸轮

图 5.15　组合式凸轮

a）凸轮与轮毂可调整；b）组成凸轮的部分可调整

凸轮与轴的固定可采用紧定螺钉、键及销钉等方式，如图 5.16 所示。精度要求不高的情况下可采用键固定，如图 5.16a）所示。销固定如图 5.16b）所示，通常是在装配时调整好凸轮位置后，配钻定位销，或用紧定螺钉定位后，再用锥销固定。

4. 从动件结构

（1）从动件导路。图 5.17a）所示为单面导路，悬臂部分不宜过大，应满足 $L_1 < \dfrac{L}{2}$；图 5.17b）所示为双面导路，有利于改善从动件的工作性能。

图 5.16　凸轮在轴上的固定形式

a）键固定；b）销固定

图 5.17　从动件导路形式

a）单面导路；b）双面导路

（2）滚子结构。图 5.18 所示为滚子的几种装配结构，滚子与销为滑动配合，一般选用 $\dfrac{H8}{f8}$。尺寸不大时，也可直接用滚动轴承作为滚子。对于几何锁合的凸轮机构，滚子与凸轮上凹槽的配合，一般选用 $\dfrac{H12}{h12}$。滚子的主要尺寸一般取：

$$滚子销轴直径 d_k = \left(\frac{1}{2} - \frac{1}{3}\right)d_T \qquad (5-8)$$

$$滚子宽度 b \geqslant \frac{d_T}{4} + 5 \text{ mm} \qquad (5-9)$$

a)   b)   c)

图 5.18 滚子结构

5. 凸轮工作图

凸轮零件工作图与一般零件工作图相比，除了标注尺寸公差、表面粗糙度、技术条件、材料和热处理等要求外，应该注意，对于盘型凸轮，为了便于加工和检验，常以极坐标形式或列表给出凸轮理论轮廓线尺寸，即列出每隔一定角度的凸轮径向值。用图解法设计的滚子从动件凸轮，尺寸标注在理论轮廓曲线上，而平底从动件凸轮，尺寸标注在凸轮实际轮廓曲线上。当同一根轴上有多个凸轮时，应根据工作循环确定各凸轮与轴之间的相对位置关系。图 5.19 所示为凸轮工作图示例。

技术要求

1. 凸轮工作轮廓线径向公差 ±0.2；

2. 采用冷硬铸造表面硬度达到 50 HRC；

3. 铸造圆角半径为 R3～R5；

4. 材料为 HT150。

图 5.19 盘形凸轮工作图示例

思考题与习题

1. 试比较尖顶、滚子、平底从动件的优缺点及其应用场合。

2. 什么叫凸轮机构的压力角？压力角的大小对凸轮机构有何影响？

3. 为什么要校核凸轮机构的压力角？校核时应满足什么条件？

4. 当已知凸轮的理论轮廓曲线作实际轮廓曲线时，能否由理论轮廓线上各点的向径减去滚子的半径求得？

5. 什么是反转法原理？如何运用反转法原理设计凸轮轮廓曲线？

6. 设计一尖顶对心直动从动件盘形凸轮机构。凸轮顺时针匀速转动，行程 $h = 20mm$ 基圆半径 $r_b = 40mm$，从动件的运动规律为

δ	$0° \sim 90°$	$90° \sim 180°$	$180° \sim 240°$	$240° \sim 360°$
运动规律	等速上升	停止	等加速等减速下降	停止

7. 试用作图法求题 5-7 图中各凸轮从图示位置按逆时针方向转过 45° 后凸轮机构的压力角，并在图上标出。

a)   b)   c)

题 5-7 图

8. 已知一右偏心移动尖顶从动件盘形凸轮机构的基圆半径 $r_b = 40\,mm$，偏心距 $e = 20\,mm$，行程 $h=25mm$ 从动件的位移曲线如题 5-8 图所示，试用图解法设计凸轮轮廓曲线。

题 5-8 图

9. 什么叫凸轮的理论轮廓线? 什么叫凸轮的工作轮廓线? 在滚子从动件凸轮机构中, 这两条轮廓曲线之间有什么关系?

10. 题 5-10 图所示的偏置直动从动件盘形凸轮机构, 其推程运动角是否就是∠AOB?

题 5-10 图

第6章
其他常用机构设计

当主动件做连续运动时，从动件做周期性的运动和停顿，这类机构称为间歇机构，也称为步进机构。它在各种自动化机械中得到广泛的应用，用来满足送进、制动、转位、分度、超越等工作要求。常用的步进机构可以分为两类：

1）主动件往复摆动、从动件间歇运动，如棘轮机构。

2）主动件连续运动、从动件间歇运动，如槽轮机构、不完全齿轮机构等。

步进机构种类很多，我们在这里主要学习最常用的棘轮机构、槽轮机构和不完全齿轮机构。

6.1
棘轮机构

6.1.1 棘轮的工作原理和类型

我们骑自行车时，通过链条带动后轮上的链轮，实现自行车的前进。但后轮的链轮是只有外面的链轮带动里面的转轴。当我们不再蹬动脚踏板时，自行车后轮可以继续转动。留心的同学可能知道这个零件的名称，但是这个机构究竟是怎么工作的呢？实际上，这就是一个棘轮机构。

典型的棘轮机构如图6.1所示。该机构为轮齿式外啮合棘轮机构，由棘轮3、棘爪2、摇杆1和止动爪4、弹簧5和机架所组成。棘轮3固装在传动轴上，棘轮的齿可以制作在棘轮的外缘、内缘或端面上，而实际应用中以制作在外缘上居多。摇杆1空套在传动轴上。

当摇杆沿逆时针方向摆动时，棘爪2嵌入棘轮3上的齿间，推动棘轮转动。当摇杆沿顺时针方向转动时，止动爪4阻止棘轮顺时针转动，同时棘爪2在棘轮齿背上滑过，此时棘轮静止。这样，当摇杆往复摆动时，棘轮便可以得到单向的间歇运动。

图6.2所示为一内接式棘轮机构。若工作需要，要求棘轮能做不同转向的间歇运动，则可把棘轮的齿做成矩形，而将棘爪做成图6.3所示的可翻转的棘爪。当棘爪处在图示 B 的位置时，棘轮可得到逆时针方向的单向间歇运动；而当棘爪绕其销轴 A 翻转到虚线位置 B' 时，棘轮可以得到顺时针方向的单向间歇运动。

图 6.1　棘轮机机构　　　　　　图 6.2　内接式　　　　　　图 6.3　可翻转

　　图 6.4 所示为一种棘爪可以绕自身轴线转动的棘轮机构。当棘爪按图示位置安放时，棘轮可以得到逆时针方向的单向间歇运动；而当棘爪提起，并绕本身轴线旋转 180° 后再放下时，就可以使棘轮获得顺时针方向的单向间歇运动。

　　若我们希望摇杆来回摆动时，棘轮都能够棘轮向同一方向转动，则可以采用所谓双动式棘轮机构，如图 6.5 所示。此种机构的棘爪可以制成直的或钩头的。

图 6.4　可换向　　　　　　图 6.5　双动式棘轮机构

1—摇杆　2—棘轮　3—棘爪　4—传动轴

　　上述轮齿式棘轮机构，棘轮是靠摇杆上的棘爪推动其棘齿而运动的，所以棘轮每次的转动角都是棘轮齿距角的倍数。在摇杆一定的情况下，棘轮每次的转动角是不能改变的。若工作时需要改变棘轮转动角，除采用改变摇杆的转动角外，还可以采用如图 6.6 所示的结构，在棘轮上加一个遮板，用以遮盖摇杆摆角范围内棘轮上的一部分齿。这样，当摇杆逆时针方向摆动时，棘爪先在遮板上滑动，然后才插入棘轮的齿槽推动棘轮转动。被遮住的齿越多，棘轮每次转动的角度就越小。

　　图 6.7 所示为摩擦式棘轮机构。这种棘轮机构是通过棘轮 2 与棘爪 3 之间的摩擦而使棘爪实现间歇传动的。摩擦式棘轮机构可无级变更棘轮转角，且噪声小，但与棘轮之间容易产生滑动。为增大摩擦力，可将棘轮做成槽轮形。

　　在棘轮机构中，棘轮多为从动件，由棘爪推动其运动；而棘爪的运动则可用连杆机构、凸轮机构或电磁装置等来实现。

图 6-6 带遮板的棘轮机构

图 6-7 摩擦式棘轮机构

1—摇杆 2—棘轮 3—棘爪 4—传动轴 5—制动爪

6.1.2 棘轮机构的特点和应用

轮齿式棘轮机构结构简单、运动可靠、棘轮的转角容易实现有级的调节。但是这种机构在回程时，棘爪在棘轮齿背上滑过会产生噪声；在运动开始和终了时，由于速度突变而产生冲击，运动平稳性差，且棘轮轮齿容易磨损，故常用于低速轻载等场合。摩擦式棘轮传递运动较平稳、无噪声，棘轮角可以实现无级调节，但运动准确性差，不易用于运动精度高的场合。

图 6.8 棘轮制动器

棘轮机构常用在各种机床、自动机、自行车、螺旋千斤顶等各种机械中。棘轮还被广泛地用作防止机械逆转的制动器中，这类棘轮制动器常用在卷扬机、提升机、运输机和牵引设备中。图 6.8 所示为一提升机中的棘轮制动器，重物 Q 被提升后，由于棘轮受到止动爪的制动作用，卷筒不会在重力作用下反转下降。

6.1.3 棘爪回转轴位置的确定

如图 6.9 所示，在确定棘爪回转轴轴心 O' 的位置时，最好使 O' 点至棘轮轮齿顶尖 A 点的连线 $O'A$ 与棘轮过 A 点的半径 OA 垂直，这样，当传递相同的转矩时，棘爪受力最小。

图 6.9 棘爪回转轴位置的确定

6.1.4　棘轮轮齿工作齿面偏斜角的确定

棘轮轮齿与棘爪接触的工作齿面应与半径 OA 倾斜一定角度 α，以保证棘爪在受力时能顺利地滑入棘轮轮齿的齿根。偏斜角 α 的大小可如下得出：如图 6.9 所示，设棘轮轮齿对棘爪的法向压力为 P_n，将其分解成 P_t 和 P_r 两个分力。其中径向分力 P_r 把棘轮推向棘轮轮齿的根部。而当棘爪沿工作齿面向齿根滑动时，棘轮轮齿对棘爪的摩擦力 $F=f \cdot P_n$，将阻止棘爪滑入棘轮齿根。为保证棘爪的顺利滑入，必须保证

$$P_r > f \cdot P_n \cdot \cos\alpha \tag{6-1}$$

又
$$P_r = P_n \sin\alpha$$

所以可以得到：

$$\tan\alpha > f = \tan\varphi \quad (\varphi \text{ 为摩擦角})$$

即
$$\alpha > \varphi \tag{6-2}$$

在无滑动的情况下，钢对钢的摩擦系数 $f \approx 0.2$，所以 $\varphi \approx 11°30'$。通常我们取 $\alpha \approx 20°$。

6.2

槽轮机构

6.2.1　槽轮的工作原理和类型

图 6.10 所示为一外槽轮机构。它由带有圆销的主动拨盘 1、具有径向槽的从动槽轮 2 和机架所组成。

当拨盘 1 以等角速度连续转动，拨盘上的圆销 A 没进入槽轮的径向槽时，槽轮上的内凹锁止弧 n-n 被拨盘上的外凸弧 m-m 卡住，槽轮静止不动。当拨盘上的圆销刚开始进入槽轮径向槽时，锁止弧 n-n 也刚好被松开，槽轮在圆销 A 的推动下开始转动。当圆销在另一边离开槽轮的径向槽时，锁止弧 n-n 又被卡住，槽轮又静止不动，直至圆销 A 再一次进入槽轮的另一径向槽时，槽轮重复上面的过程。该机构是一种典型的单向间歇传动机构。

槽轮机构具有结构紧凑、制造简单、传动效率高，并能较平稳地进行间歇转位的优点，故在工程上得到了广泛应用。

图 6.11 所示为槽轮机构在电影放映机中的间歇抓片机构。

内啮合槽轮机构的工作原理与外啮合槽轮机构一样，如图 6.12 所示。相比之下，内啮合槽轮机构比外啮合槽轮机构运动平稳、结构紧凑。但是内啮合槽轮机构的转角不能调节，且运动过程中加速度变化比较大，所以一般只用于转速不高的定角

图 6.10　外槽轮机构

度分度机构中。

图 6.11　放映机的间歇抓片机构

图 6.12　内啮合槽轮机构

6.2.2　槽轮机构的运动系数

在一个运动循环中，槽轮运动时间 t_2 与拨盘运动时间 t_1 之比称为运动系数，用 τ 来表示。由于拨盘通常做等速运动，故运动系数 τ 也可以用拨盘转角表示，如图 6.10 所示的单圆销槽轮机构中，时间 t_2 和 t_1 分别对应的拨盘转角为 $2\varphi_1$ 和 2π，所以有

$$\tau = \frac{\varphi_1}{\pi} \tag{6-3}$$

为了避免刚性冲击，在圆销进入或脱出槽轮径向槽时，圆销的速度方向应与槽轮径向槽的中心线重合，即径向槽的中心线应切于圆销中心的运动圆周。因此，若设 z 为均匀分布的径向槽数目，则可得

$$2\varphi_1 = \pi - 2\varphi_2 = \pi - \frac{2\pi}{z} = \frac{\pi(z-2)}{z} \tag{6-4}$$

所以得到

$$\tau = \frac{z-2}{2z} \tag{6-5}$$

由于运动系数 τ 必须大于零，故由上式可知径向槽数最少等于 3，而 τ 总小于 0.5，即槽轮的转动时间总小于停歇时间。

若要求槽轮转动时间大于停歇时间，即要求 $\tau > 0.5$，则可以在拨盘上装数个圆销。设 K 为均匀分布在拨盘上的圆销数目，则运动系数 τ 应为

$$\tau = \frac{t_2}{t_1/K} = \frac{K(z-2)}{2z} \tag{6-6}$$

由于运动系数 τ 应小于 1，即 $\dfrac{K(z-2)}{2z} < 1$，所以有

$$K < \frac{2z}{z-2} \tag{6-7}$$

增加径向槽数 z 可以增加机构运动的平稳性，但是机构尺寸随之增大，导致惯性力增大。所以一般取 $z = 4 \sim 8$。

槽轮机构中拨盘上的圆销数、槽轮上的径向槽数以及径向槽的几何尺寸等均视运动要求的

不同而定。每一个圆销在对应的径向槽中相当于曲柄摆动导杆机构。因此，该机构为分析槽轮的速度、加速度带来了方便，有兴趣的同学可以自学。

6.3 不完全齿轮机构

不完全齿轮机构是由普通渐开线齿轮机构演变而成的间歇运动机构。它与普通渐开线齿轮机构的主要区别在于该机构中的主动轮仅有一个或几个齿，如图 6.13 所示。

当主动轮 1 的有齿部分与从动轮轮齿结合时，推动从动轮 2 转动；当主动轮 1 的有齿部分与从动轮脱离啮合时，从动轮停歇不动。因此，当主动轮连续转动时，从动轮获得时动时停的间歇运动。

图 6.13a）所示为外啮合不完全齿轮机构。其主动轮 1 转动一周时，从动轮 2 转动六分之一周，从动轮每转一周停歇 6 次。当从动轮停歇时，主动轮上的锁止弧与从动轮上的锁止弧互相配合锁住，以保证从动轮停歇在预定位置。图 6.13b）为内啮合不完全齿轮机构。

图 6.14 所示为不完全齿轮齿条机构。当主动轮连续转动时，从动轮作时动时停的往复移动。与普通渐开线齿轮机构一样，当主动轮匀速转动时，其从动轮在运动期间也保持匀速转动，但在从动轮运动开始和结束时，即进入啮合和脱离啮合的瞬间，速度是变化的，故存在冲击。

图 6-13 不完全齿轮机构
1—主动轮 2—从动轮

图 6-14 不完全齿轮齿条机构
1—主动轮 2—从动齿条

不完全齿轮机构从动轮每转一周的停歇时间、运动时间及每次转动的加速度变化范围比较大，设计灵活。但由于其存在冲击，故不完全齿轮机构一般只用于低速轻载的场合，如用于计数器、电影放映机和某些进给机构中。

思考题与习题

1. 棘轮机构是如何实现间歇运动的？棘轮机构有哪些类型？

2. 槽轮机构如何实现间歇运动?

3. 在六角车床的六角头外槽轮机构中,已知槽轮的槽数 $z = 6$,槽轮静止时间 $t_\text{j} = \dfrac{5}{6}$ s/r,运动时间是静止时间的两倍,求

(1)槽轮机构的运动系数 τ;

(2)圆销数 K。

4. 已知外槽轮机构的槽数 $z = 4$,主动件 1 的角速度 $\omega_1 = 10$ rad/s。

(1)主动件 1 在什么位置时槽轮的角加速度最大?

(2)试求槽轮的最大角加速度。

5. 一台 n 工位的自动机用不完全齿轮机构来实现工作台的间歇转位运动,若主、从动齿轮上补全的齿数(假想齿数)相等,试证明从动轮的运动时间与停止时间之比等于 $\dfrac{1}{n-1}$。

6. 比较不完全齿轮机构与普通渐开线齿轮机构在啮合过程中的异同点。

7. 比较本章所述几种间歇运动机构的异同点,并说明各自适用的场合。

第7章

常用机械连接设计

在机器的设计和制造中，为了减少制造、安装、维修和运输费用，以及尽可能减轻机器重量、节约贵重金属、降低生产成本和提高劳动生产率，在一部机器中我们经常可以看到使用了不同的材料来制造不同的零件，然后通过一定的方式和连接手段把这些零件连接成一个整体，来实现预期的性能要求。因此，作为一个工程技术人员，无论从事哪一个行业的工作，都必须了解机械中常用的各种连接方法、特点和应用情况，掌握一定的常用连接的设计准则和方法，熟悉各种常用连接零件的类型、结构与使用条件。

常用的机械连接方法有机械动连接和机械静连接。机械静连接又分为不可拆卸连接（如铆接、焊接、胶接等，这种连接拆卸时会损坏其中一个零件）和可拆卸连接（如销连接、键连接、螺纹连接等）。

除以上连接方式外，常用的还有过盈配合连接、无键连接等。螺纹连接是采用螺纹和螺纹连接件来实现的连接。这类连接具有结构简单、拆装方便、工作可靠等特点，在各个行业及日常生活中都得到了广泛的使用。

7.1

螺纹连接

7.1.1 螺纹的分类

根据平面图形的形状，螺纹可分为三角形、矩形、梯形和锯齿形螺纹等（见图7.1）。根据螺旋线的绕行方向，螺纹可分为左旋螺纹和右旋螺纹。规定将螺纹直立时螺旋线向右上升为右旋螺纹（见图7.2a）），向左上升为左旋螺纹（见图7.2b））。机械制造中一般采用右旋螺纹，有特殊要求时，才采用左旋螺纹。

根据螺旋线的数目，可分为单线螺纹（见图 7.2a）和等距排列的多线螺纹（见图7.2b）。为了制造方便，螺纹一般不超过4线。

三角形螺纹主要用于连接，矩形、梯形和锯齿形螺纹主要用于传动。除矩形螺纹外，其他三种螺纹均已标准化。

图 7.1　螺纹的牙型

a）三角形螺纹；b）矩形螺纹；c）梯形螺纹；d）锯齿形螺纹

图 7.2　不同旋向和线数的螺纹

a）单线右旋螺纹；b）双线左旋螺纹

7.1.2　螺纹的参数

以圆柱螺纹（见图 7.3）为例，在普通螺纹基本牙型中，外螺纹直径用小写字母表示，内螺纹直径用大写字母表示。

图 7.3　圆柱螺纹的主要几何参数

（1）大径 d 是指与外螺纹牙顶（或内螺纹牙底）相重合的假想圆柱体的直径。

（2）小径 d_1 是指与外螺纹牙底（或内螺纹牙顶）相重合的假想圆柱体的直径。

（3）中径 d_2 是指螺纹轴向剖面内，牙厚等于牙间宽处的假想圆柱体的直径。

（4）螺距 P 是指相邻两牙在中径上对应两点间的轴向距离。

（5）导程 S 是指同一条螺旋线上相邻两牙在中径线上对应两点间的轴向距离。设螺纹线数为 n，则有 $S = nP$。

（6）升角 λ 是指中径 d_2 圆柱上，螺旋线的切线与垂直于螺纹轴线的平面间的夹角。

$$\tan \lambda = \frac{S}{\pi d_2} = \frac{nP}{\pi d_2} \qquad (7\text{-}1)$$

（7）牙型角 a 是指螺纹轴向剖面内螺纹牙两侧边的夹角。

（8）牙型斜角 β 是指牙型侧边与螺纹轴线垂线间的夹角。对于对称牙型，$\beta = a/2$。

（9）螺纹牙的工作高度 h 是指内外螺纹旋合后，螺纹接触面在垂直于螺纹轴线方向上的距离。

7.2 螺纹连接件及螺纹连接的基本类型

7.2.1 螺纹连接的基本类型

根据结构特点，螺纹连接有下列四种基本类型。

1. 螺栓连接

被连接件的孔中不切制螺纹，装拆方便。图7.4a）为普通螺栓连接，螺栓与孔之间有间隙，由于加工简便、成本低，所以应用最广。图7.4b）为铰制孔用螺栓连接，被连接件上孔用高精度铰刀加工而成，螺栓杆与孔之间一般采用过渡配合，主要用于需要螺栓承受横向载荷或需靠螺杆精确固定被连接件相对位置的场合。

2. 双头螺柱连接

使用两端均有螺纹的螺柱，一端旋入并紧定在较厚被连接件的螺纹孔中，另一端穿过较薄连接件的通孔（见图7.5）。它适用于被连接件较厚，要求结构紧凑和经常拆装的场合。

a）　　　　b）

图7.4　螺栓连接

a）普通螺栓连接；b）铰制孔用螺栓连接

图7.5　双头螺柱连接

3. 螺钉连接

螺钉直接旋入被连接件的螺纹孔中，如图7.6所示，结构较简单，适用于被连接件之一较厚或另一端不能装螺母的场合。但经常拆装会使螺纹孔磨损，导致被连接件过早失效，所以不适用于经常拆装的场合。

4. 紧定螺钉连接

将紧定螺钉拧入一零件的螺纹孔中，其末端顶住另一零件的表面或顶入相应的凹坑中，如图7.7所示。常用于固定两个零件的相对位置，并可传递不大的力或转矩。

图 7.6　螺钉连接

图 7.7　紧定螺钉连接

7.2.2　常用螺纹连接件

螺纹连接件品种很多，大都已标准化。常用的标准螺纹连接件有螺栓、螺钉、双头螺柱、紧定螺钉、螺母和垫圈等。

1.　螺栓

螺栓头部形状很多，最常用的有六角头（见图 7.8a)）和小六角头（见图 7.8b）两种。

图 7.8　六角头螺栓
a）六角头螺栓；b）小六角头螺栓

2.　螺钉

螺钉的结构形式与螺栓相同，但头部形式较多（见图 7.9），以适应对装配空间、拧紧程度、连接外观和拧紧工具的要求。有时也把螺栓作为螺钉使用。

图 7.9　螺钉
a）六角头螺钉；b）圆柱头螺钉；c）半圆头螺钉；d）沉头螺钉；e）内六角孔螺钉；f）十字槽螺钉；g）吊环螺钉

3.　双头螺柱

双头螺柱没有钉头，两端制有螺纹。结构有 A 型（有退刀槽，见图 7.10a)）与 B 形（无退刀槽，见图 7.10b)）之分。

a)　　　　　　　　　　b)

图 7.10　双头螺柱

4. 紧定螺钉

紧定螺钉的头部和尾部制有各种形状。常见的头部形状有一字槽（见图 7.11a））等。螺钉的末端主要起紧定作用，常见的尾部形状有平端、圆柱端和锥端（见图 7.11 b）、c）、d））等。

图 7.11　紧定螺钉

a）一字槽；b）平端；c）圆柱端；d）锥端

5. 螺母

螺母的结构形式很多，最常用的是六角螺母。按厚度不同，螺母可分为标准螺母（见图 7.12a））、扁螺母（见图 7.12b））和厚螺母（见图 7.12c））三种。螺母的制造精度与螺栓相同，也分为粗制和精制两种，以便与同精度的螺栓配用。图 7.12d）所示的圆螺母常用作轴上零件的轴向固定，并配有止退垫圈。

6. 垫圈

垫圈的主要作用是增加被连接件的支承面积或避免拧紧螺母时擦伤被连接件的表面。常用的有平垫圈（见图 7.13a））和斜垫圈（见图 7.13b））。当被连接件表面有斜度时，应使用斜垫圈。

图 7.12　螺母

a）标准螺母；b）扁螺母；c）厚螺母；d）圆螺母

图 7.13　垫圈

a）平垫圈；b）斜垫圈

7.2.3　螺纹连接件的选择及注意问题

螺纹连接件的选择一般包括三方面的内容，即螺纹连接件类型选择、螺栓的数目及配置的确定、螺纹连接件的规格尺寸选择。

通常可根据连接的结构需要并参照同类机械使用情况确定螺纹连接类型和螺栓的数目及其配置。实际应用中，螺栓往往成组使用（称为螺栓组连接）。因此，在确定螺纹连接类型后，还应确定螺栓的数目及其分布。

螺纹连接件的规格尺寸一般根据连接的工作情况、结构需要并参照同类机械使用经验来选择。通常还要对螺纹连接件的强度进行计算。计算的目的主要是确定（或校核）螺栓危险剖面的尺寸（主要是螺纹小径 d_1）。螺栓的其他尺寸以及螺母、垫圈尺寸，则根据螺栓直径并结合连接的结构需要按标准选定。

1. 螺纹连接的预紧

螺纹连接的预紧是指装配时把螺纹连接拧紧，使其受到预紧力的作用，目的是使螺纹连接可靠地承受载荷，获得所要求的紧密性、刚性和防松能力。除个别情况外，螺纹连接都必须预紧。由于预紧力的大小对螺纹连接的可靠性、强度和密封性都有很大的影响，所以对重要的螺纹连接，还应控制预紧力的大小。

2. 螺纹连接的防松

松动是螺纹连接最常见的失效形式之一。在静载荷条件下，普通螺栓由于螺纹的自锁性一般可以保证螺栓连接的正常工作。但是，在冲击、震动或变载荷作用下，或者当温度变化很大时，螺纹副间的摩擦力可能减小或者瞬时消失，致使螺纹连接产生自动松脱现象。为了保证螺纹连接的安全可靠，许多情况下螺栓连接都采取一些必要的防松措施。

螺纹连接防松的本质就是防止螺纹副的相对运动。按照工作原理来分，螺纹防松有摩擦防松、机械防松、破坏性防松以及粘合防松等多种方法。

（1）摩擦防松

1）弹簧垫圈

弹簧垫圈（见图7.14）用弹簧钢制成。装配后垫圈被压平，其反弹力能使螺纹间产生压紧力和摩擦力，能防止连接松脱。

2）弹性圈螺母

图7.15所示为弹性圈螺母，螺纹旋入处嵌入纤维或者尼龙来增加摩擦力。该弹性圈还可以防止液体泄漏。

3）双螺母

利用两螺母（见图7.16）的对顶作用使螺栓始终受到附加拉力，致使两螺母与螺栓的螺纹间保持压紧和摩擦力。

图7.14 弹簧垫圈   图7.15 弹性圈螺母   图7.16 双螺母

（2）机械防松

1）槽形螺母与开口销

槽形螺母拧紧后，用开口销穿过螺母上的槽和螺栓端部的销孔，使螺母与螺栓不能相对转动（见图7.17）。

2）止退垫圈与圆螺母

将垫片的内翅嵌入螺栓（轴）的槽内，拧紧螺母后再将垫圈的一个外翅折嵌入螺母的一个槽内，螺母即被锁住（见图7.18）。

图 7.17　槽形螺母与开口销

图 7.18　止退垫圈与圆螺母

3）止动垫片

如图 7.19 所示，将垫片折边以固定螺母和被连接件的相对位置。

4）串联钢丝

用低碳钢丝穿入各螺钉头部的孔内，将各螺钉串联起来，使其相互制动。使用时必须注意钢丝的穿入方向（见图 7.20，a）图正确，b）图错误）。

图 7.19　止动垫片

图 7.20　串联钢丝
a）正确；b）不正确

（3）破坏性防松

1）冲点防松

如图 7.21 所示，螺母拧紧后，用冲头在螺栓末端与螺母的旋合缝处打冲 2～3 个冲点。其防松可靠，适用于不需要拆卸的特殊连接。

2）焊接防松

如图 7.22 所示，螺母拧紧后，将螺栓末端与螺母焊牢。其连接可靠，但拆卸后连接件被破坏。

（4）黏合防松

如图 7.23 所示，在旋合的螺纹表面涂以黏合剂，防松效果良好。

图 7.21　冲点防松

图 7.22　焊接防松

图 7.23　黏合防松

3. 支承面的平整

若被连接件支承表面不平或倾斜，螺栓将受到偏心载荷作用，产生附加弯曲应力，从而使螺栓剖面上的最大拉应力可能比没有偏心载荷时的拉应力大得多。所以必须注意支承表面的平整问题。图 7.24 所示的凸台和凹坑都是经过切削加工而成的支承平面。对于型钢等倾斜支承面，则应采用如图 7.25 所示的斜垫圈。

图 7.24　凸台和凹坑的应用　　　　　图 7.25　斜垫圈的应用

a）凸台；b）凹坑

4. 扳手空间

设计螺纹连接时，要注意留有扳手扳动的必要空间，否则就无法装拆。各种结构情况下的扳手空间尺寸可参考《机械设计手册》。

5. 螺栓组连接的结构设计

（1）要设计成轴对称的几何形状。
（2）螺栓的布置应使螺栓的受力合理。
（3）螺栓的布置应有合理的间距、边距。
（4）同一组螺栓连接中各螺栓的直径和材料均应相同。
（5）避免螺栓承受偏心载荷。

螺栓连接的强度计算可根据第 3 章所学的材料力学知识计算或者参阅《机械零件手册》和《机械设计手册》。

7.3

轴毂连接

为了传递运动和转矩，安装在轴上的齿轮、带轮等必须和轴连接在一起。轴毂连接常用的方法有键连接、花键连接、销连接和过盈连接等。

7.3.1 键　连　接

键连接结构简单、工作可靠、装拆方便，因此应用很广。键有普通平键、导向平键、半圆键、楔键和切向键等多种。

1. 平键连接

如图 7.26a）所示，平键的两侧面是工作面，平键的上表面与轮毂槽底之间留有间隙。这种键的定心性好，装拆方便，应用广泛。常用的平键有普通平键和导向平键。

（1）普通平键

普通平键按其结构可分为圆头（称为 A 型）、方头（称为 B 型）和单圆头（称为 C 型）三种。图 7.26b）为 A 型键。A 型键在键槽中固定良好，但轴上键槽引起的应力集中较大。图 7.26c）为 B 型键。B 型键克服了 A 型键的缺点，当键尺寸较大时，宜用紧定螺钉将键固定在键槽中，以防松动。图 7.26d）为 C 型键。C 型键主要用于轴端与轮毂的连接。

图 7.26 平键连接
a）平键的工作面；b）圆头；c）方头；d）单圆头

（2）导向平键

图 7.27 为导向平键。该键较长，键用螺钉固定在键槽中，键与轮毂之间采用间隙配合，轴上零件可沿键作轴向滑移。

2. 半圆键连接

半圆键连接如图 7.28 所示，键与轴上键槽均呈半圆形。与平键一样，半圆键也是侧面是工作面。半圆键连接的优点是装拆较方便；缺点是键槽较深，对轴的削弱较大，所以只适用于轻载连接。

图 7.27 导向平键　　　　图 7.28 半圆键连接

3. 楔键连接和切向键连接

（1）楔键连接

图 7.29 所示为楔键连接，楔键的上、下两面为工作面。楔键的上表面和与它相配合的轮毂键槽底面均有 1:100 的斜度。装配时将楔键打入，使楔键楔紧在轴和轮毂的键槽中，楔键的上、

下表面受挤压，工作时靠这个挤压产生的摩擦力传递转矩。如图 7.29 所示，楔键分为普通楔键和钩头楔键两种，钩头楔键的钩头是为了便于拆卸的。

图 7.29　楔键连接

楔键连接的主要缺点是键楔紧后，轴和轮毂的配合产生偏心和偏斜。因此楔键连接一般用于定心精度要求不高和低转速的场合。

（2）切向键连接

图 7.30 所示为切向键连接。切向键是由一对楔键组成的，装配时将切向键沿轴的切线方向楔紧在轴与轮毂之间。切向键的上、下面为工作面，工作面上的压力沿轴的切线方向作用，能传递很大的转矩。用一对切向键时，只能单向传递转矩，如图 7.30a）所示；当要双向传递转矩时，须采用两对互成 120° 分布的切向键，如图 7.30b）所示。由于切向键对轴的强度削弱较大，因此常用于直径大于 100 mm 的轴上。

图 7.30　切向键连接
a）单向传递转矩；b）双单向传递转矩

7.3.2　花　键　连　接

图 7.31 所示为花键轴（外花键）和花键孔（内花键）。花键轴与花键孔相配即构成花键连接。花键齿的侧面是工作面。

花键连接由于多个齿传递载荷，不但传递载荷的能力强，而且轴、毂之间对中性好、导向性好。同时，轴上齿槽较普通键连接要浅，对轴的强度削弱较小。其缺点是制造比较复杂。

图 7.31　花键连接

花键连接按其齿形不同，有矩形花键、渐开线花键和三角形花键等三种。前两种应用较多。

7.3.3　销　连　接

销的主要用途是固定零件之间的相对位置，也用于轴和轮毂的连接或其他零件的连接，通常只传递不大的载荷。销还可以用于安全装置中作为过载剪断元件，称为安全销。当过载时，销即断裂，以保证安全。

销的型式较多，有圆柱销、圆锥销及其他特殊形式的销等。图 7.32 所示即为圆锥销在轴毂连接中的应用。

图 7.32　销连接

7.3.4　过　盈　连　接

如图 7.33 所示，过盈连接是利用轴与轮毂孔两配合零件间的过盈（轴的尺寸略大于毂孔的尺寸）而构成的一种连接。过盈连接装配后，由于轮毂和轴的弹性变形，在配合面间产生很大的压力，工作时靠压力产生的摩擦力来传递转矩或轴向力。

过盈连接结构简单、定向性好，承载能力较大并能承受震动和冲击，又可以避免键槽对被连接件的削弱。但由于连接的承受能力直接取决于过盈量的大小，故对配合面加工精度要求较高。另外，装拆也较困难。

图 7.33　过盈连接

思考题与习题

1. 常用螺纹的种类有哪些？各用于什么场合？
2. 螺纹的导程和螺距有何区别？螺纹的导程 S、螺距 P 与螺纹线数 n 有何关系？
3. 螺纹连接的基本形式有哪几种？各适用于何种场合？
4. 为什么螺纹连接通常要采用防松措施？常用的防松方法和装置有哪些？
5. 键连接有哪些类型？各有什么特点？适用于什么场合？
6. 简述销连接的类型、特点和应用。

第8章
齿轮、蜗杆和轮系

8.1 齿轮传动与渐开线

8.1.1 齿轮传动的分类

齿轮传动是现代机械设备中应用最广泛的一种机械传动，它可以传递空间任意两轴间的运动和动力。

齿轮传动的类型很多，按照齿轮传动轴线的相对位置和轮齿方向，齿轮传动分类如图8.1所示。

图 8.1　齿轮传动的分类

按照齿轮传动的工作条件可分为闭式齿轮传动和开式齿轮传动。闭式传动中的齿轮封闭在具有足够刚度和良好润滑条件的箱体内，一般用于速度较高或重要的齿轮传动中；开式传动中的齿轮暴露在外面，不能保持良好的润滑，齿面容易磨损，因此，一般用于低速或不重要的齿轮传动中。

按照齿轮圆周速度可分为：极低速齿轮传动，圆周速度 $v < 0.5$ m/s；低速齿轮传动，圆周速度 $v = 0.5 \sim 3$ m/s；中速齿轮传动，圆周速度 $v = 3 \sim 15$ m/s；高速齿轮传动，圆周速度 $v > 15$ m/s。

按照齿轮的齿廓形状可分为渐开线齿轮传动、摆线齿轮传动、圆弧齿轮传动等。其中应用最广泛的是渐开线齿轮传动。本章只介绍渐开线齿轮传动。

8.1.2　齿轮传动的特点

齿轮传动与其他传动形式比较具有下列优点：能保证传动比恒定不变；适用的功率和速度范围广；结构紧凑；效率高，$\eta = 0.94 \sim 0.99$；工作可靠且寿命长。其主要缺点是：齿轮制造需要专用的设备和刀具，成本较高；精度低时，传动的噪声和震动较大；不宜用于轴间距离大的传动。

图 8.2　齿轮传动的类型

a）直齿圆柱齿轮传动（外啮合）；b）直齿圆柱齿轮传动（内啮合）；c）直齿圆柱齿轮传动（齿轮-齿条）；d）斜齿圆
柱齿轮传动；e）人字齿圆柱齿轮传动；f）直齿圆锥齿轮传动；g）交错轴斜齿圆柱齿轮传动；h）蜗杆传动

8.1.3　渐开线的形成原理和基本性质

如图 8.3a）所示，当直线 NK 沿半径为 r_b 的圆作纯滚动时，该直线上任意一点 K 的轨迹曲线 AK，称为该圆的渐开线。该圆称为渐开线的基圆，直线 NK 则称为渐开线的发生线。

由渐开线的形成过程可知，渐开线有如下性质：

（1）发生线在基圆上滚过的长度等于基圆上被滚过的弧长，即直线上的线段 NK 长等于基圆上的弧长 AN。

（2）发生线 NK 是基圆的切线，也是渐开线上 K 点的法线。线段 NK 为渐开线在 K 点的曲率半径，点 N 为渐开线上 K 点的曲率中心。

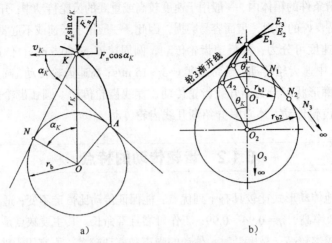

图 8.3　渐开线的形成与基本性质

（3）在不计摩擦时，两渐开线齿轮相互作用的正压力 F_n 的方向线与接触点渐开线的法线方向一致。正压力 F_n 与接触点 K 的速度 v_K 方向所夹的锐角 α_K，称为渐开线上该点的压力角。由图 8.3a）可得

$$\cos\alpha_K = \frac{r_b}{r_K} \tag{8-1}$$

式中，r_b 为渐开线的基圆半径，r_K 为渐开线上 K 点的向径。由上式可知，渐开线上各点的压力角不相等，离开基圆越远的点，其压力角越大。

（4）渐开线的形状取决于基圆的大小（见图 8.3b））。基圆相同的渐开线，其形状相同；基圆越大，渐开线越平直，反之渐开线越弯曲；当基圆半径为无穷大时，渐开线就变成直线，齿轮就变为齿条。

（5）基圆内无渐开线。

8.1.4　渐开线齿廓的啮合特性

图 8.4 所示为一对渐开线齿廓的啮合传动，设图中渐开线齿廓 E_1E_2 在任意点 K 接触，过 K 点作两齿廓的公法线 N_1N_2，N_1N_2 与两轮连心线交于 C 点，称为节点。令 $O_1C=r_1'$，$O_2C=r_2'$，以 r_1' 和 r_2' 为半径所作的圆称为节圆。可以证明，齿轮传动时两节圆作纯滚动。两个齿轮轴线间的距离称为中心距，以 a' 表示，$a'=r_1'+r_2'$。

两个齿轮的瞬时角速度之比称为传动比，以 i_{12} 表示。在工程中要求传动比是定值，即

$$i_{12} = \frac{\omega_1}{\omega_2} \tag{8-2}$$

式中，ω_1 为主动齿轮 1 的角速度，ω_2 为从动齿轮 2 的角速度。由齿廓啮合基本定律（互相啮合传动的一对齿廓，在任一瞬时的传动比，等于该瞬时两轮连心线被齿廓接触点公法线所分成的两线段长的反比），可知

$$i_{12} = \frac{\omega_1}{\omega_2} = \frac{O_2C}{O_1C} \tag{8-3}$$

由渐开线性质（2）可知，两齿廓在任一位置的公法线 N_1N_2 必定是两轮基圆的一条内公切线。因为两轮基圆的大小和位置都已确定，同一方向的内公切线只有一条，因此，不论这两齿廓在何处接触，过接触点的公法线都是同一条直线 N_1N_2，即齿廓接触点的公法线与两轮连心线相交于一固定点。这说明渐开线齿廓能满足定传动比传动，即

$$i_{12} = \frac{\omega_1}{\omega_2} = \frac{O_2C}{O_1C} = 常数 \qquad (8\text{-}4)$$

根据渐开线的性质，渐开线齿廓啮合传动具有如下特性。

1. 中心距可分性

在图 8.4 中，因为 $\triangle O_1N_1C \backsim \triangle O_2N_2C$，所以

$$i_{12} = \frac{\omega_1}{\omega_2} = \frac{O_2C}{O_1C} = \frac{r_2'}{r_1'} = \frac{r_{b2}}{r_{b1}} = 常数 \qquad (8\text{-}5)$$

式中：r_1'、r_2'——两齿轮的节圆半径；

r_{b1}、r_{b2}——两齿轮的基圆半径。

图 8.4　渐开线齿廓的啮合

上式表明，两齿轮的传动比不仅与两轮节圆半径成反比，也与两轮的基圆半径成反比。由于齿轮加工完成后其基圆半径已经确定，所以即使因制造和安装误差以及磨损等原因造成两轮中心距发生变化，也不会影响齿轮的传动比。渐开线齿轮传动的这一特性称为中心距可分性。这是渐开线齿轮传动的一大优点，也是渐开线齿轮传动获得广泛应用的重要原因。

2. 啮合角为常数

齿轮传动时其齿廓接触点的轨迹称为啮合线。渐开线齿廓啮合时，由于无论在哪一点接触，接触点的公法线总是两基圆的内公切线 N_1N_2，故渐开线齿廓的啮合线就是直线 N_1N_2。

啮合线 N_1N_2 与两齿轮节圆的公切线 $t\text{-}t$ 间的夹角 α'，称为啮合角。显然，渐开线齿廓啮合传动时，啮合角 α' 为常数。由图 8.4 中几何关系可知，啮合角在数值上等于渐开线在节圆上的压力角。由于两齿廓啮合传动时，其间的正压力是沿齿廓法线方向作用，也就是沿啮合线方向传递，故啮合角不变表示齿廓间压力方向不变。若齿轮传递的力矩恒定，则轮齿之间、轴与轴承之间压力的大小和方向也均不变，从而传动平稳。这是渐开线齿廓传动的又一大优点。

需要注意的是，只有在一对齿轮相互啮合的情况下，才有节圆和啮合角，单个齿轮不存在节圆和啮合角。

8.2
渐开线标准直齿圆柱齿轮

8.2.1　齿轮各部分名称

图 8.5 为渐开线直齿圆柱齿轮的一部分，其中，图 8.4a）为外齿轮，图 8.4b）为内齿轮，

图 8.5c）为齿条。轮齿两侧具有互相对称的齿廓。

图 8.5　渐开线齿轮各部分名称

在齿轮整个圆周上均匀分布的轮齿总数称为齿数，以 z 表示。对圆柱齿轮，过所有轮齿顶部的圆称为齿顶圆，其直径和半径分别以 d_a 和 r_b 表示；过所有轮齿底部的圆称为齿根圆，其直径和半径分别以 d_f 和 r_f，表示。同一轮齿两侧齿廓间在任意圆（直径和半径以 d_k 和 r_k 表示）周上的弧长称为该圆上的齿厚，以 s_k 表示；相邻两轮齿间的空间称为齿槽，在任意圆周上的齿槽弧长称为齿槽宽，以 e_k 表示；相邻两轮齿同侧齿廓间在任意圆周上的弧长称为齿距，以 p_k 表示，依定义，有

$$p_k = s_k + e_k \qquad (8\text{-}6)$$

根据齿距定义，可得任意圆的周长为

$$zp_k = \pi d_k \qquad (8\text{-}7)$$

即

$$d_k = \frac{p_k}{\pi} z \qquad (8\text{-}8)$$

显然，在不同圆周上，比值 $\dfrac{p_k}{\pi}$ 不同。由于式（8-8）包含无理数"π"，这给齿轮尺寸计算、齿轮制造和测量都带来不便。因此，人为地在齿轮上规定一个作为测量和计算基准的圆，并使该圆上的比值 $\dfrac{p_k}{\pi}$ 和压力角都为标准值，这个圆称为分度圆，其直径用 d 表示。为了表达上的方便，分度圆上各参数均不带下标，如 s、e、p、α 分别表示分度圆上的齿厚、齿槽宽、齿距、压力角。

齿顶圆与齿根圆之间的径向距离称为齿高，用 h 表示；分度圆与齿顶圆之间的径向距离称为齿顶高，用 h_a 表示；分度圆与齿根圆之间的径向距离称为齿根高，用 h_f 表示。根据定义有

$$h = h_a + h_f \qquad (8\text{-}9)$$

由图 8.5a）、b）可知，外齿轮的齿顶圆大于齿根圆，而内齿轮则相反。当基圆半径为无穷大时，齿轮就变为如图 8.5c）所示的齿条，齿条各部分的名称相应为齿顶线、齿根线、中线等。

8.2.2　齿轮的基本参数

1. 模数 m 和压力角 α

分度圆上的比值 $\dfrac{p}{\pi}$ 称为齿轮的模数，用 m 表示，单位为 mm，即

$$m = \frac{p}{\pi} \tag{8-10}$$

渐开线齿轮分度圆上的模数 m 和压力角 α 的取值都已经标准化，我国规定 $\alpha = 20°$，标准模数系列见表 8.1。

表 8.1	渐开线齿轮模数 m（摘自 GB/T 1357—1987）	mm
第一系列	1, 1.25, 1.5, 2, 2.5, 3, 4, 5, 6, 8, 10, 12, 16, 20, 25, 32, 40, 50	
第二系列	1.75, 2.25, 2.75,（3.25）, 3.5,（3.75）, 4.5, 5.5,（6.5）, 7, 9,（11）, 14, 18, 22, 28,（30）, 36, 45	

注：1. 本标准适用于渐开线圆柱齿轮，对于斜齿轮是指法向模数 m_n。
　　2. 优先采用第一系列，括号内的模数尽可能不用。

在齿轮各参数中，模数是一个重要参数。模数越大，轮齿的尺寸越大，承载能力也越强。

根据以上分析，齿轮分度圆可定义为：在齿轮上具有标准模数和标准压力角的圆。

由以上定义，可得分度圆的直径和齿距分别为

$$d = mz \tag{8-11}$$

$$p = \pi m = s + e \tag{8-12}$$

2. 齿顶高系数 h_a^* 和顶隙系数 c^*

齿顶高和齿根高都与模数成正比。所以，齿顶高 h_a 和齿根高 h_f 可分别表示为

$$\left.\begin{array}{l} h_a = h_a^* m \\ h_f = \left(h_a^* + c^*\right)m \end{array}\right\} \tag{8-13}$$

式中，h_a^* 和 c^* 分别称为齿顶高系数和顶隙系数。对于圆柱齿轮，我国标准规定

$$h_a^* = 1, \qquad c^* = 0.25 \tag{8-14}$$

$c^* m$ 称为顶隙，顶隙是一齿轮齿顶圆与另一齿轮齿根圆之间的径向距离。顶隙可避免传动时一齿轮的齿顶与另一齿轮的齿根相碰撞，而且能储存润滑油，有利于齿轮的啮合传动。

当齿轮具有标准模数、标准压力角、标准齿顶高系数和标准顶隙系数，而且分度圆上齿厚等于齿槽宽时，这样的齿轮就称为标准齿轮。对标准齿轮，显然有

$$s = e = \frac{p}{2} = \frac{\pi m}{2} \tag{8-15}$$

8.2.3　标准直齿圆柱齿轮的几何尺寸计算

一对齿轮在安装时，为避免齿轮反转时出现空程并发生冲击，在理论上要求齿轮传动时齿

廓间没有齿侧间隙。若是一对模数相等的标准齿轮传动，则一个齿轮的分度圆齿厚与另一个齿轮的分度圆齿槽宽必相等。这样的两个齿轮在安装传动时，其分度圆相切，节圆与分度圆重合，啮合角 α' 等于分度圆压力角 α，即 $\alpha'=\alpha=20°$，齿侧的理论间隙为零。这样安装的中心距称为正确安装的标准中心距，以 a 表示，于是有

$$a=\frac{1}{2}(d_1'\pm d_2')=\frac{1}{2}(d_1\pm d_2)=\frac{m}{2}(z_1\pm z_2) \tag{8-16}$$

式中，"+"用于外啮合齿轮传动时，"−"用于内啮合齿轮传动时。

标准直齿圆柱齿轮的几何尺寸计算公式列于表 8.2 中。

表 8.2　　　　　　　　　　渐开线标准直齿圆柱齿轮传动几何尺寸　　　　　　　　　　mm

序　号	名　　称	符　号	计　算　公　式
1	齿顶高	h_e	$h_a=h_a^*m=m$
2	齿根高	h_f	$h_f=(h_a^*+c^*)m=1.25m$
3	齿全高	h	$h=h_a+h_f=(2h_a^*+c^*)m=2.25m$
4	顶隙	c	$c=c^*m=0.25m$
5	分度圆直径	d	$d=mz$
6	基圆直径	d_b	$d_b=d\cos\alpha$
7	齿顶圆直径	d_a	$d_a=d\pm 2h_a=m(z\pm 2h_a^*)$
8	齿根圆直径	d_f	$d_f=d\mp 2h_f=m(z\mp 2h_a^*\mp 2c^*)$
9	齿距	p	$p=\pi m$
10	齿厚	s	$s=\dfrac{p}{2}=\dfrac{\pi m}{2}$
11	齿槽宽	e	$e=\dfrac{p}{2}=\dfrac{\pi m}{2}$
12	标准中心距	a	$a=\dfrac{1}{2}(d_2\pm d_1)=\dfrac{1}{2}m(z_2\pm z_1)$

注：表中 d_a、d_f 的计算公式中"±"分别用于外齿轮和内齿轮的计算。

8.2.4　渐开线直齿圆柱齿轮的啮合

1. 渐开线直齿圆柱齿轮正确啮合条件

图 8.6 所示为一对渐开线直齿圆柱齿轮啮合传动。由于两轮齿廓的啮合点是沿啮合线 N_1N_2 移动的，因此前一对轮齿的齿廓接触点 K 和后一对轮齿的齿廓接触点 B_2 必定同在啮合线 N_1N_2 上，B_2K 称为两齿轮的法向齿距。

因 N_1N_2 是两齿轮在齿廓接触点处的公法线，由渐开线的性质可知，齿轮的法向齿距应等于齿轮的基圆齿距。要使两齿轮能正确啮合，即两轮齿之间不产生间隙或卡住，则必须满足两齿轮的法向齿距相等的条件，即

$$p_{b1}=p_{b2} \tag{8-17}$$

而

$$p_b = \frac{\pi d_b}{z} = \frac{\pi d \cos\alpha}{z} = \pi m \cos\alpha \qquad (8\text{-}18)$$

故有

$$m_1 \cos\alpha_1 = m_2 \cos\alpha_2 \qquad (8\text{-}19)$$

由于模数和压力角都已标准化，所以要满足上式，应使

$$\left.\begin{array}{l} m_1 = m_2 = m \\ \alpha_1 = \alpha_2 = \alpha \end{array}\right\} \qquad (8\text{-}20)$$

即一对渐开线直齿圆柱齿轮正确啮合的条件是：两齿轮的模数和压力角应分别相等。

根据正确啮合条件，一对渐开线齿轮的传动比公式（8-5）可表示为

$$i_{12} = \frac{\omega_1}{\omega_2} = \frac{r_2'}{r_1'} = \frac{r_{b2}}{r_{b1}} = \frac{d_{b2}}{d_{b1}} = \frac{d_2 \cos\alpha}{d_1 \cos\alpha} = \frac{d_2}{d_1} = \frac{mz_2}{mz_1} = \frac{z_2}{z_1} \qquad (8\text{-}21)$$

图 8.6　渐开线齿廓的啮合传动

2. 渐开线直齿圆柱齿轮齿廓啮合过程

如图 8.6 所示，一对齿廓的啮合由从动轮 2 的齿顶圆与啮合线 N_1N_2 的交点 B_2 开始，此时是主动轮 1 的齿根部推动从动轮 2 的齿顶部。随着齿轮的转动，啮合点将沿啮合线 N_1N_2 由 B_2 点向 B_1 点移动。B_1 点为主动轮 1 的齿顶圆与啮合线 N_1N_2 的交点。当啮合点移至 B_1 点时，这对齿廓的啮合终止。所以，B_2B_1 是一对齿廓啮合的实际啮合线段，N_1、N_2 点是理论上的啮合极限点，故 N_1N_2 是理论上的最大啮合线段，称为理论啮合线段。

3. 渐开线直齿圆柱齿轮连续传动的条件

由上述一对齿廓的啮合过程可看出，要保证齿轮能连续啮合传动，应要求在前一对轮齿的啮合点 K 到达啮合终止点 B_1 时，后一对轮齿已提前或至少同时到达啮合起始点 B_2 进入啮合状态。否则主动齿轮 1 继续转过一定角度后，后一对轮齿才进入啮合，这样，齿轮传动的啮合过程就出现中断，并产生冲击。因此，保证一对齿轮能连续啮合传动的条件是：实际啮合线段的长度 B_1B_2 应大于或等于齿轮的法向齿距 B_2K。因齿轮的法向齿距等于基圆齿距，所以有

$$B_1B_2 \geqslant B_2K \quad \text{或} \quad B_1B_2 \geqslant p_b \qquad (8\text{-}22)$$

令 $\varepsilon = \dfrac{B_1B_2}{p_b}$ ，ε 称为齿轮传动的重合度。根据齿轮连续啮合条件，有

$$\varepsilon = \frac{B_1B_2}{p_b} \geqslant 1 \qquad (8\text{-}23)$$

ε 越大，意味着多对轮齿同时参与啮合的时间越长，每对轮齿承受的载荷就越小，齿轮传动也越平稳。对于标准齿轮，ε 的大小主要与齿轮的齿数有关，齿数越多，ε 越大。ε 的计算公式为

$$\varepsilon = \frac{1}{2\pi}\Big[z_1\big(\tan\alpha_{a1} - \tan\alpha'\big) + z_2\big(\tan\alpha_{a2} - \tan\alpha'\big)\Big] \qquad (8\text{-}24)$$

式中，α_a、α'分别为渐开线在齿顶圆上的压力角和啮合角。

$$\alpha_a = \arccos\frac{r_b}{r_a} = \arccos\frac{r\cos\alpha}{r + h_a} = \arccos\frac{z\cos\alpha}{z + 2h_a^*} \qquad (8-25)$$

直齿圆柱齿轮传动的最大重合度 $\varepsilon = 1.982$，即直齿圆柱齿轮传动不可能始终保持两对齿同时啮合。理论上只要 $\varepsilon = 1$ 就能保证连续传动，但因齿轮有制造和安装等误差，实际应使 $\varepsilon > 1$。一般机械中常取 $\varepsilon \geqslant 1.1 \sim 1.4$。

8.3 渐开线齿轮的齿廓的切削加工

8.3.1 渐开线齿廓切削加工的基本原理

渐开线齿轮轮齿的成形方法有铸造、模锻、热轧、切削加工等，生产中最常用的是切削法。切削法按其原理可分为仿形法和展成法两种，展成法又称为范成法。

1. 仿形法

仿形法是用渐开线齿形的成形铣刀直接切出齿形。常用的成形铣刀有盘形铣刀和指状铣刀两种，如图 8.7a）和图 8.7b）所示。

a)   b)

图 8.7　仿形法加工轮齿

由于渐开线齿廓的形状取决于基圆大小，而基圆半径 $r_b = \dfrac{mz\cos\alpha}{2}$，故即使是模数和压力角相同的齿轮，若齿数不同，则齿廓形状也不同。因此当用仿形法加工齿轮时，为保证加工精度，对每一种模数、每一齿数的齿轮都要对应配一把铣刀，但这是无法实现的。所以在生产实际中，为减少刀具数量，对于具有相同模数和压力角的齿轮，一般配 8 把或 15 把为一套的铣刀。每把铣刀铣削一定齿数范围的齿轮。每把铣刀铣削的齿数范围见表 8.3。

表 8.3			铣刀号数与切齿范围					
铣刀刀号	1	2	3	4	5	6	7	8
切齿范围	12～13	14～16	17～20	21～25	26～34	35～54	55～134	135 以上

表中每号铣刀的齿形与该组齿数范围中最少齿数的齿形一致，因而加工该齿数的齿轮时可得到精确的渐开线齿廓，但铣削其余齿数的齿轮所得齿廓都是近似渐开线。因此仿形法铣削的齿廓精度较低。

仿形法切齿简单，不需专用机床，但加工过程不连续，生产率低，切削精度低，故只适用于修配及小批量的齿轮加工。

2. 展成法

展成法是利用一对齿轮传动时，其轮齿齿廓互为包络线的原理来切削轮齿齿廓的。这种切齿方法采用的刀具主要有齿轮插刀、齿条插刀和齿轮滚刀。与仿形法相比，这种方法加工的齿轮不仅精度高，而且生产率也较高。

（1）齿轮插刀的切齿

齿轮插刀的形状如图 8.8a）所示，刀具顶部比正常轮齿高出 c^*m（m 是齿轮的模数），以便切出齿轮的顶隙。插齿时，插刀沿轮坯轴线方向做往复切削运动，同时插刀与轮坯以一定的角速比转动（见图 8.8b）），直至切出全部齿廓。

a）   b）

图 8.8 齿轮插刀的切齿

因齿轮插刀的齿廓是渐开线，所以插制的齿轮也是渐开线。根据正确啮合条件，被切齿轮的模数和压力角必定与插刀的模数和压力角相等。故用同一把刀具可加工出具有相同模数和压力角的任意齿数的齿轮。

（2）齿条插刀的切齿

当齿轮插刀的齿数增加到无穷多时，基圆半径增至无穷大，渐开线齿廓变成直线齿廓，齿轮插刀就变为齿条插刀，如图 8.9a）所示。图 8.9b）所示为齿条插刀的刀刃形状，其齿顶比传动齿条的齿顶高出 $c=c^*m$ 的距离，同样是为了保证切制出齿轮的顶隙。齿条插刀插制齿轮时，其展成运动相当于齿条与齿轮的啮合传动，插刀的移动速度与轮坯分度圆上的圆周速度相等。

图 8.9　齿条插刀的切齿

（3）齿轮滚刀的切齿

　　上述两种刀具切削齿轮时都是间断切削，生产率较低。为此，研制出了齿轮滚刀。图 8.10 所示为齿轮滚刀切削齿轮坯的情形。滚刀形状很像螺旋状，它的轴向截面为一齿条。滚刀绕其轴线回转，就相当于齿条在连续不断地移动。当滚刀和轮坯分别绕各自轴线转动时，便按展成原理切制出轮坯的渐开线齿廓。由于滚刀是连续切削，因此生产率高，利用齿轮滚刀加工齿轮是目前广泛采用的一种轮齿切削方法。

图 8.10　齿轮滚刀的切齿

8.3.2　根切现象和最少齿数

　　当以展成法用齿条型刀具加工齿轮时，若被加工齿轮的齿数过少，则齿轮毛坯的渐开线齿廓根部会被刀具的齿顶过多地切削掉，如图 8.11a）中的虚线齿廓所示。这种现象称为齿轮的根切。根切不仅使轮齿根部削弱，弯曲强度降低，而且使重合度降低，因此应尽量避免根切现象。

　　根据分析可知，产生根切的直接原因是刀具顶线（不包括 c^*m 部分）超过了理论啮合线的上界点 N_1。因为基圆以内无渐开线，因此在刀具与被加工轮坯所进行的展成运动中，超过上界点 N_1 的刀刃不但不能展成渐开线齿廓，反而会将已加工好的齿轮根部的渐开线齿廓切去一部分。故为了防止根切，必须保证 N_1 点不低于刀具顶线。

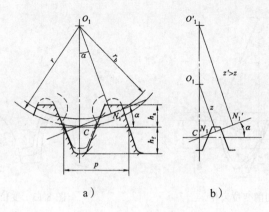

图 8.11　轮齿的根切

　　由于加工标准齿轮时刀具的相对位置固定，N_1 点在啮合线上的位置与被加工齿轮的齿数 z 有关，如图 8.11b）所示。根据数学知识和渐开线齿轮的几何尺寸关系，可以推导出不产生根切的条件是

$$z \geqslant \frac{2h_a^*}{\sin^2 \alpha} \tag{8-26}$$

　　上式中，z 为被加工齿轮的齿数。由此可得齿轮不产生根切的最少齿数为

$$z_{\min} = \frac{2h_a^*}{\sin^2 \alpha} \tag{8-27}$$

　　当 $\alpha=20°$、$h_a^*=1$ 时，$z_{\min}=17$。

8.3.3　变位齿轮简介

　　前面讨论的都是渐开线标准齿轮，它们设计计算简单，互换性好。但标准齿轮传动仍存在着一些局限性：

　　（1）受根切限制，齿数不得少于 $z_{\min}$，使传动结构不够紧凑。

　　（2）不适用于安装中心距 a' 不等于标准中心距 a 的场合。当 $a'<a$ 时，无法安装；当 $a'>a$ 时，虽然可以安装，但会产生过大的侧隙而引起冲击震动，影响传动的平衡性。

　　（3）一对标准齿轮传动时，小齿轮的齿根厚度小而啮合次数又较多，故小齿轮的强度较低，齿根部分磨损也较严重，因此小齿轮容易损坏，同时也限制了大齿轮的承载能力。

　　为了改善齿轮传动的性能，出现了变位齿轮。如图 8.12 所示，当齿条插刀按虚线位置安装时，齿顶线超过极限点 N_1，切出来的齿轮产生根切。若将齿条插刀远离轮心 O_1 一段距离(xm)至实线位置，齿顶线不再超过极限点 N_1，则切出来的齿轮不会发生根切，但此时齿条的分度线与齿轮的分度圆不再相切。这种改变刀具与齿坯相对位置后切制出来的齿轮称为变位齿轮，刀具移动的距离 xm 称为变位量，x 称为变位系数。刀具远离轮心的变位称为正变位，此时 $x>0$；刀具移近轮心的变位称为负变位，此时 $x<0$。标准齿轮就是变位系数 $x=0$ 的齿轮。由图 8.11 可知，加工变位齿轮时，齿轮的模数、压力角、齿数以及分度圆、基圆均与标准齿轮相同，所以两者的齿廓曲线是相同的渐开线，只是截取了不同的部位（见图 8.13）。由图 8.13 可知，正变位齿轮齿根部分的齿厚增大，提高了齿轮的抗弯强度，但齿顶减薄；负变位齿轮则与其相反。

图 8.12　切削变位齿轮　　　　　图 8.13　变位齿轮的齿廓

8.4

斜齿圆柱齿轮传动

8.4.1　齿廓曲面的形成及其啮合特点

　　前面对直齿轮的齿廓形成和啮合特点的分析都是在齿轮端面进行的。由于齿轮有一定宽度，所以，其齿廓应该是渐开线曲面而不是渐开线，而且渐开线曲面是由发生面在基圆柱上作纯滚动时，发生面上任一与基圆柱母线平行的直线 BB 在空间的轨迹形成的，如图 8.14a）所示。

图 8.14　圆柱齿轮齿廓曲面的形成及接触线

　　在齿廓曲面形成过程中，发生面上与基圆柱母线成一夹角 β_b 的直线 BB 在空间的轨迹将形成一渐开螺旋面。若以渐开螺旋面作为齿轮的齿廓，则所得到的齿轮称为斜齿轮，如图 8.14b）所示。

由齿廓曲面的形成过程可看出，直齿轮啮合传动时，齿面接触线皆为与齿轮轴线平行的等宽直线（见图 8.14c）），啮合开始和终止都是沿齿宽突然发生的，易引起冲击、震动和噪声，尤其在高速传动中更为严重。而斜齿轮啮合传动时，齿面接触线与齿轮轴线相倾斜（见图 8.14d）），其长度由点到线逐渐增长，到某一位置后又逐渐缩短，直至退出啮合。因此斜齿轮啮合是逐渐进入和逐渐退出的，且斜齿轮啮合的时间比直齿轮长，故斜齿轮传动平稳、噪声小、重合度高、承载能力强，适用于高速和大功率场合。

斜齿轮传动的缺点是啮合时要产生轴向力 F_a（见图 8.15a），F_a 使轴承支承结构变得复杂。为此可采用人字齿轮，使轴向力相互平衡，但人字齿轮制造困难，主要用于重型机械。

图 8.15　斜齿轮轴向力及轮齿旋向

8.4.2　斜齿轮的主要参数和几何尺寸计算

1.　螺旋角 β

斜齿轮的齿廓曲面与分度圆柱面相交为一螺旋线。该螺旋线上的切线与齿轮轴线的夹角 β 称为斜齿轮的螺旋角，一般 $\beta=8°\sim20°$，人字齿轮的螺旋角可达 $25°\sim40°$。根据螺旋线的方向，斜齿轮有左旋和右旋之分（见图 8.15b））。

2.　端面参数和法向参数

垂直于斜齿轮轴线的平面称为斜齿轮的端面，垂直于分度圆柱上螺旋线切线方向的平面称为斜齿轮的法面。在切制斜齿轮时，由于刀具是沿齿轮分度圆柱上螺旋线方向进刀，因此斜齿轮在法面内的参数（称法面参数，如 m_n、α_n、h_{an}^*、c_n^*）与刀具的参数相同。规定斜齿轮的法面参数为标准值且与直齿圆柱齿轮的标准值相同。法面模数 m_n 可由表 8.1 查得，法向压力角 $\alpha_n=20°$，而法面齿顶高系数和法面顶隙系数分别为 $h_{an}^*=1$，$c_n^*=0.25$。

尽管斜齿轮的法面参数是标准值，但斜齿轮的直径和传动中心距等几何尺寸计算却是在端面内进行的。因此要了解斜齿轮的法面模数 m_n 和法面压力角 α_n 与端面模数 m_t 和端面压力角 α_t 间的换算关系。

图 8.16a）为斜齿轮分度圆柱面的展开图，图中阴影部分为被剖切轮齿，空白部分为齿槽，p_n 和 p_t 分别为法面齿距和端面齿距，由图中的几何关系可得

$$p_n = p_t \cos \beta \tag{8-28}$$

因 $p=\pi m$，故法面模数 m_n 和端面模数 m_t 间的关系是

$$m_n = m_t \cos \beta \tag{8-29}$$

图 8.16　端面参数和法向参数

a）斜齿轮分度圆柱面展开图；b）斜齿条的压力角

图 8.16b）为斜齿条的一个齿，由图中的几何关系经推导可得 α_n 和 α_t 的关系为

$$\tan \alpha_n = \tan \alpha_t \cos \beta \tag{8-30}$$

斜齿轮的法面齿顶高系数和法面顶隙系数与端面齿顶高系数和端面顶隙系数的换算公式为

$$\left.\begin{array}{l} h_{at}^* = h_{an}^* \cos \beta \\ c_t^* = c_n^* \cos \beta \end{array}\right\} \tag{8-31}$$

3. 几何尺寸计算

由于一对斜齿轮的啮合在端面上与一对直齿轮的啮合完全相同，故可直接用端面参数按直齿轮几何尺寸计算公式来计算斜齿轮端面的几何尺寸，具体公式列于表 8.4 中。

表 8.4　　　　　　　　外啮合标准斜齿轮的几何尺寸计算公式

名　　称	符　　号	计　算　公　式	名　　称	符　　号	计　算　公　式
齿根高	h_f	$h_f = 1.25 m_n$	齿顶圆直径	d_a	$d_a = d + 2h_a$
齿顶高	h_a	$h_a = m_n$	齿根圆直径	d_f	$d_f = d - 2h_f$
全齿高	h	$h = h_a + h_f = 2.25 m_n$	标准中心距	a	$a = \dfrac{d_1 + d_2}{2} = \dfrac{m_t(z_1 + z_2)}{2}$ $= \dfrac{m_n(z_1 + z_2)}{2\cos\beta}$
分度圆直径	d	$d = m_t z = \dfrac{m_n z}{\cos \beta}$			

斜齿轮传动的中心距与螺旋角有关。当一对斜齿轮的模数和齿数一定时，可以通过改变螺旋角的大小来调整实际安装中心距。

标准斜齿轮不发生根切的最少齿数为

$$z_{min} = \frac{2h_{at}^*}{\sin^2 \alpha_t} \tag{8-32}$$

若 $\beta = 20°$，$h_{an} = 1$，$\alpha_n = 20°$，则斜齿轮不发生根切的最少齿数 $z_{min} = 11$，比直齿轮少。因此斜齿轮传动尺寸小，结构比直齿轮更加紧凑。

8.4.3　斜齿圆柱齿轮的正确啮合条件

在端面内，斜齿圆柱齿轮和直齿圆柱齿轮一样，都是渐开线齿廓。因此一对斜齿圆柱齿轮

传动时必须满足：$m_{t1} = m_{t2}$、$\alpha_{t1} = \alpha_{t2}$。另外，斜齿轮要正确啮合，还必须要求两齿轮的螺旋角相等。斜齿圆柱齿轮的正确啮合条件为

$$\left.\begin{array}{l} m_{n1} = m_{n2} = m_n \\ \alpha_{n1} = \alpha_{n2} = \alpha_n \\ \beta_1 = \pm\beta_2 \end{array}\right\} \qquad (8\text{-}33)$$

式中，"−"用于外啮合，表示两齿轮旋向相反；"+"用于内啮合，表示两齿轮旋向相同。

8.4.4　斜齿圆柱齿轮的当量齿数

在用仿形法加工斜齿轮及进行斜齿轮的强度计算时，必须要知道斜齿轮法面上的齿形。

如图 8.17 所示，过斜齿轮分度圆柱上的 C 点作轮齿的法平面，该平面在分度圆柱上截出一个椭圆，椭圆上 C 点处的曲率半径为 ρ。以 ρ 为分度圆半径、以 m_n 为模数作一假想直齿圆柱齿轮，则该齿轮的齿廓形状与斜齿轮的法面齿廓形状非常近似。该假想的直齿圆柱齿轮称为斜齿轮的当量齿轮。由数学知识可知：椭圆的长半轴 $a = \dfrac{d}{2\cos\beta}$，短半轴 $b = \dfrac{d}{2}$，则 C 点处的曲率半径 ρ 为

$$\rho = \frac{a^2}{b} = \frac{(r/\cos\beta)^2}{r} = \frac{m_n z}{2\cos^2\beta} \qquad (8\text{-}34)$$

因为当量齿轮为直齿轮，设其直径为 d_v，于是有

$$d_v = 2\rho = m_n z_v \qquad (8\text{-}35)$$

z_v 为当量齿数。由此可得当量齿轮的齿数 z_v 与斜齿轮的齿数 z 的关系为

$$z_v = \frac{2\rho}{m_n} = \frac{z}{\cos^3\beta} \qquad (8\text{-}36)$$

当 $z_{min} = 17$ 时，可得斜齿轮不发生根切的最少齿数为 $z_{min} = 17\cos^3\beta$。

用仿形法加工斜齿轮时，应根据当量齿数来选择刀具号；而在对斜齿轮进行强度计算时，也要利用当量齿数。

图 8.17　斜齿轮的当量齿轮

8.5

直齿圆锥齿轮传动

8.5.1　直齿圆锥齿轮传动概述

圆锥齿轮传动主要用于传递相交两轴间的运动和动力。其传动可以看成是两个锥顶共点的圆锥体相互作纯滚动，如图 8.18 所示。圆锥齿轮的轮齿是均匀分布在一个截圆锥体上，从大端到小端逐渐收缩，其轮齿有直齿和曲齿两种类型。直齿圆锥齿轮易于制造，适用于低速、轻载

传动。曲齿圆锥齿轮传动平稳、承载能力强，常用于高速重载传动，但其设计和制造较复杂。本节只介绍应用广泛且易于制造的两轴相互垂直的标准直齿圆锥齿轮传动。

图 8.18　直齿圆锥齿轮传动

　　直齿圆锥齿轮和直齿圆柱齿轮相似，具有基圆锥、分度圆锥、齿顶圆锥和齿根圆锥等。一对相互啮合传动的直齿圆锥齿轮还有节圆锥。对于正确安装的标准圆锥齿轮传动，节圆锥与分度圆锥重合。

8.5.2　直齿圆锥齿轮的齿廓曲面、背锥和当量齿数

1.　直齿圆锥齿轮的齿廓曲面

　　直齿圆锥齿轮齿廓曲面的形成如图 8.19 所示。以半球截面的圆平面 S 为发生面，它与基圆锥相切于 ON。ON 既是圆平面 S 的半径，又是基圆锥的锥距 R。圆平面 S 的圆心 O（球心）也是基圆锥的锥顶。当发生面 S 绕基圆锥作纯滚动时，该平面上任意一点 B 的空间轨迹 BA 是位于以锥距 R 为半径的球面上的渐开线。因此，直齿圆锥齿轮大端的齿廓曲线理论上应在以锥顶 O 为球心、锥距 R 为半径的球面上。但是，由于球面渐开线不能展开，这给圆锥齿轮的设计和制造带来困难。所以，通常都是采用可展开的背锥上的齿形代替球面齿形的近似方法来解决这一问题。

2.　直齿圆锥齿轮的背锥和当量齿数

　　如图 8.20 所示，$\triangle OAB$ 为圆锥齿轮的分度圆锥，过分度圆锥上的 A 点作球面的切线 AO_1，与圆锥齿轮的轴线交于 O_1 点。以 OO_1 为轴，O_1A 为母线作一圆锥体，它的轴截面为 $\triangle AO_1B$，此圆锥称为背锥。背锥与球面相切于圆锥齿轮大端的分度圆上。

图 8.19　球面渐开线的形成

图 8.20　直齿圆锥齿轮的背锥

将球面上的轮齿向背锥上投影，则 a、b 点的投影分别为 a'、b'，由图得，$ab \approx a'b'$，即背锥上的齿高部分近似等于球面上的齿高部分，故可以用背锥上的齿廓代替球面上的齿廓。一对直齿圆锥齿轮的啮合，近似于其背锥上的齿廓啮合。图 8.21 所示为一对啮合的直齿圆锥齿轮，背锥展开为一平面后成为两个扇形齿轮，其分度圆半径即为背锥的锥距，分别以 r_{v1} 和 r_{v2} 表示。将两扇形齿轮补全为完整的圆柱齿轮，则这两个假想的圆柱齿轮就称为圆锥齿轮的当量齿轮，其齿数称为当量齿数，以 z_v 表示。

图 8.21　直齿圆锥齿轮的当量齿数

由图 8.21 可得

$$r_{v1} = \frac{r_1}{\cos\delta_1} = \frac{mz_1}{2\cos\delta_1} \qquad (8\text{-}37)$$

又因 $r_v = \frac{1}{2}mz_v$，所以有

$$\left.\begin{aligned} z_{v1} &= \frac{z_1}{\cos\delta_1} \\ z_{v2} &= \frac{z_2}{\cos\delta_2} \end{aligned}\right\} \qquad (8\text{-}38)$$

式中：z_1、z_2 分别为圆锥齿轮的实际齿数；δ_1、δ_2 分别为圆锥齿轮的分度圆锥角。

由式（8-38）可知，因 $\cos\delta_1$ 和 $\cos\delta_2$ 总是小于 1 的，所以当量齿数大于实际齿数，且不一定为整数。

8.5.3　直齿圆锥齿轮传动的正确啮合条件及几何尺寸计算

1. 直齿圆锥齿轮的基本参数

直齿圆锥齿轮传动的基本参数及几何尺寸以轮齿大端为准。大端模数按表 8.5 选取标准值。圆锥齿轮大端压力角为标准值 $\alpha = 20°$。当模数 $m \leqslant 1$ mm 时，齿顶高系数 $h_a^* = 1$，顶隙系数 $c^* = 0.25$；当 $m > 1$ mm 时，$h_a^* = 1$，$c^* = 0.2$。

表 8.5　　　　　　　　圆锥齿轮模数系列（GB/T 12386—1990）

0.1	0.35	0.9	1.75	3.25	5.5	10	20	36
0.12	0.4	1	2	3.5	6	11	22	40
0.15	0.5	1.25	2.25	3.75	6.5	12	25	45
0.2	0.6	1.25	2.5	4	7	14	28	50
0.25	0.7	1.375	2.75	4.5	8	16	30	—
0.3	0.8	1.5	3	5	9	18	32	—

2. 直齿圆锥齿轮的正确啮合条件

直齿圆锥齿轮的正确啮合条件为：两直齿圆锥齿轮的大端模数 m 和压力角 α 分别相等，即

$$\left.\begin{aligned} m_1 &= m_2 = m \\ \alpha_1 &= \alpha_2 = \alpha \end{aligned}\right\} \qquad (8\text{-}39)$$

图 8.22 所示为一对标准直齿圆锥齿轮传动，其节圆锥和分度圆锥相重合且两轴交角 $\Sigma=90°$，两轮各部分名称及主要几何尺寸的计算公式见表 8.6。

图 8.22　直齿圆锥齿轮几何尺寸

表 8.6　　　　标准直齿圆锥齿轮传动（$\Sigma=90°$）的主要几何尺寸计算公式

名　称　代　号	计　算　公　式
模数 m	取大端模数为标准模数
分度圆直径 d	$d_1=mz_1$，$d_2=mz_2$
齿宽中点分度圆直径（平均分度圆直径）d_m	$d_{m1}=\left(1-\dfrac{0.5b}{R}\right)d_1$，$d_{m2}=\left(1-\dfrac{0.5b}{R}\right)d_2$
锥距 R	$R=\dfrac{d_1}{2\sin\delta_1}=\dfrac{d_2}{2\sin\delta_2}=\dfrac{m}{2}\sqrt{z_1^2+z_2^2}$
齿宽 b	要求齿宽同时满足以下两式： $b=\psi_R R\leqslant\dfrac{R}{3}$ 和 $b\leqslant10m$，ψ_R——齿宽系数，一般取 $\psi_R=0.25\sim0.3$
齿顶高 h_a	$h_a=m$
齿根高 h_f	$h_f=1.2\,m$
齿全高 h	$h=2.2\,m$
齿顶圆直径 d_a	$d_{a1}=d_1+2m\cos\delta_1=m(z_1+2\cos\delta_1)$ $d_{a2}=d_2+2m\cos\delta_2=m(z_2+2\cos\delta_2)$
齿根圆直径 d_f	$d_{f1}=d_1-2.4m\cos\delta_1=m(z_1-2.4\cos\delta_1)$ $d_{f2}=d_2-2.4m\cos\delta_2=m(z_2-2.4\cos\delta_2)$
齿顶角 θ_a	$\tan\theta_a=\dfrac{h_a}{R}$
齿根角 θ_f	$\tan\theta_f=\dfrac{h_f}{R}$
齿顶圆锥角 δ_a	$\delta_a=\delta+\theta_a$
齿根圆锥角 δ_f	$\delta_f=\delta-\theta_f$

直齿圆锥齿轮传动的传动比为

$$i = \frac{\omega_1}{\omega_2} = \frac{n_1}{n_2} = \frac{z_2}{z_1} = \frac{d_2}{d_1} = \frac{\sin\delta_2}{\sin\delta_1}$$ （8-40）

当两轴线的夹角 $\Sigma = \delta_1 + \delta_2 = 90°$ 时，有

$$i = \tan\delta_2 = \cot\delta_1$$ （8-41）

8.6

蜗杆传动

8.6.1　蜗杆传动的类型和特点

蜗杆传动用来传递空间两交错轴之间的运动和动力，一般两轴交角为 90°，如图 8.23 所示。

蜗杆传动由蜗杆与蜗轮组成。一般为蜗杆主动、蜗轮从动，具有自锁性，做减速运动。蜗杆传动广泛应用于各种机械和仪器设备之中。

1．蜗杆传动的类型及转动方向

（1）按蜗杆形状的不同，蜗杆传动可分为圆柱蜗杆传动（见图 8.24a）、圆弧面蜗杆传动（见图 8.24b）和锥面蜗杆传动（见图 8.24c）。其中圆柱蜗杆传动应用最广。

图 8.23　蜗杆传动　　　　图 8.24　蜗杆传动的类型

（2）圆柱蜗杆传动又有普通圆柱蜗杆传动和圆弧圆柱蜗杆传动两类。

（3）普通圆柱蜗杆传动的蜗杆按刀具加工位置的不同又可分为阿基米德蜗杆（ZA 型）、渐开线蜗杆（ZI 型）、法向直齿廓蜗杆（ZN 型，也称为延伸渐开线蜗杆）和锥面包络蜗杆（ZK 型）等。其中阿基米德蜗杆由于加工方便，其应用最为广泛。

图 8.25 所示为阿基米德蜗杆，其端面齿廓为阿基米德螺旋线，轴向齿廓为直线。其加工方法与普通梯形螺纹相似，应使刀刃顶平面通过蜗杆轴线。阿基米德蜗杆较容易车削，但难以磨削，不易得到较高精度。

图 8.26 所示为渐开线蜗杆，其端面齿廓为渐开线。加工时刀具的切削刃与基圆相切，两把刀具分别切出左、右侧螺旋面。渐开线蜗杆也可以用滚刀加工，并可在专用机床上磨削，制造

精度较高，利于成批生产。

图 8.25　阿基米德蜗杆　　　　图 8.26　渐开线蜗杆

（4）蜗轮蜗杆转动方向的判定方法

在蜗杆传动中，从动蜗轮转向的判定方法用蜗杆"左、右手法则"：对右旋蜗杆，用右手法则，即用右手握住蜗杆的轴线，使四指弯曲方向与蜗杆转动方向一致，则与大拇指的指向相反的方向就是蜗轮在节点处圆周速度的方向，如图 8.24a）所示；对左旋蜗杆，用左手法则，方法同上。

2. 蜗杆传动的特点

（1）蜗杆传动的最大特点是结构紧凑、传动比大。一般传动比 $i=10\sim40$，最大可达 80。若只传递运动（如分度运动），其传动比可达 1 000。

（2）传动平稳、噪声小。由于蜗杆上的齿是连续不断的螺旋齿，蜗轮轮齿和蜗杆是逐渐进入啮合并逐渐退出啮合的，同时啮合的齿数较多，所以传动平稳、噪声小。

（3）可制成具有自锁性的蜗杆。由于蜗杆的螺旋线升角小于啮合面的当量摩擦角，蜗杆传动具有自锁性，也就是只有蜗杆能带动蜗轮。

（4）蜗杆传动的主要缺点是效率较低。这是由于蜗轮和蜗杆在啮合处有较大的相对滑动，因而发热量大，效率较低。传动效率一般为 0.7～0.8。

（5）蜗轮的造价较高。为减轻齿面的磨损及防止胶合，蜗轮一般多用青铜制造，因此造价较高。

8.6.2　蜗杆传动的主要参数和几何尺寸计算

图 8.27 所示为阿基米德蜗杆传动。通过蜗杆轴线并垂直于蜗轮轴线的平面称为中间平面。在中间平面上，蜗轮与蜗杆的啮合相当于渐开线齿轮与齿条的啮合。因此，设计蜗杆传动时，其参数和尺寸均在中间平面内确定，并沿用渐开线圆柱齿轮传动的计算公式。

1. 蜗杆传动的主要参数及其选择

（1）蜗杆头数 z_1、蜗轮齿数 z_2 和传动比 i

蜗杆头数（线数）z_1 即为蜗杆螺旋线的数目，蜗杆的头数 z_1 一般取 1、2、4。当传动比大于 40 或要求蜗杆自锁时，取 $z_1=1$；当传递功率较大时，为提高传动效率、减少能量损失，常取 z_1 为 2、4。蜗杆头数越多，加工精度越难保证。

通常情况下取蜗轮齿数 $z_2=28\sim80$。若 $z_2<28$，会使传动的平稳性降低，且易产生根切；若 z_2 过大，蜗轮直径增大，与之相应的蜗杆长度增加，刚度降低，从而影响啮合的精度。

图 8.27　蜗杆传动的主要参数和几何尺寸

通常蜗杆为主动件，蜗杆传动的传动比 i 等于蜗杆与蜗轮的转速之比。当蜗杆转一周时，蜗轮转过 z_1 个齿，即转过 z_1/z_2 周，所以可得出

$$i = \frac{n_1}{n_2} = \frac{1}{z_1/z_2} = \frac{z_2}{z_1} \qquad (8\text{-}42)$$

式中：n_1、n_2 分别为蜗杆、蜗轮的转速，单位为 r/min；z_1、z_2 可根据传动比 i 按表 8.7 选取。

表 8.7　　　　　　　　　　　蜗杆头数 z_1 和蜗轮齿数 z_2 推荐值

传动比 $i = \dfrac{z_2}{z_1}$	7～13	14～27	28～40	>40
蜗杆头数 z_1	4	2	2.1	1
蜗轮齿数 z_2	28～52	28～54	28～80	>40

值得提出的是蜗杆传动的传动比 i 仅与 z_1 和 z_2 有关，而不等于蜗轮与蜗杆分度圆直径之比。

（2）模数 m 和压力角 α

如前所述，在中间平面上蜗杆与蜗轮的啮合可看作齿条与齿轮的啮合（见图 8.27），蜗杆的轴向齿距 p_{a1} 应等于蜗轮的端面齿距 p_{t2}，即蜗杆的轴向模数 m_{a1} 应等于蜗轮的端面模数 m_{t2}，蜗杆的轴向压力角 α_{a1} 应等于蜗轮的端面压力角 α_{t2}。规定中间平面上的模数和压力角为标准值，则蜗杆基本参数见表 8.8。

表 8.8　　　　　　　　　　蜗杆基本参数（$\Sigma=90°$）（GB 10085—2008）

模数 m/mm	分度圆直径 d_1/mm	蜗杆头数 z_1	直径系数 q	$m^2 d_1$	模数 m/mm	分度圆直径 d_1/mm	蜗杆头数 z_1	直径系数 q	$m^2 d_1$
1	18	1	18.000	18	6.3	（80）	1，2，4	12.698	3 175
1.25	20	1	16.000	31.25		112	1	17.778	4 445
	22.4	1	17.920	35		（63）	1，2，4	7.875	4 032
1.6	20	1，2，4	12.500	51.2	8	80	1，2，4，6	10.000	5 376
	28	1，2，4	17.500	71.68		（100）	1，2，4	12.500	6 400
2	（18）	1，2，4	9.000	72		140	1	17.500	8 960
	22.4	1，2，4，6	11.200	89.6		（71）	1，2，4	7.100	7 100
	（28）	1，2，4	14.000	112	10	90	1，2，4，6	9.000	9 000
	35.5	1	17.750	142		（112）	1，2，4	11.200	11 200

续表

模数 m/mm	分度圆直径 d_1/mm	蜗杆头数 z_1	直径系数 q	m^2d_1	模数 m/mm	分度圆直径 d_1/mm	蜗杆头数 z_1	直径系数 q	m^2d_1
2.5	（22.4）	1, 2, 4	8.960	140	12.5	160	1	16.000	16 000
	28	1, 2, 4, 6	11.200	175		（90）	1, 2, 4	7.200	14 062
	（35.5）	1, 2, 4	14.200	221.9		112	1, 2, 4	8.960	17 500
	45	1	18.000	281		（140）	1, 2, 4	11.200	21 875
3.15	（28）	1, 2, 4	8.889	278	16	200	1	16.000	31 250
	35.5	1, 2, 4, 6	11.27	352		（112）	1, 2, 4	7.000	28 672
	45	1, 2, 4	14.286	447.5		140	1, 2, 4	8.750	35 840
	56	1	17.778	556		（180）	1, 2, 4	11.250	46 080
4	（31.5）	1, 2, 4	7.875	504	20	250	1	15.625	64 000
	40	1, 2, 4, 6	10.000	640		（140）	1, 2, 4	7.000	56 000
	（50）	1, 2, 4	12.500	800		160	1, 2, 4	8.000	64 000
	71	1	17.750	1 136		（224）	1, 2, 4	11.200	89 600
5	（40）	1, 2, 4	8.000	1 000	25	315	1	15.750	126 000
	50	1, 2, 4, 6	10.000	1 250		（180）	1, 2, 4	7.200	112 500
	（63）	1, 2, 4	12.600	1 575		200	1, 2, 4	8.000	125 003
	90	1	18.000	2 250		（280）	1, 2, 4	11.200	175 000
6.3	（50）	1, 2, 4	7.936	1 985		400	1	16.000	250 000
	63	1, 2, 4, 6	10.000	2 500					

注：1. 表中模数均系第一系列，$m<1$ mm 的未列入，$m>25$ mm 的还有 31.5、40 mm 两种。属于第二系列的模数有：1.5、3、3.5、4.5、5.5、6、7、12、14 mm。

2. 表中蜗杆分度圆直径 d_1 均属第一系列，$d_1<18$ mm 的未列入，此外还有 355 mm。属于第二系列的有：30、38、48、53、60、67、75、85、95、106、118、132、144、170、190、300 mm。

3. 模数和分度圆直径均应优先选用第一系列。括号中的数字尽可能不用。

（3）蜗杆螺旋线升角 λ

蜗杆螺旋面与分度圆柱面的交线为螺旋线。如图 8.28 所示，将蜗杆分度圆柱展开，其螺旋线与端面的夹角即为蜗杆分度圆柱上的螺旋线升角 λ，或称蜗杆的导程角。由图 8.28 可得蜗杆螺旋线的导程 L 满足

$$L = z_1 p_{a1} = z_1 \pi m \qquad (8\text{-}43)$$

蜗杆分度圆柱上螺旋线升角 λ 与导程 L 的关系为

图 8.28　蜗杆分度圆柱展开图

$$\tan \lambda = \frac{L}{\pi d_1} = \frac{z_1 \pi m}{\pi d_1} = \frac{z_1 m}{d_1} \qquad (8\text{-}44)$$

与螺旋相似，蜗杆螺旋线也有左旋、右旋之分，一般情况下多为右旋。

通常蜗杆螺旋线的升角 $\lambda=3.5°\sim27°$。升角小（$\lambda=3.5°\sim4.5°$）时，传动效率低，但可实现自锁；升角大时，传动效率高，但蜗杆的车削加工较困难。

（4）蜗杆分度圆直径 d_1 和蜗杆直径系数 q

加工蜗杆时，蜗杆滚刀的参数应与相啮合的蜗杆完全相同，几何尺寸基本相同。由式（8-44）

知蜗杆的分度圆直径 d_1 可写为

$$d_1 = m\frac{z_1}{\tan\lambda} \tag{8-45}$$

则蜗杆的分度圆直径 d_1 不仅与模数 m 有关，而且与 z_1 和 λ 有关。即同一模数的蜗杆，由于 z_1、λ 的不同，d_1 随之变化，致使滚刀数目较多，很不经济。为了减少滚刀的数量，有利于标准化，GB 10085—2008 规定，对应于每一个模数 m，规定了一至四种蜗杆分度圆直径 d_1，并把 d_1 与 m 的比值称为蜗杆直径系数 q，即

$$q = \frac{d_1}{m} \tag{8-46}$$

式中：d_1、m 已标准化；q 为导出量，不一定是整数。

将式（8-46）代入式（8-45）得：

$$\tan\lambda = \frac{z_1}{q} \tag{8-47}$$

当 m 一定时，q 越小，d_1 越小，升角 λ 越大，传动效率越高，但蜗杆的刚度和强度降低。

（5）中心距

蜗杆传动的中心距为

$$a = \frac{d_1 + d_2}{2} = \frac{d_1 + mz_2}{2} \tag{8-48}$$

2. 蜗杆传动的几何尺寸计算

标准圆柱蜗杆传动的几何尺寸计算公式见表 8.9。

表 8.9　　　　　　　　　　　　　　圆柱蜗杆传动的几何尺寸计算

名　称	计算公式	
	蜗　杆	蜗　轮
齿顶高	$h_{a1}=m$	$h_{a2}=m$
齿根高	$h_{f1}=1.2m$	$h_{f2}=1.2m$
分度圆直径	$d_1=mq$	$d_2=mz_2$
齿顶圆直径	$d_{a1}=m(q+2)$	$d_{a2}=m(z_2+2)$
齿根圆直径	$d_{f1}=m(q-2.4)$	$d_{f2}=m(z_2-2.4)$
顶隙	$c=0.2\,m$	
蜗杆轴向齿距 蜗轮端面齿距	$p_{a1}=p_{t2}=\pi m$	
蜗杆分度圆柱的导程角	$\lambda = \arctan\dfrac{z_1}{q}$	
蜗轮分度圆上轮齿的螺旋角		$\beta = \lambda$
中心距	$a = \dfrac{m}{2}(q + z_2)$	
蜗杆螺纹部分长度	$z_1=1$、2，$b_1 \geqslant (11+0.06z_2)m$ $z_1=4$，$b_1 \geqslant (12.5+0.09z_2)m$	
蜗轮咽喉母圆半径		$r_{g2} = a - \dfrac{1}{2}d_{a2}$

续表

名　　称	计算公式	
	蜗杆	蜗轮
蜗轮最大外圆直径		$z_1=1$，$d_{e2} \le d_{a2}+2\,m$ $z_1=2$，$d_{e2} \le d_{a2}+1.5\,m$ $z_1=4$，$d_{e2} \le d_{a2}+m$
蜗轮轮缘宽度		$z_1=1$、2，$b \le 0.75\,d_{a1}$ $z_1=4$，$b \le 0.67\,d_{a1}$
蜗轮轮齿包角		$\theta = 2\arcsin\dfrac{b_2}{d_1}$ 一般动力传动 $\theta=70° \sim 90°$ 高速动力传动 $\theta=90° \sim 130°$ 分度传动 $\theta=45° \sim 60°$

3．蜗杆传动的正确啮合条件

在图 8.27 所示的蜗杆传动的中间平面内，蜗轮、蜗杆的齿距相等，即蜗杆传动的正确啮合条件是蜗轮的端面模数等于蜗杆的轴向模数，蜗轮的端面压力角等于蜗杆的轴向压力角。其表达式为

$$\left.\begin{array}{l} \alpha_{a1} = \alpha_{t2} = 20° \\ m_{a1} = m_{t2} = m \end{array}\right\} \tag{8-49}$$

8.6.3　蜗杆传动的材料和结构

1．蜗杆传动的材料

考虑蜗杆传动的特点，蜗杆、蜗轮的材料不仅要求具有足够的强度，更重要的是要有良好的饱合性、耐磨性和抗胶合能力。

蜗杆一般用碳钢和合金钢制成，常用材料为 40、45 钢或 40Cr，并经淬火。高速重载蜗杆常用 15Cr 或 20Cr，并经渗碳淬火（硬度为 40～55 HRC）和磨削。对于速度不高、载荷不大的蜗杆可采用 40、45 钢调质处理，硬度为 220～250 HBS。

蜗轮常用材料为青铜和铸铁。锡青铜耐磨性能及抗胶合性能较好，但价格较贵，常用的有 ZcuSn10P1（铸锡磷青铜）、ZCuSn5Pb5Zn5（铸锡锌铅青铜）等，用于滑动速度较大的场合。铝铁青铜的力学性能较好，但抗胶合性略差，常用的有 ZCuAl9Fe4Ni4Mn2（铸铝铁镍青铜）等，用于滑动速度较小的场合。灰铸铁只用于滑动速度 $v \le 2$ m/s 的传动中。

常用蜗杆蜗轮的配对材料见表 8.10。

表 8.10　　　　　　　　　　　　　　蜗杆蜗轮配对材料

相对滑动速度 v_s 移/（m/s）	蜗 轮 材 料	蜗 杆 材 料
≤25	ZcuSnl0P1	20CrMnTi　渗碳淬火，56～62 HRC　20Cr
≤12	ZCuSn5Pb5Zn5	45　高频淬火，40～50 HRC 40Cr　50～55 HRC

续表

相对滑动速度 v_s 移/（m/s）	蜗 轮 材 料	蜗 杆 材 料
≤10	ZCuAl9Fe4Ni4Mn2 ZCuAl9Mn2	45　高频淬火，45～50 HRC 40Cr　50～55 HRC
≤2	HTl50 HT200	45 调质　220～250 HBS

2. 蜗杆、蜗轮的结构

蜗杆的直径较小，常和轴制成一个整体（见图 8.29）。螺旋部分常用车削加工，也可用铣削加工。车削加工时需有退刀槽，因此刚性较差。

按材料和尺寸的不同，蜗轮的结构有多种形式，如图 8.30 所示。

图 8.29　蜗杆轴　　　　　　　　　　　图 8.30　蜗轮结构

（1）整体式蜗轮（见图 8.30a）

这种结构主要用于直径较小的青铜蜗轮或铸铁蜗轮。

（2）齿圈式蜗轮（见图 8.30b）

为了节约贵重金属，直径较大的蜗轮常采用组合结构，齿圈用青铜材料，轮芯用铸铁或铸钢制造。两者采用 H7/r6 配合，并用 4～6 个直径为 1.2～1.5 m 的螺钉加固，m 为蜗轮模数。为便于钻孔，应将螺孔中心线向材料较硬的轮芯部分偏移 2～3 mm。这种结构用于尺寸不太大而且工作温度变化较小的场合。

（3）螺栓连接式蜗轮（见图 8.30c）

这种结构的齿圈与轮芯用普通螺栓或铰制孔用螺栓连接，由于装拆方便，常用于尺寸较大或磨损后需更换蜗轮齿圈的场合。

（4）镶铸式蜗轮（见图 8.30d）

这种结构是将青铜轮缘铸在铸铁轮芯上，轮芯上制出榫槽，以防轴向滑动。

8.7
轮系及其计算

我们在前面讨论了一对齿轮啮合传动、蜗杆传动等相关设计问题。但是，在实际的机械工程中，为了满足各种不同的工作需要，仅仅使用一对齿轮是不够的。例如，在各种机床中，要将电动机的一种转速变为主轴的多级转速；在机械式钟表中，要使时针、分针、秒针之间的转速具有确定的比例关系；汽车的传动系统，都是依靠一系列的彼此相互啮合的齿轮所组成的齿轮机构来实现的。这种由一系列的齿轮所组成的传动系统称为齿轮系，简称轮系。

在工程上，我们根据轮系中各齿轮轴线在空间的位置是否固定，将轮系分为两大类：定轴轮系和周转轮系，如图 8.31 和图 8.32 所示。

图 8.31 定轴轮系   图 8.32 周转轮系

所有齿轮轴线相对于机架都是固定不动的轮系称为定轴轮系，定轴轮系也称作普通轮系；反之，只要有一个齿轮的轴线是绕其他齿轮的轴线转动的轮系即为周转轮系。

若轮系中，兼有定轴轮系和周转轮系两部分，则称作混合轮系。

齿轮系可以由各种类型的齿轮——圆柱齿轮、圆锥齿轮、蜗轮蜗杆等组成。本节仅从运动分析的角度研究轮系设计，即只讨论轮系的传动比计算方法和轮系在机械传动中的作用。

8.7.1　定轴轮系传动比计算

一对齿轮的传动比是指该对齿轮的角速度之比，而轮系的传动比是指所研究轮系中的首末两构件的角速度（或转速）之比，用 i_{ab} 表示。为了完整地描述 a、b 两构件的运动关系，计算传动比时不仅要确定两构件的角速度的大小，而且要确定它们的转向关系。也就是说轮系传动比的计算内容包括两方面：大小和方向。

下面我们首先以图 8.31 所示的定轴轮系为例介绍传动比的计算。

齿轮 1、2、3、5′、6 为圆柱齿轮；3′、4、4′、5 为圆锥齿轮。设齿轮 1 为主动轮（首轮），齿轮 6 为从动轮（末轮），其轮系的传动比为 $i_{16} = \omega_1 \big/ \omega_6$。

从图 8.31 中可以看出，齿轮 1、2 为外啮合，2、3 为内啮合。根据前面所介绍的内容，可以求得图 8.31 中各对啮合齿轮的传动比大小：

1、2 齿轮：$i_{12} = \dfrac{\omega_1}{\omega_2} = \dfrac{z_2}{z_1}$ 　　　　　2、3 齿轮：$i_{23} = \dfrac{\omega_2}{\omega_3} = \dfrac{z_3}{z_2}$

3′、4 齿轮：$i_{3'4} = \dfrac{\omega_{3'}}{\omega_4} = \dfrac{z_4}{z_{3'}}$ 　　　　4′、5 齿轮：$i_{4'5} = \dfrac{\omega_{4'}}{\omega_5} = \dfrac{z_5}{z_{4'}}$

5′、6 齿轮：$i_{5'6} = \dfrac{\omega_{5'}}{\omega_6} = \dfrac{z_6}{z_{5'}}$

因为 $\omega_3 = \omega_{3'}$，$\omega_4 = \omega_{4'}$，观察分析以上式子可以看出，ω_2、ω_3、ω_4 三个参数在这些式子的分子和

分母中各出现一次。

我们的目的是求 i_{16}，将上面的式子连乘起来，于是可以得到：

$$i_{12}i_{23}i_{3,4}i_{4,5}i_{5,6} = \frac{\omega_1\omega_2\omega_3\omega_4\omega_5}{\omega_2\omega_3\omega_4\omega_5\omega_6} = \frac{\omega_1}{\omega_6} = \frac{z_2z_3z_4z_5z_6}{z_1z_2z_3,z_4,z_5,}$$

所以

$$i_{16} = \frac{\omega_1}{\omega_6} = \frac{z_3z_4z_5z_6}{z_1z_3,z_4,z_5,}$$

上式说明，定轴轮系的传动比等于组成该轮系的各对啮合齿轮传动比的连乘积。其大小等于各对啮合齿轮所有从动轮齿数的连乘积与所有主动轮齿数连乘积之比，即通式为：

$$定轴轮系传动比 = \frac{所有从动轮齿数连乘积}{所有主动轮齿数连乘积} \tag{8-50}$$

8.7.2 轮系转向关系的确定

轮系传动的转向关系有用正负号表示和用画箭头表示两种方法。

1. 箭头法

在图 8.31 所示的轮系中，设首轮 1（主动轮）的转向已知，并用箭头方向代表齿轮可见一侧的圆周速度方向，则首末轮及其他轮的转向关系可用箭头表示。因为任何一对啮合齿轮，其节点处圆周速度相同，则表示两轮转向的箭头应同时指向或背离节点。由图 8.31 可见，轮 1、6 的转向相同。

2. 正、负号法

对于轮系所有齿轮轴线平行的轮系，由于两轮的转向或者相同、或者相反，因此我们规定：两轮转向相同时，其传动比取 "+"；转向相反时，其传动比取 "−"。"+"、"−" 可以用箭头法判断出的两轮转向关系来确定；也可以直接计算而得到。由于在一个所有齿轮轴线平行的轮系中，每出现一对外啮合齿轮，齿轮的转向改变一次。如果有 m 对外啮合齿轮，可以用 $(-1)^m$ 表示传动比的正负号。

注意 　　在轮系中，轴线不平行的两个齿轮的转向没有相同或相反的意义，所以只能用箭头法，如图 8.33 所示。而箭头法对任何一种轮系都是适用的。

图 8.33　箭头法

例 8-1　在如图 8.34 所示的轮系中，已知蜗杆的转速为 n_1=900 r/min（顺时针），z_1=2，z_2=60，$z_{2'}$=20，z_3=24，$z_{3'}$=20，z_4=24，$z_{4'}$=30，z_5=35，$z_{5'}$=28，z_6=135。求 n_6 的大小和方向。

解：（1）分析传动关系。

指定蜗杆 1 为主动轮，内齿轮 6 为最末的从动轮，轮系的传动关系为：1→2 = 2′→3 = 3′→4 = 4′→5 = 5′→6

（2）计算传动比 i_{16}。

该轮系含有空间齿轮，且首末两轮轴线不平行，我们可以利用公式求出传动比的大小，然后求出 n_6：

$$i_{16} = \frac{n_1}{n_6} = \frac{z_2 z_3 z_4 z_5 z_6}{z_{1'} z_{2'} z_{3'} z_{4'} z_{5'}} = \frac{60 \times 24 \times 24 \times 35 \times 135}{2 \times 20 \times 20 \times 30 \times 28} = 243$$

所以
$$n_6 = \frac{n_1}{i_{16}} = 3.7 \text{ r/min}$$

（3）在图中画箭头表示 n_6 的方向，如图 8.34 所示。

图 8.34　首末两轴线不平行的定轴轮系

8.7.3　周转轮系计算

所谓周转轮系是指轮系中一个或几个齿轮的轴线位置相对机架不是固定的，而是绕其他齿轮的轴线转动的。这种轮系也可以称作"动轴轮系"。周转轮系相对要复杂一些，所以我们首先需要了解周转轮系的组成。

1.　周转轮系的组成

图 8.32 所示的轮系为一基本周转轮系。外齿轮 1、内齿轮 3 都是绕固定轴线 OO 回转的，在周转轮系中称作太阳轮或中心轮。

齿轮 2 安装在构件 H 上，绕 O_1O_1 进行自转；同时由于 H 本身绕 OO 有回转，齿轮 2 会随着 H 绕 OO 转动，就像天上的行星一样，兼有自转和公转，故此称作行星轮。而安装行星轮的构件 H 称作行星架（或称作系杆、转臂）。

在周转轮系中，一般都以太阳轮或行星架作为运动的输入和输出构件，所以它们就是周转轮系的基本构件。OO 轴线称作主轴线。

由上可以看出，一个基本周转轮系必须具有一个行星架、具有一个或若干个行星轮以及与行星轮啮合的太阳轮。

根据基本的周转轮系的自由度数目，我们可以将其划分为两大类。

（1）如果轮系中两个太阳轮都可以转动，其自由度为 2，我们称之为差动轮系（见图 8.32a）。该轮系需要两个输入，才有确定的输出。

（2）若有一个中心轮是固定的，则其自由度为 1，就称作行星轮系（见图 8.32b）。

2.　周转轮系传动比的计算

通过对周转轮系和定轴轮系的观察分析发现，它们之间的根本区别就在于周转轮系中有着转动的系杆，使得行星轮既有自转又有公转，那么各轮之间的传动比计算就不再是与齿数成反比的简单关系了。由于这个差别，周转轮系的传动比就不能直接利用定轴轮系的方法进行计算。但是根据相对运动原理，假如我们给整个周转轮系加上一个公共的角速度"$-\omega_H$"，则各个齿轮、构件之间的相对运动关系仍将不变，但这时系杆的绝对运动角速度为 $\omega_H - \omega_H = 0$，即系杆相对变为"静止不动"，于是周转轮系便转化为定轴轮系了。我们称这种经过一定条件转化得到的假想定轴轮系为原周转轮系的转化机构或转化轮系（见图 8.35b）。利用这种方法求解轮系的方法称为转化轮系法。

图 8.35　转化轮系

图 8.35a）所示为一基本轮系。按照上述方法转化后得到的定轴轮系如图 8.35b）所示。在转化轮系中，各构件的角速度变化情况见表 8.11。因此，我们可以求出此转化轮系的传动比为

$$i_{13}^H = \frac{\omega_1^H}{\omega_3^H} = \frac{\omega_1 - \omega_H}{\omega_3 - \omega_H} = -\frac{z_2 z_3}{z_1 z_2} = -\frac{z_3}{z_1} \qquad (8\text{-}51)$$

式中，"–"表示在转化轮系中 ω_1^H 和 ω_3^H 转向相反。

表 8.11　　　　　　　　　　　转化轮系速度变化情况

构　件	原有角速度	转化后的角速度
行星架 H	ω_H	$\omega_H - \omega_H = 0$
齿轮 1	ω_1	$\omega_1^H = \omega_1 - \omega_H$
齿轮 2	ω_2	$\omega_2^H = \omega_2 - \omega_H$
齿轮 3	ω_3	$\omega_3^H = \omega_3 - \omega_H$
机架 4	$\omega_4 = 0$	$\omega_4 = -\omega_H$

作为差动轮系，任意给定两个基本构件的角速度（包括大小和方向），则另一个构件的基本角速度（包括大小和方向）便可以求出。从而就可以求出该轮系中三个基本构件中任意两个构件间的传动比。

从上可以看出，转化轮系中构件之间传动比的求解通式为

$$i_{mn}^H = \frac{\omega_m - \omega_H}{\omega_n - \omega_H} \qquad (8\text{-}52)$$

若上述差动轮系中的太阳轮 1 和 3 之中的一个固定，如令 $\omega_3 = 0$，则轮系就转化为行星轮系，此时行星轮系的转化轮系传动比为

$$i_{13}^H = \frac{\omega_1^H}{\omega_3^H} = \frac{\omega_1 - \omega_H}{0 - \omega_H} = -\frac{z_3}{z_1}$$

即

$$i_{1H} = \frac{\omega_1}{\omega_H} = 1 - i_{13}^H \qquad (8\text{-}53)$$

设周转轮系中太阳轮为任意两轮 1、k，其转速分别为 n_1、n_k，则在该周转轮系的转化轮系中，两轮的传动比通用表达式 i_{1k}^H 为

$$i_{1k}^H = \frac{n_1^H}{n_k^H} = \frac{n_1 - n_H}{n_k - n_H} = (-1)^m \frac{\text{各对啮合齿轮的从动齿轮齿数的连乘积}}{\text{各对啮合齿轮的主动齿轮齿数的连乘积}} \qquad (8\text{-}54)$$

式中，m 为行星轮系中齿轮 1 与齿轮 k 之间外啮合齿轮的对数。

在应用式（8-54）时，应特别注意：

（1）齿轮1、齿轮 k 与行星架 H 三个构件的轴线必须互相平行，否则，不能应用该式。

（2）齿轮1、齿轮 k 与行星架 H 三个构件的转速本身含有正负号。对差动行星轮系，若已知两个构件的转向相反，则应将其中的一个转速以正值代入，另一转速以负值代入，这样求得的第三个构件的转速，其转向就可根据其正负号来确定；对简单行星轮系，固定的太阳轮的转速为零。

（3） $i_{1k} \neq i_{1k}^H$。i_{1k} 是周转轮系中齿轮1与齿轮 k 的传动比，而 i_{1k}^H 则是该周转轮系的转化轮系的传动比。

（4）周转轮系与定轴轮系的差别就在于有无系杆（行星轮）存在。

例 8-2 在图 8.36 所示的行星轮系中，已知 $z_1=z_{2'}=100$，$z_2=99$，$z_3=101$，行星架 H 为原动件，试求传动比 i_{H1}。

解：根据式 $i_{13}^H = \dfrac{\omega_1^H}{\omega_3^H}$ 得

$$\frac{n_1-n_H}{n_3-n_H} = \frac{n_1-n_H}{0-n_H} = \frac{z_2 z_3}{z_1 z_{2'}} = \frac{99 \times 101}{10\,000}$$

图 8.36 行星轮系

所以

$$i_{1H} = 1 - \frac{99 \times 101}{10\,000} = \frac{1}{10\,000}$$

则

$$i_{H1} = 10\,000$$

计算结果说明，这种轮系的传动比极大，系杆 H 转 10 000 转，齿轮1转过1转。

例 8-3 图 8.37a）所示的差速器中，$z_1=48$，$z_2=42$，$z_{2'}=18$，$z_3=21$，$n_1=100$ r/min，$n_3=80$ r/min，其转向如图所示，求 n_H。

图 8.37 差速器

解：这个差速器由圆锥齿轮1、2、2′、3、行星架 H 以及机架4组成。双联齿轮 2－2′ 的轴线能运动，所以 2－2′ 是行星轮，与其啮合的两个活动太阳轮1、3的几何轴线重合，这是一个差动轮系，可以使用转化轮系基本公式进行计算。齿数比的符号取"负号"，因为 i_{13}^H 可视为行星架固定不动，轮1和轮3的传动比，如图 8.37b）所示，用箭头表示。可知 n_3^H 与 n_1^H 方向相反。从图 8.37a）可知，n_1 和 n_3 方向相反，若设 n_1 为正，则 n_3 为负值。代入基本公式有：

$$i_{13}^H = \frac{n_1-n_H}{n_3-n_H} = -\frac{z_2 z_3}{z_1 z_{2'}}$$

即

$$\frac{100-n_H}{-80-n_H} = -\frac{42 \times 21}{48 \times 18}$$

解得

$$n_H = 9.07 \text{r/min}$$

n_H 为正值，表示与 n_1 转向相同。

8.7.4　混 合 轮 系

　　一个轮系中同时包含有定轴轮系和周转轮系时，我们称之为混合轮系（或复合轮系）。一个混合轮系可能同时包含一个定轴轮系和若干个基本周转轮系。

　　对于这种复杂的混合轮系，求解其传动比时，既不可能单纯地采用定轴轮系传动比的计算方法，也不可能单纯地按照基本周转轮系传动比的计算方法来计算。其求解的方法是：

　　（1）将该混合轮系所包含的各个定轴轮系和各个基本周转轮系一一划分出来。

　　（2）找出各基本轮系之间的连接关系。

　　（3）分别找出各定轴轮系和周转轮系传动比的计算关系式。

　　（4）联立求解这些关系式，从而求出该混合轮系的传动比。

　　其中关键是第一步划分工作。

　　划分定轴轮系的基本方法：若一系列互相啮合的齿轮的几何轴线都是固定不动的，则这些齿轮和机架便组成一个基本定轴轮系。

　　划分周转轮系的方法：首先需要找出既有自转、又有公转的行星轮（有时行星轮有多个），然后找出支持行星轮作公转的构件——行星架，最后找出与行星轮相啮合的两个太阳轮（有时只有一个太阳轮），这些构件便构成一个基本周转轮系，而且每一个基本周转轮系只含有一个行星架。

　　从理论上说，混合轮系的求解并不困难，但是实际工作中还是需要动点脑筋的。下面我们用一道例题来说明具体的方法和步骤。

　　例 8-4　在图 8.38 所示的混合轮系中，若各齿轮的齿数已知，试求传动比 i_{1H}。

　　解：根据前面介绍的划分轮系的方法进行分析，此轮系是由齿轮 1、2 构成的定轴轮系及齿轮 $2'$、3、4 和行星架 H 构成的周转轮系复合而成的混合轮系。

　　定轴轮系部分的传动比为

$$i_{12}=\frac{\omega_1}{\omega_2}=-\frac{z_2}{z_1}\quad\text{或}\quad\omega_1=-\omega_2\frac{z_2}{z_1}\qquad(\text{a})$$

　　周转轮系部分是一个行星轮系，其传动比为

$$i_{2'H}=1-i_{24}^H=1+\frac{z_4}{z_{2'}}\quad\text{或}\quad\omega_2=\omega_H\left(1+\frac{z_4}{z_{2'}}\right)\qquad(\text{b})$$

将（b）代入（a）式得

图 8.38　混合轮系

$$\omega_1=-\omega_H\left(1+\frac{z_4}{z_{2'}}\right)\left(\frac{z_2}{z_1}\right)$$

　　于是，可最后求得此混合轮系的传动比为

$$i_{1H}=-\left(1+\frac{z_4}{z_{2'}}\right)\left(\frac{z_2}{z_1}\right)$$

8.7.5　轮系的功用

　　在开始介绍轮系到现在，我们还没有对轮系的功用进行讨论。在了解了轮系的分类、结构、运动特点等之后，我们已经意识到轮系在工程中的地位和作用。

由于轮系具有传动准确、传动比大等其他机构无法替代的特点，轮系在工程中应用得十分广泛。下面我们就对轮系的功用进行大概介绍。

1. 实现变速传动（多传动比传动）

例如，在汽车等类似的机械传动中（见图 8.39），在主轴转速不变的条件下，利用轮系可以使从动轴获得若干个不同的转速。

2. 实现分路传动

利用轮系可以使一个主动轴带动若干从动轴同时旋转，实现多路输出，带动多个附件同时工作。

图 8.40 所示为机械钟表轮系结构。在同一主轴带动下，利用轮系可以实现几个从动轴的分路输出运动。

图 8.39　变速　　　　　　　　　图 8.40　分路传动

3. 传递相距较远的两轴间的运动和动力

当两轴间的中心距较大时，如果仅用一对齿轮传动，两个齿轮的尺寸必然很大，将占用较大的结构空间，使机器过于庞大、浪费材料。改用轮系便可以克服这个缺点（见图 8-41）。

4. 获得大的传动比

当两轴之间需要较大的传动比时，仅用一对齿轮传动，必然会使两轮的尺寸相差过大，小齿轮就易于损坏。这时利用轮系就可以避免这个缺陷。如例题 8-2 中图 8.36 的周转轮系可以由很少几个齿轮获得较大的传动比，而且结构十分紧凑。

也许有人会问：是否可以让该机构用作增速装置，也就是让齿轮 1 转一圈，而让系杆转 10 000 转呢？这是不行的。由于这种大传动比的行星轮系，在增速时一般都具有自锁性。应该知道：减速比越大，传动的机械效率越低，故只适用于辅助装置的传动机构，不宜作大功率的传动。

5. 改变从动轴转向

在单对外啮合齿轮传动中，输入和输出转向是相反的。图 8.42 就是实现换向的轮系。

6. 在尺寸及重量较小的情况下，实现大功率传动

利用周转轮系，可以实现小尺寸、大功率的传动。在行星减速器中，由于有多个行星轮同时啮合，而且常采用内啮合，利用了内齿轮中间的空间部分，故与普通定轴轮系减速器相比，

在同样的体积和重量条件下，可以传递较大的功率，工作也更为可靠。因而在大功率的传动中，为了减小传动机构的尺寸和重量，广泛采用行星轮系。同时，由于行星轮系减速器的输入/输出轴在同一轴线上，行星轮在其周围均匀对称布置，尺寸十分紧凑。这一点特别对于飞行器十分重要，因而在航空用的主减速器中这种轮系得到普遍采用。

图 8.41　相距较远的两轴

图 8.42　改变从动轴转向

图 8.43 所示为某发动机主减速器传动简图。这个轮系的右部是一个由中心轮 1、3，行星轮 2 和系杆 H 组成的差动轮系，左部是一定轴轮系。定轴轮系将差动轮系的内齿轮 3 与系杆 H 的运动联系起来，整个轮系的自由度为 1。动力自小齿轮 1 输入后，分两路从系杆 H 和内齿轮 3 输往左边，最后在和内齿轮 3′处汇合。由于采用多个行星轮，加上功率分开传递，所以在较小尺寸（约 430 mm）下，传递的功率达 2 850 kW。整个轮系的传动比为 $i_{1H}=11.45$。

7. 用作运动的合成及分解

对于差动轮系来说，它的三个基本构件都是运动的，必须给定其中任意两个基本构件的运动，第三个构件才有确定的运动。这就是说，第三个构件的运动是另两个构件运动的合成。

差动轮系不但可以将两个独立的运动合成一个运动，而且还可以将一个主动的基本构件的转动按所需的比例分解为另两个基本构件的转动，如汽车、拖拉机等车辆上常用的差速装置（见图 8.44）。

图 8.43　发动机主减速器

图 8.44　差速装置

8. 实现特殊的工艺动作和轨迹

在行星轮系中，行星轮作平面运动，其上某些点的运动轨迹很特殊。利用这个特点，可以实现所要求的工艺动作及特殊的运动轨迹。在周转轮系中，行星轮上任意一点的运动轨迹称作旋轮线，在工程上也有极大的用处。

8.8 | 圆柱齿轮强度与结构设计

8.8.1 齿轮传动的失效形式与设计准则

齿轮传动不仅要求平稳，而且要求有足够的承载能力。为计算齿轮的承载能力，必须对齿轮的受载特点、失效形式等进行分析，并由此制定出齿轮传动的设计准则。

1. 齿轮传动的失效形式

齿轮传动时，载荷直接作用在齿轮的轮齿上。由于轮齿相对于齿轮的其他部位薄弱，因此齿轮传动的失效主要是轮齿的失效。齿轮轮齿的失效主要有以下五种形式。

（1）轮齿折断

轮齿折断主要发生在齿根处，分为疲劳折断和过载折断两种类型。

1）疲劳折断

齿轮轮齿受力时与悬臂梁的受力情况相似（见图8.45a)），在齿根处要产生最大的弯曲应力。当齿轮单向运转时，弯曲应力为脉动循环变应力（见图8.45b)）。由于齿根处过渡部分的尺寸发生了急剧变化，存在着应力集中（应力在过渡区相对集中）；加工轮齿时，沿齿宽方向易留下刀痕，这些都极易使轮齿根部产生疲劳裂纹（见图8.45c)）。随着应力循环次数的增加，裂纹不断扩展，最终会因疲劳强度不足而使轮齿突然折断，这种折断就称为疲劳折断。在齿轮正常使用中，疲劳折断是轮齿折断的主要形式。

图8.45 疲劳折断

2）过载折断

由于短时的严重过载或冲击载荷过大，轮齿因静强度不足而产生折断。这种折断称为过载折断。采取对轮齿表面进行淬火的热处理方法，或适当降低齿轮材料的硬度，提高其韧性的方法，可改善轮齿抗折断的能力。

（2）齿面疲劳点蚀

齿轮传动时，一对齿轮表面的接触区域理论上为一条直线，但实际上在受载变形后，其接触区域为一长方形小面积。由于此面积很小而使轮齿表层的局部应力很大，这种在接触表面局部产生的应力称为接触应力 σ_H（见图8.46a)）。由于齿轮传动时，轮齿表面的接触区域在不停地移动，因此齿轮表面受到的是脉动循环接触变应力的作用。当接触应力超过表层材料的接触疲劳极限时，经一定的应力循环次数，齿面材料就会出现图 8.46b）所示的点状剥落，使轮齿啮合情况恶化而失效。这种失效称为疲劳点蚀。疲劳点蚀一般发生在齿根部位靠近节线处。

疲劳点蚀是润滑条件良好的闭式软齿面齿轮传动的主要失效形式。在润滑条件较差的开式传动中，由于齿面磨损较快，在点蚀未形成之前，部分齿面已被磨损，因而一般不发生点蚀失效。采取提高齿面硬度、降低齿面粗糙度等措施，可提高齿轮齿面的抗点蚀能力。

（3）齿面胶合

齿轮传动在低速重载时，由于啮合齿面间压力大，不易形成润滑油膜；而在高速重载时，即便形成润滑油膜，但由于啮合区的摩擦温升使润滑油黏度降低，润滑油膜易破裂。这两种情况均会导致两齿面金属直接接触。当啮合区瞬时温升过高时，两齿面会出现峰点黏着现象。随着齿面间的相对滑动，黏着点被撕脱，从而在较软齿面上留下与滑动方向一致的黏撕沟痕（见图 8.47），使轮齿表面遭到破坏，这种现象称为胶合。

图 8.46　齿面疲劳点蚀　　　　图 8.47　齿面胶合

为了增强抗胶合能力，除适当提高齿面硬度和降低齿面表面粗糙度外，对于低速传动应选用黏度较大的润滑油，对于高速传动应采用抗胶合能力强的润滑油。

（4）齿面磨损

齿面磨损通常是磨粒磨损。在开式齿轮传动中，由于齿轮暴露在外，润滑条件差，灰尘、沙粒、金属碎屑等，极易进入啮合齿面起到磨粒作用，形成磨粒磨损。这是开式传动不可避免的一种主要失效形式。如图 8.48 所示，磨损不仅使轮齿失去正确的齿形，还会使轮齿变薄，严重时还会引起轮齿折断。

改开式传动为闭式传动是防止齿面磨损的最有效方法。此外，提高齿面硬度和降低齿面的粗糙度对于防止和减轻磨损也很有效。

（5）齿面塑性变形

在重载荷作用下，齿面间的正压力和与之形成的摩擦力都较大，较软一侧的齿面在较硬一侧齿面的推挤作用下，产生局部塑性变形（见图 8.49）。这种失效多发生在低速、严重过载和起动频繁的软齿面齿轮传动中。

图 8.48　齿面磨损　　　　图 8.49　齿面塑性变形

2. 齿轮传动设计计算准则

齿轮传动在不同的工作条件下有着不同的失效形式，不同的失效形式对应不同的设计准则。因此，设计齿轮时，应根据实际工作条件，分析其主要失效形式，选择相应的设计准则进行设计计算。目前，对齿面磨损等还没有建立起行之有效的计算方法及设计数据；齿面胶合主要发生在高速重载等重要场合，而且胶合计算比较复杂。因此，对一般齿轮传动进行设计计算时，通常只按保证齿根弯曲疲劳强度和保证齿面接触疲劳强度这两种设计准则进行。这两种设计计算准则的选用原则如下。

（1）对于以正火或调质钢为齿轮材料的闭式软齿面（齿面硬度≤350 HBS）齿轮传动，其抗点蚀能力比较弱，故计算准则为：按齿面接触疲劳强度设计齿轮的主要参数，再对所设计出的齿轮进行齿根弯曲疲劳强度校核。

（2）对于以淬火钢或铸铁等为齿轮材料的闭式硬齿面（齿面硬度＞350 HBS）齿轮传动，其主要失效是轮齿的折断，故计算准则为：按齿根弯曲疲劳强度设计齿轮的主要参数，再对所设计出的齿轮进行齿面接触疲劳强度校核。

（3）对于开式齿轮传动，其主要失效形式是磨粒磨损和因磨损导致的轮齿折断。但因目前尚无适当的磨损计算方法，故计算准则为：按齿根弯曲疲劳强度进行设计计算，并考虑磨损对轮齿折断的影响，将计算结果适当增大。

8.8.2　齿轮常用材料

用于制造齿轮的常用材料主要有锻钢、铸铁和铸钢。在特殊情况下也可采用有色金属材料或尼龙、夹布胶木等工程塑料。选择齿轮材料主要应考虑齿轮承受载荷的大小和性质、齿轮速度的高低等工作情况以及结构、尺寸、重量和工艺性、经济性等方面的要求。

1. 锻钢

碳素结构钢和合金结构钢是制造齿轮最常用的材料。齿轮毛坯经锻造后，钢的强度高，韧性好并可用多种热处理方法改善其力学性能。因此，重要齿轮均采用锻钢。

按齿轮热处理后齿面硬度的高低，钢制齿轮可分为软齿面和硬齿面两类。

齿轮传动中，两齿轮齿面硬度的组合对齿轮的寿命影响很大。齿面硬度组合及其应用见表8.12。

表 8.12　　　　　　　　　齿轮齿面硬度及其组合的应用举例

齿面类型	齿轮种类	热处理		两轮工作齿面硬度差	工作齿面硬度举例		备注
		小齿轮	大齿轮		小齿轮	大齿轮	
软齿面	直齿	调质	正火调质	25～30HBS	240～270 HBS 260～290 HBS	180～220 HBS 220～240 HBS	用于重载中低速和一般的传动装置
	斜齿及人字齿	调质	正火正火调质	40～50 HBS	240～270 HBS 260～290 HBS 270～300 HBS	160～190 HBS 180～210 HBS 200～230 HBS	
软、硬组合齿面	斜齿及人字齿	表面淬火	调质	齿面硬度差很大	45～50 HRC	270～300 HBS 200～230 HBS	用于冲击载荷及过载都不大的重载中、低速传动装置
		渗氮渗碳	调质		56～62 HRC	270～300 HBS 300～330 HBS	

续表

齿面类型	齿轮种类	热处理		两轮工作齿面硬度差	工作齿面硬度举例		备注
		小齿轮	大齿轮		小齿轮	大齿轮	
硬齿面	直齿、斜齿及人字齿	表面淬火	表面淬火	齿面硬度大致相同	45～50 HRC		用于传动尺寸受结构限制的情形和寿命、承载能力要求较高的传动装置
		渗碳	渗碳		56～62 HRC		

（1）软齿面齿轮

这类齿轮的热处理方法是调质或正火。由于小齿轮轮齿受载循环次数多于大齿轮，且小齿轮齿根较薄、弯曲强度较低，因此，在选择材料及热处理时，对直齿轮，小齿轮齿面硬度应比大齿轮的齿面硬度高 25～30 HBS；对斜齿轮，则要高 40～50 HBS。软齿面齿轮制造工艺简单，适用于中小功率、对尺寸和重量无严格要求的一般机械中。

（2）硬齿面齿轮

这类齿轮的热处理方法是表面淬火、渗碳淬火和氮化。小齿轮材料优于大齿轮，两齿轮的齿面硬度大致相同。一般，硬齿面齿轮传动适用于尺寸受结构限制的场合。

2. 铸钢

当齿顶圆直径 $da \geq 400 \sim 500$ mm，结构形状较复杂时，轮坯不宜锻造，这种情况下可采用铸钢作为齿轮材料。常用的铸钢牌号有 ZG310—570、ZG340—640 等。铸钢轮坯在切削加工以前，一般要进行正火处理，以消除内应力和改善切削加工性能。

3. 铸铁

普通灰铸铁具有较好的减摩性和切削工艺性，且价格低廉。但其强度较低，抗冲击能力较差，故只适用于低速、轻载和无冲击的场合。铸铁齿轮对润滑要求较低，因此较多地用于开式传动中，常用的铸铁牌号有 HT250、HT300 等。

近年来，用球墨铸铁制造的齿轮得到了较广泛的应用，常用来代替开式传动中的铸铁齿轮和闭式传动中的铸钢齿轮。其常用牌号有 QT500—5，QT600—2 等。常用的齿轮材料及其力学性能见表 8.13。

表 8.13 齿轮常用材料及其力学性能

材 料	牌 号	热 处 理	硬 度	强度极限 σ_B/MPa	屈服极限 σ_S/MPa	应 用 范 围
优质碳素钢	45	正火	169～217 HBS	580	290	低速轻载
		调质	217～255 HBS	650	360	低速中载
		表面淬火	48～55 HRC	750	450	高速中载或低速重载冲击很小
	50	正火	180～220 HBS	620	320	低速轻载
合金钢	40Cr	调质	240～260 HBS	700	550	中速中载
		表面淬火	48～55 HRC	900	650	高速中载，无剧烈冲击
	42SiMn	调质	217～269 HBS	750	470	高速中载，无剧烈冲击
		表面淬火	45～55 HRC			
	20Cr	渗碳淬火	56～62 HRC	650	400	高速中载，承受冲击
	20CrMnTi	渗碳淬火	56～62 HRC	1 100	850	

续表

材 料	牌 号	热 处 理	硬 度	强度极限 σ_B/MPa	屈服极限 σ_S/MPa	应 用 范 围
铸钢	ZG310~570	正火 表面淬火	160~210 HBS 40~50 HRC	570	320	中速、中载、大直径
	ZG340~640	正火 调质	170~230 HBS 240~270 HBS	650 700	350 380	
球墨 铸铁	QT600-2 QT500-5	正火	220~280 HBS 147~241 HBS	600 500		低、中速轻载,有小的冲击
灰铸铁	HT200 HT300	人工时效 (低温退火)	170~230 HBS 187~235 HBS	200 300		低速轻载,冲击很小

8.8.3　圆柱齿轮传动的受力分析及强度计算

　　齿轮传动的强度计算就是在正确分析轮齿受力的基础上,按齿轮传动设计计算准则,通过对轮齿的强度进行计算,设计出齿轮传动的基本参数和几何尺寸;或者对现有齿轮进行强度校核计算。本书根据实际教学的特点,按照 GB/T 10063 "通用机械渐开线圆柱齿轮承载能力简化计算方法(摘录)",对齿轮承载能力计算作了简化处理。

1. 齿轮传动的受力分析与计算载荷

　　(1)直齿圆柱齿轮传动时轮齿的受力

　　如图 8.50a)所示,一对标准直齿圆柱齿轮按标准中心距正确安装,其齿廓在 C 点接触。当主动轮上作用有转矩 T_1 时,若不考虑啮合面上的摩擦力,则轮齿间只有沿齿宽分布且方向沿啮合线的相互作用力 F_n,F_n 称为齿面法向力。为便于分析和计算,将 F_n 看作一作用在齿宽中点的集中力,如图 8.50b)所示。法向力 F_n 可沿圆周方向和半径方向分解为两个相互垂直的分力,即圆周力 F_t 和径向力 F_r。显然,作用在主动轮上的力 F_{n1}、F_{t1}、F_{r1} 分别与作用在从动轮上的力 F_{n2}、F_{t2}、F_{r2} 互为作用力与反作用力。

图 8.50　轮齿的受力

c)

图 8.50　轮齿的受力（续）

根据力矩平衡条件及力的性质，可得标准直齿圆柱齿轮传动时轮齿所受力的计算公式为

圆周力
$$F_t = F_{t1} = F_{t2} = \frac{2T_1}{d_1}$$

径向力
$$F_r = F_{r1} = F_{r2} = F_t \tan \alpha \qquad (8\text{-}55)$$

法向力
$$F_n = F_{n1} = F_{n2} = \frac{F_t}{\cos \alpha}$$

（2）斜齿圆柱齿轮传动时轮齿的受力

同样，一对标准斜齿圆柱齿轮传动时，其轮齿受力可简化为图 8.50c）所示的情况。由图可知，其法向力 F_n 可分解为三个相互垂直的分力，即圆周力 F_t、径向力 F_r 和轴向力 F_a。根据图中几何关系，同样可求得这三个分力的计算公式为

切向力
$$\boldsymbol{F}_t = \boldsymbol{F}_{t1} = \boldsymbol{F}_{t2} = \frac{2T_1}{d_1}$$

径向力
$$\boldsymbol{F}_r = \boldsymbol{F}_{r1} = \boldsymbol{F}_{r2} = \frac{F_t \tan \alpha_n}{\cos \beta} \qquad (8\text{-}56)$$

轴向力
$$\boldsymbol{F}_a = \boldsymbol{F}_{a1} = \boldsymbol{F}_{a2} = F_t \tan \beta$$

式中：T_1——作用在主动小齿轮上的转矩（N·mm）；

d_1——小齿轮分度圆直径（mm）；

α——直齿轮分度圆上的压力角；

α_n——斜齿轮分度圆上的法面压力角；

β——斜齿轮的螺旋角。

若已知齿轮传递的功率 P（kW）和小齿轮的转速 n_1（r/min），则作用在主动小齿轮上的转矩 T_1 可由下式计算：

$$T_1 = 9.55 \times 10^6 \frac{P}{n_1} \qquad (8\text{-}57)$$

作用在主动轮和从动轮上各作用力的方向为：主动轮上圆周力 $\boldsymbol{F}_{t1}$ 的方向与受力点的速度方向相反，从动轮上圆周力 $\boldsymbol{F}_{t2}$ 的方向与受力点的速度方向相同；而径向力 $\boldsymbol{F}_{r1}$ 和 $\boldsymbol{F}_{r2}$ 的方向指向各自轮心。斜齿轮传动中轴向力的方向可由主动齿轮左、右手螺旋定则判定，即主动轮左旋用左手，主动轮右旋则用右手，用手握住齿轮的轴线，四指弯曲方向代表齿轮转向，则大拇指的指向即为主动轮轴向力 $\boldsymbol{F}_{a1}$ 的方向，如图 8.50（c）所示，从动轮轴向力 $\boldsymbol{F}_{a2}$ 的方向与 $\boldsymbol{F}_{a1}$ 相反。

（3）计算载荷

上述轮齿上的法向力 F_n 是齿轮在理想的平稳工作条件下所承受的名义载荷，而且假设沿齿轮齿宽方向均匀分布。但实际上，齿轮传动时要受到各种因素的影响。如齿轮在轴上的位置相对于轴承不对称，会使载荷沿齿宽方向分布不均；轴和轴承的变形、传动装置制造安装误差、工作机械的不平稳等，会产生各种附加动载荷。这些因素使齿轮所受实际载荷比名义载荷大。为消除这些因素对齿轮强度的影响，需引入载荷系数 K(也称工作情况系数)，以 KF_n 代替名义载荷进行强度计算。载荷 KF_n 称为计算载荷，以 F_{cn} 表示，即

$$F_{cn} = KF_n \tag{8-58}$$

K 的取值一般为 1.2～2。当载荷平稳、齿宽较小、齿轮相对于轴承对称布置、轴的刚性较大、齿轮精度较高（6级以上）以及软齿面时，K 取较小值，否则取较大值。

2. 齿面接触疲劳强度计算

由齿轮传动的失效形式可知，齿面点蚀与齿面接触应力的大小有关。因此，必须对齿轮传动产生的接触应力进行分析和计算。防止齿面点蚀的强度计算称为齿面接触疲劳强度计算。

根据齿轮啮合原理，直齿圆柱齿轮在节点附近啮合时，只有一对齿参与啮合，轮齿受力最大，接触应力也最大，而且此时两齿轮相对滑动速度为零，故点蚀多发生在节线附近（见图 8.51）。

图 8.51　齿面接触应力

齿面接触疲劳强度条件为节线处的最大接触应力 σ_H 应小于齿轮材料的许用接触应力 $[\sigma_H]$。根据齿面接触强度计算圆柱齿轮传动齿面接触疲劳强度的校核公式，得

$$\sigma_H = \sqrt{\frac{u \pm 1}{u} \cdot \frac{C_m^3 A_d^3 KT_1}{bd_1^2}} \leqslant [\sigma_H] \tag{8-59}$$

引入齿宽系数 $\psi_d = b/d_1$ 并代入上式，可得圆柱齿轮分度圆直径 d_1 的计算公式为

$$d_1 \geqslant C_m A_d \sqrt[3]{\frac{KT_1}{\psi_d [\sigma_H]^2} \cdot \frac{u \pm 1}{u}} \tag{8-60}$$

式中：u——大齿轮与小齿轮的齿数比，$u = \dfrac{z_2}{z_1} \geqslant 1$；

C_m——齿轮配对材料修正系数，由表 8.14 选取；

A_d——齿轮接触疲劳强度螺旋角因数，可查表 8.15，如对直齿圆柱齿轮传动，取 $A_d=766$；

K——载荷系数；

T_1——小齿轮上的转矩（N·mm）；

b——齿轮的有效接触宽度（mm），通常因小齿轮齿宽 b_1 比大齿轮齿宽 b_2 大，故取 $b=b_2$；

$[\sigma_H]$——齿轮材料的许用接触应力（MPa），$[\sigma_H]=0.9\sigma_{Hlim}$，$\sigma_{Hlim}$ 是齿轮材料的接触疲劳极限，应根据图 8.52 取 σ_{Hlim1} 和 σ_{Hlim2} 中的较小者作为 σ_{Hlim} 值，"+"用于外啮合，"-"用于内啮合。

表 8.14　　　　　　　　　　齿轮配对材料修正系数 C_m

小齿轮	钢				铸钢			球墨铸铁		灰铸铁
大齿轮	钢	铸钢	球墨铸铁	灰铸铁	铸钢	球墨铸铁	灰铸铁	球墨铸铁	灰铸铁	灰铸铁
C_m	1	0.997	0.970	0.906	0.994	0.967	0.898	0.943	0.880	0.836

表 8.15　　　　　　　　　　螺旋角因数 A_d、A_m

螺旋角 β	直 齿 轮	$\geqslant 8° \sim 15°$	$>15° \sim 25°$	$>25° \sim 35°$
A_d	766	756	733	709
A_m	12.6	12.4	12.0	11.5

图 8.52　接触疲劳极限 σ_{Hlim}

斜齿圆柱齿轮传动齿面接触疲劳强度的计算仍按公式（8-59）和（8-60）进行，但螺旋角因数 A_d 不再是常数，必须由表 8.15 选取。斜齿轮的齿面接触疲劳强度是按其法向齿形进行计算的，其承载能力比直齿圆柱齿轮要大。

3. 齿根弯曲疲劳强度计算

根据齿轮传动的失效分析可知，轮齿的受力如同一悬臂梁，故轮齿的疲劳折断与齿根弯曲应力有关。为防止轮齿折断，应限制齿根的弯曲应力。所以，齿根弯曲疲劳强度条件为：齿根处的最大弯曲应力 σ_F 应小于齿轮材料的许用弯曲应力 $[\sigma_F]$。

对直齿圆柱齿轮传动，为简化分析计算和使传动安全可靠，假定全部载荷 F_n 由一对齿承担，且载荷 F_n 作用于齿顶，如图 8.53 所示。显然，此时齿根处的弯曲应力最大。

图 8.53　轮齿弯曲受力分析

将 F_n 沿作用线移到轮齿中线处，并分解为两个相互垂直的分力 $F_n\cos\alpha_F$ 和 $F_n\sin\alpha_F$。前者将在齿根处产生弯曲应力和切应力，后者则在齿根处产生压应力。切应力和压应力对齿根弯曲疲劳强度影响较小，在分析中以引入相关系数的形式来考虑它们的影响。设危险截面处的齿根厚度为 s_F，分力 $F_n\cos\alpha_F$ 到齿根危险截面的距离为 h_F，则根据矩形截面梁横截面上弯曲正应力的计算公式，可得齿根危险截面上的弯曲应力为

$$\sigma_F = \frac{M}{W} = \frac{F_n\cos\alpha_F h_F}{\frac{b}{6}s_F^2} \tag{8-61}$$

以计算载荷 $F_{cn}=KF_n$ 代替名义载荷 F_n 代入上式，考虑关系 $d_1=mz_1$，对上式进行技术简化处理，并考虑压应力和切应力的影响，即得到直齿圆柱齿轮齿根弯曲疲劳强度校核公式为

$$\sigma_F = \frac{C_m^3 A_m^3 KT_1 Y_{FS}}{bd_1 m} \leqslant [\sigma_F] \tag{8-62}$$

引入齿宽系数 $\psi_d = b/d_1$，可得直齿圆柱齿轮齿根弯曲疲劳强度设计公式为

$$m \geqslant C_m A_m \sqrt[3]{\frac{KT_1}{\psi_d z_1^2} \cdot \frac{Y_{FS}}{[\sigma_F]}} \tag{8-63}$$

式中：A_m——弯曲强度螺旋角因数，对于直齿圆柱齿轮，取 $A_m=12.6$；

Y_{FS}——复合齿形系数，由表 8.16 查取；

m——齿轮模数（mm）；

$[\sigma_F]$——齿轮材料的许用弯曲应力（MPa），对于单向受力的轮齿，$[\sigma_F]=1.4\sigma_{Flim}$，对于双向受力的轮齿或开式传动的齿轮，$[\sigma_F]=\sigma_{Flim}$，$\sigma_{Flim}$ 是齿轮材料的弯曲疲劳极限，由图 8.54 查取。在由式（8-63）进行齿轮设计时，因两齿轮的 Y_{FS} 和 $[\sigma_F]$ 都不同，故式（8-63）中的 $\dfrac{Y_{FS}}{[\sigma_F]}$ 应取 $\dfrac{Y_{FS1}}{[\sigma_F]_1}$ 和 $\dfrac{Y_{FS2}}{[\sigma_F]_2}$ 中的较大者，并要将求得的模数 m 圆整成表 8.1 中的标准值。式中其余各参数的意义同齿面接触疲劳强度计算。

表 8.16　　　　标准渐开线外齿轮复合齿形系数 Y_{FS}

z	12	13	14	15	16	17	18	19	20
Y_{FS}	5.05	4.91	4.79	4.70	4.61	4.55	4.48	4.43	4.38
Z	25	30	35	40	45	50	60	70	80
Y_{FS}	4.22	4.13	4.08	4.05	4.02	4.01	3.88	3.88	3.88

图 8.54　齿轮的齿根弯曲疲劳极限 σ_{Flim}

对斜齿圆柱齿轮传动，其齿根弯曲疲劳强度计算仍根据式（8-62）和式（8-63）进行，但不同的是，斜齿轮是按法向齿形进行计算的，因此应将式（8-62）和式（8-63）中的分度圆直径 $d_1 = mz_1$ 和模数 m 分别换成 $d_1 = m_n z_1/\cos\beta$ 和 m_n，并且弯曲强度螺旋角因数 A_m 值要按表 8.15 查取，复合齿形系数 Y_{FS} 要按斜齿轮的当量齿数 z_v 由表 8.16 查取。

4. 齿轮传动参数的选择

（1）齿数 z

对于闭式齿轮传动，常取 $z_1 \geqslant 20\sim40$。闭式软齿面齿轮载荷变动不大时，宜取较大值，以使传动平稳。闭式硬齿面齿轮载荷变动大时，宜取较小值，以增加模数 m，保证齿根有足够的抗弯曲能力。对高速传动，应使 $z_1 \geqslant 25\sim27$。

对于开式齿轮传动，因传动的尺寸主要取决于轮齿的弯曲疲劳强度，故需用较少的齿数获得较大的模数，一般取 $z_1=17\sim20$。

（2）模数 m

模数 m 应圆整并对照表 8.1 选标准模数。对传递动力的闭式齿轮传动，应使圆整后的模数 $m \geqslant 2$ mm；对开式齿轮传动，应使圆整后的模数 m 大于初算值的 $10\%\sim20\%$，并使 $m \approx 0.02a$，a 为齿轮传动的中心距。

（3）齿宽系数 ψ_d

增大齿宽可使齿轮的径向尺寸缩小，但齿宽愈大，载荷沿齿宽分布愈不均匀。动力传动齿轮的 $\psi_d=0.4\sim1.4$，常用范围为 $\psi_d=0.8\sim1.2$。齿轮相对轴承对称布置、软齿面、斜齿轮时可取较大值，否则取较小值；若为人字齿轮，则 ψ_d 可加倍。

（4）齿宽 b

为保证齿轮传动时有足够的接触齿宽，一般使小齿轮齿宽大于大齿轮齿宽 $5\sim10$ mm，即取 $b_2= \psi_d d_1$，$b_1=b_2+(5\sim10)$ mm。

（5）齿数比 u

齿数比 u 不宜过大，以免因大齿轮的直径过大，而使整个齿轮传动尺寸过大。通常直齿圆柱齿轮取 $u \leqslant 5$，斜齿圆柱齿轮取 $u \leqslant 7$。

（6）螺旋角 β

螺旋角 β 是斜齿轮的一个重要参数。设计斜齿轮时，通常初取 $\beta = 8° \sim 20°$，人字齿轮则取 $\beta = 25° \sim 40°$。通过设计求出模数 m_n 并对中心距 a 圆整取值后，再按式 $\cos \beta = \dfrac{m_n (z_1 + z_2)}{2a}$ 计算出斜齿轮的实际螺旋角 β 值，要求计算出的螺旋角 β 值精确到秒。

例 8-5 试设计单级减速器中的直齿轮传动。已知：用电动机驱动，载荷有中等冲击，齿轮相对于支承位置不对称，单向运转，传递功率 $P = 10$ kW，主动轮转速 $n_1 = 400$ r/min，传动比 $i = 3.5$。

解：（1）选择材料，确定许用应力。

由表 8.13，小轮选用 45 钢，调质，硬度为 220 HBS；大轮选用 45 钢，正火，硬度为 190 HBS。由图 8.52 和图 8.54 分别查得：

$$\sigma_{Hlim1} = 555 \text{ MPa} \qquad \sigma_{Hlim2} = 530 \text{ MPa}$$
$$\sigma_{Flim1} = 190 \text{ MPa} \qquad \sigma_{Flim2} = 180 \text{ MPa}$$

故 $[\sigma_H]_1 = 0.9\sigma_{Hlim1} = 0.9 \times 555 = 499.5$ MPa，$[\sigma_H]_2 = 0.9\sigma_{Hlim2} = 0.9 \times 530 = 477$ MPa；

$[\sigma_F]_1 = 1.4\sigma_{Flim1} = 1.4 \times 190 = 266$ MPa，$[\sigma_F]_2 = 1.4\sigma_{Flim2} = 1.4 \times 180 = 252$ MPa

因硬度小于 350 HBS，属软齿面，按接触强度设计，再校核弯曲强度。

（2）按接触强度设计。

圆柱齿轮分度圆直径 d_1 满足：

$$d_1 \geqslant C_m A_d \sqrt[3]{\frac{KT_1}{\psi_d [\sigma_H]^2} \cdot \frac{u \pm 1}{u}}$$

① 取 $[\sigma_H] = [\sigma_H]_2 = 477$ MPa。

② 小轮转矩

$$T_1 = 9.55 \times 10^6 \times \frac{10}{400} = 2.38 \times 10^5 \text{ N·mm} = 238 \text{ N·m}$$

③ 取齿宽系数 $\Phi_d = 0.4$，$i = u = 3.5$，$C_m = 1$，$A_d = 766$（见表 8.14 和表 8.15）。

由于原动机为电动机，中等冲击，支承不对称布置，故选 8 级精度；载荷系数选 $K = 1.5$。

将以上数据代入，得初算分度圆直径 $d_1 = 131.36$ mm。

（3）确定基本参数，计算主要尺寸。

① 选择齿数：

取 $z_1 = 20$，则

$$z_2 = u \times z_1 = 3.5 \times 20 = 70$$

② 确定模数：

由公式 $d_1 = mz_1$ 可得 $m = 6.568$。

由表 8.1 查得标准模数，取 $m = 6$。

③ 确定中心距：

$$a = m(z_1 + z_2) / 2 = 6 \times (20 + 70) / 2 = 270 \text{ mm}$$

④ 计算齿宽：

$$b=\psi_d a=0.4\times270=108\ \text{mm}$$

为补偿两轮轴向尺寸误差，取 b_1=115 mm，b_2=110 mm，$b=b_2$。

⑤ 计算齿轮几何尺寸（按表 8.2 计算，此处略）。

（4）校核弯曲强度。

按 z_1=20，z_2=70 由表 8.16 查得 Y_{FS1}=4.38、Y_{FS2}=3.88，$C_m=1$，A_m=12.6（见表 8.15），代入式（8-62）得

$$\sigma_{F1}=\frac{C_m^3 A_m^3 KT_1 Y_{FS1}}{bd_1 m}=39.49\ \text{MPa}\leqslant[\sigma_{F1}]=266\ \text{MPa}\qquad 安全。$$

$$\sigma_{F2}=\frac{C_m^3 A_m^3 KT_1 Y_{FS2}}{bd_1 m}=34.98\ \text{MPa}\leqslant[\sigma_{F2}]=252\ \text{MPa}\qquad 安全。$$

（5）设计齿轮结构，绘制齿轮工作图（略）。

8.8.4 齿轮的结构设计

齿轮的结构设计通常是先根据齿轮直径的大小选定合适的结构型式，然后再根据推荐的经验公式和数据进行结构设计。齿轮常用的结构型式有以下几种。

1. 齿轮轴

对于直径较小的钢制齿轮，当齿轮的顶圆直径 d_a 小于轴孔直径的 2 倍，或圆柱齿轮齿根圆至键槽底部的距离 $\delta<2.5m$（斜齿轮为 m_n）、圆锥齿轮的小端齿根圆至键槽底部的距离 $\delta<1.6m$（m 为大端模数）时，应将齿轮与轴做成整体，称为齿轮轴，如图 8.55 所示。

图 8.55 齿轮轴

2. 锻造齿轮

当齿轮与轴分开制造时，可采用锻造结构的齿轮，也可采用铸造结构的齿轮。

锻造齿轮的结构如图 8.56 所示。齿顶圆直径 $d_a\leqslant200$ mm 时的锻造圆柱齿轮一般采用图 8.56a）所示的实体型式；200 mm$<d_a\leqslant500$ mm 时的锻造圆柱齿轮可采用图 8.56b）所示的腹板型式。锻造圆锥齿轮的结构型式如图 8.56c）所示。

3. 铸造齿轮

当齿轮尺寸大且重，不便锻造时，齿轮应采用铸造结构，如图 8.57 所示。当 400 mm$<d_a\leqslant$ 500 mm 时，多采用图 8.57a）所示的腹板式结构或图 8.57b）所示的轮辐式结构；当 $d_a>500\sim$ 1 000 mm 时，只能采用图 8.57b）所示的轮辐式结构；当圆锥齿轮的顶圆直径 $d_a>300$ mm 时，

也应采用铸造结构，并可铸成带加强肋的腹板式结构，如图 8.57c）所示。

$D_1 = 1.6d; d_0 = 0.2(D_2 - D_1)$
$1.5d > l \geqslant b$
$\delta_0 = 2.5m_n$，但不小于 8 mm
$D_0 = 0.5(D_2 + D_1)$
当 $d_0 < 10$ 时，可不必做孔
$n = 0.5m_n$

a)

$1.5d > l \geqslant b$
$\delta_0 = (2.5 \sim 4)m_n$，但不小于 8 mm
$d_0 = 0.25(D_2 - D_1)$
$D_0 = 0.5(D_2 + D_1)$
$c = 0.3b$（自由锻）
$c = 0.2b$（模锻），但不小于 8 mm
$r = 0.5c; n = 0.5m_n$

b)

模锻   自由锻

$D_1 = 1.6d$
$l = (1 \sim 1.2)d$
$H = (3 \sim 4)m$，但不小于 10 mm
$c = (0.1 \sim 0.17)R(R$——大端锥距$)$
D_0 和 d_0 按结构而定

c)

图 8.56　锻造齿轮

$D_1 = 1.6d$（铸钢）,　$r = 0.5c$
$D_1 = 1.8d$（铸铁）,　$n = 0.5m_n$
$\delta_0 = (2.5 \sim 4)m_n$，但不小于 8 mm
$D_0 = 0.5(D_2 + D_1)$
$c = 0.2b$，但不小于 10 mm
$d_0 = (0.25 \sim 0.35)(D_2 - D_1)$
$1.5d > l \geqslant b$

a)

$D_1 = 1.6d$（铸钢）
$D_1 = 1.8d$（铸铁）
$1.5d > l \geqslant b$
$\delta_0 = (2.5 \sim 4)m_n$，但不小于 8 mm
$H = 0.8d$（铸钢）
$H = 0.9d$（铸铁）

$H_1 = 0.8H$
$c = 0.2H$，但不小于 10 mm
$e = (0.8 \sim 1)\delta_0$
$S = 0.8c$，但不小于 10 mm
$n = 0.5m_n$
$r = 0.5c$
R——由结构确定

b)

图 8.57　铸造齿轮

$D_1 = 1.6d$(铸钢)，$D_1 = 1.8d$(铸铁)；
$l = (1 \sim 1.2)d$；$H = (3 \sim 4)m$，但不小
于 10 mm；$c = (0.1 \sim 0.17)R$，但不小
于 10 mm；$s = 0.8\ c$，但不小于 10 mm；
D_0 和 d_0 按结构而定

c)

图 8.57　铸造齿轮（续）

8.8.5　齿轮传动的润滑

我们知道齿轮设计中的计算和校核都是针对润滑良好的闭式齿轮传动进行的，所以对齿轮传动的设计就必须考虑润滑问题，才能实现我们预期的设计要求。

我们首先要了解为什么需要润滑，也就是润滑的功用是什么。

1. 润滑的功用

在齿轮传动中，轮齿表面上除节点外，其他各啮合点处均有相对的切向滑动。所以，润滑的主要作用为：

（1）减少或消除齿面的磨损。齿面的磨损主要为磨粒磨损和黏着磨损。事实上，黏着磨损就是胶合。为了增强润滑剂的抗胶合能力，常在润滑油中加入极压添加剂。润滑的抗磨粒磨损的能力主要取决于啮合表面形成的油膜。只要油膜厚度大于磨粒尺寸，就可以起到防止或减轻磨粒磨损的作用。

（2）润滑油可减小摩擦系数，降低齿面间的摩擦，提高传动效率。

（3）冷却齿轮传动，带走摩擦产生的热量，避免形成齿面烧伤或胶合。

（4）油膜可以起到缓冲的作用，降低齿轮传动震动、冲击和噪声。

2. 润滑剂的选择

润滑剂有三大类：

（1）液体润滑剂：工程中经常使用。

（2）润滑脂：用于低速传动，无法使用液体润滑剂时使用。

（3）固体润滑剂：其使用取决于使用条件及工艺水平。

最常用的液体润滑剂包括：各类机械油（如 40，68，100 等）；各种齿轮油（如 H-32，HL-46 等）；合成润滑油（如 SY4024-83，4403 等）。

根据黏度值，参考齿轮传动所处的条件，进行润滑油的选择。在具体选择时，黏度应根据

具体条件作适当的调整。例如，速度高时，可适当降低黏度，反之可稍稍提高黏度。

在温度高时，应在油中加入抗脱氧剂及防锈添加剂。如果齿轮和轴承要用同一油池中的油来润滑，选择方法可参考《机械设计手册》。

3. 润滑方法及油量选择

开式齿轮传动速度较低，一般采用润滑脂或定时滴油润滑。

闭式齿轮传动常利用浸油法或喷油法润滑。

（1）浸油法：大齿轮浸入一个齿高，对于多级齿轮传动的高速级，可以采用带油轮。由于大齿轮或带油轮可以将油带起，溅落到被润滑处，也称为飞溅润滑。此时要求齿轮线速度不大于 12～15 m/s。对于单级传动，每传递 1 kW 功率约需要 0.35 L 或更多的油量，多级传动可以按比例（级数）增加。

（2）喷油法：在线速度超过上述数值使用时，要求齿轮宽度大时增加喷嘴的数目。在节圆线速度不大于 80～90 m/s 时，直接由进入啮合的一侧向啮合处喷油。油量按每 10 mm 齿宽用 0.45 L/min 或者每千瓦用 8.5 L/s 来计算，喷油压力一般为 0.01～0.2 MPa。

对于非金属齿轮，载荷较小时可以不进行润滑。有时也可加入适量油以改善摩擦性能，提高承载能力，或改善材料使其具有自润滑能力。

思考题与习题

1. 分度圆与节圆有何不同？齿轮在何种情况下啮合传动时分度圆与节圆重合、啮合角等于齿轮分度圆压力角？

2. 欲使一对渐开线直齿圆柱齿轮能进行啮合传动，必须满足什么条件？

3. 一对齿轮传动时，大、小齿轮齿根处的弯曲应力是否相等？齿面上的接触应力是否相等？

4. 若一对标准齿轮传动的传动比和分度圆直径均保持不变而只改变其齿数，对齿轮的接触强度和弯曲强度各有什么影响？

5. 齿轮的失效形式有哪些？采取什么措施可减缓失效发生？

6. 为何要使小齿轮比配对大齿轮轮宽 5～10 mm？

7. 斜齿轮的当量齿轮是如何作出的？其当量齿数 z_v 在强度计算中有何用处？

8. 圆锥齿轮的背锥是如何作出的？

9. 进行齿轮结构设计时，齿轮轴适用于什么情况？

10. 一标准直齿圆柱外啮合齿轮的模数 m=4 mm，齿数=30，齿顶高系数 h_a^*=1，c^*=0.25，试计算齿轮基圆处的压力角和齿顶处的压力角。

11. 已知一对外啮合标准直齿圆柱齿轮传动，标准中心距 a=120 mm，传动比 i=3，模数 m=3 mm，试计算大齿轮的几何尺寸 d、d_a、d_f、d_b、p、s、h_a 和 h_f。

12. 已知一圆柱蜗杆传动的模数 m=5 mm，蜗杆分度圆直径 d_1=50 mm，蜗杆头数 z_1=2，传动比 i=25，试计算该蜗杆传动的主要几何尺寸。

13. 在题 8-13 图所示的齿轮系中，已知各齿轮齿数（括号内为齿数），3′为单头右旋蜗杆，求

传动比 i_{15}。

14. 题 8-14 图为车床溜板箱手动操纵机构。已知齿轮 1、2 的齿数 z_1=16，z_2=80，齿轮 3 的齿数 z_3=13，模数 m=2.5 mm，与齿轮 3 啮合的齿条被固定在床身上。试求当溜板箱移动速度为 1 m/min 时的手轮转速。

题 8-13 图　　　　　　　　　　　　　　　题 8-14 图

15. 在题 8-15 图所示的差速器中，已知 z_1=48，z_2=42，$z_{2'}$=18，z_3=21，n_1=200 r/min，n_H=10 r/min，其转向如图所示，求 n_3。

16. 在题 8-16 图所示的齿轮系中，已知 z_1=22，z_3=88，$z_{3'}=z_5$，试求传动比 i_{15}。

题 8-15 图　　　　　　　　　　　　　　题 8-16 图

17. 现有一对闭式标准直齿圆柱齿轮传动，已知小齿轮材料为 45 钢调质处里，齿面硬度为 220 HBS，大齿轮材料为 ZG310～570，正火处理，齿面硬度为 190 HBS，z_1=24，z_2=71，m=3 mm，b_1=65 mm，b_2=60 mm，传递功率 P=5 kW，小齿轮转速 n_1=720 r/min，单向运转，中等载荷，齿轮相对轴承为非对称布置。试校核该对齿轮传动的强度。

18. 设计一单级直齿圆柱齿轮减速器中的齿轮传动。已知所传递的功率为 P=8 kW，高速轴转速 n_1=720 r/min。要求传动比 i=3.6，齿轮单向运转，载荷平稳，齿轮相对轴承为对称布置，电机驱动。

第9章
带传动和链传动设计

9.1 带传动的主要特点、类型和应用

带传动是机械设备中应用较多的传动装置之一，主要由主动带轮 1、从动带轮 2 和传动带 3 组成，如图 9.1 所示。工作时，靠带与带轮间的摩擦或啮合实现主、从动轮之间的运动和动力传递。

1. 带传动的主要类型

（1）按传动原理分类

1）摩擦带传动

靠传动带与带轮之间的摩擦力实现传动（见图 9.1），如 V 带传动、平带传动等。

2）啮合带传动

靠带内侧凸齿与带轮外缘上的齿槽相啮合实现传动，如同步带传动。图 9.2 所示的同步带传动属于啮合带传动，工作时，靠带的凸齿与带轮外缘上的齿槽啮合传动。

图 9.1 摩擦型带传动

图 9.2 啮合型带传动

（2）按用途分类

1）传动带

传递动力用。

2）输送带

输送物品用。

（3）按传动带的截面形状分类

1）平带

平带的截面形状为矩形，内表面为工作面。常用的平带有胶带、编织带和强力锦纶带等，如图 9.3a）所示。

2）V 带

V 带的截面形状为梯形，两侧面为工作表面，如图 9.3b）所示。

3）多楔带

它是在平带基体上由多根 V 带组成的传动带。多楔带结构紧凑，可传递很大的功率，如图 9.3c）所示。

4）圆形带

横截面为圆形，只用于小功率传动，如图 9.3d）所示。

5）同步带

纵截面为齿形，如图 9.3e）所示。

图 9.3　按传动带的截面形状分类

a）平带；b）V 带；c）多楔带；d）圆形带；e）同步带

2. 带传动的特点和应用

带传动具有结构简单、传动平稳、价格低廉、缓冲吸震及过载打滑以保护其他零件等优点。缺点是传动比不稳定，传动装置外形尺寸较大，效率较低，带的寿命较短以及不适合高温易燃场合等。

带传动一般不宜用于大功率（通常不超过 50 kW）传动，且多用于高速级传动。带的工作速度一般为 5～30 m/s，高速带可达 60 m/s。平带传动的传动比通常为 3 左右，最大可达 6，有张紧轮时传动比可达到 10。V 带传动的传动比一般不超过 7，最大达到 10。

9.2 普通 V 带和 V 带轮

9.2.1 普通 V 带的结构和尺寸标准

普通 V 带的截面呈等腰梯形。V 带的横剖面结构如图 9.4 所示，其中，图 9.4a）是帘布结构，图 9.4b）所示是线绳结构，均由下面几部分组成。

图 9.4　V 带结构

a）帘布结构；b）线绳结构

（1）包布层：由胶帆布制成，起保护作用；

（2）顶胶：由橡胶制成，当带弯曲时承受拉伸；

（3）底胶：由橡胶制成，当带弯曲时承受压缩；

（4）抗拉层：由几层帘布或浸胶的棉线（或尼龙）绳构成，承受基本拉伸载荷。V 带已标准化，按其截面大小分为 7 种型号，其截面尺寸见表 9.1。

表 9.1　普通 V 带截面尺寸（GB 11544—1989）

型号	Y	Z	A	B	C	D	E
顶宽 b	6.0	10.0	13.0	17.0	22.0	32.0	38.0
节宽 b_p	5.3	8.5	11.0	14.0	19.0	27.0	32.0
高度 h	4.0	6.0	8.0	11.0	14.0	19.0	25.0
楔角 θ	40°						
每米质量 q	0.03	0.06	0.11	0.19	0.33	0.66	1.02

当带受纵向弯曲时，在带中保持原长度不变的任一条周线称为节线，由全部节线构成的面称为节面，带的节面宽度称为节宽（b_p），当带受纵向弯曲时，该宽度保持不变。在 V 带轮上，与所配用的节宽 b_p 相对应的带轮直径称为节径 d_p，通常它又是基准直径 d_d。普通 V 带轮轮缘的截面图及轮槽尺寸见表 9.2。普通 V 带两侧面的夹角均为 40°，由于 V 带绕在带轮上弯曲时，其截面变形使两侧面的夹角减小，为使 V 带能紧贴轮槽两侧，轮槽的楔角规定为 32°、34°、36° 和 38°。

表 9.2 普通 V 带轮的轮槽尺寸　　mm

槽型	型号	Z	A	B	C	D
	基准宽度 b_d	5.3	8.5	11	14	19
	基准线上槽深 h_{amin}	1.6	2.0	2.75	3.5	4.8
	基准线下槽深 h_{fmin}	4.7	7.0	8.7	10.8	14.3
	槽间距 e	8±0.3	12±0.3	15±0.3	19±0.4	25.5±0.5
	槽边距 f_{min}	6	7	9	11.5	16
	轮缘厚 δ_{min}	5	5.5	6	7.5	10
	外径 d_a	$d_a = d_d + 2h_a$				

φ		基准直径 d_d				
	32°	≤60				
	34°		≤80	≤118	≤190	≤315
	36°	>60				
	38°		>80	>118	>190	>315

V 带在规定的张紧力下，位于带轮基准直径上的周线长度称为基准长度 L_d。普通 V 带的长度系列见表 9.3。

表 9.3　普通 V 带的长度系列和带长修正系数 K_L(GB/T 13575.1—2008)

基准长度 L_d/mm	K_L					基准长度 L_d/mm	K_L			
	Y	Z	A	B	C		Z	A	B	C
200	0.81					1 600	1.04	0.99	0.92	0.83
224	0.82					1 800	1.06	1.01	0.95	0.86
250	0.84					2 000	1.08	1.03	0.98	0.88
280	0.87					2 240	1.10	1.06	1.00	0.91
315	0.89					2 500	1.30	1.09	1.03	0.93
355	0.92					2 800		1.11	1.05	0.95
400	0.96	0.79				3 150		1.13	1.07	0.97
450	1.00	0.80				3 550		1.17	1.09	0.99
500	1.02	0.81				4 000		1.19	1.13	1.02
560		0.82				4 500			1.15	1.04
630		0.84	0.81			5 000			1.18	1.07
710		0.86	0.83			5 600				1.09
800		0.90	0.85			6 300				1.12
900		0.92	0.87	0.82		7 100				1.15
1 000		0.94	0.89	0.84		8 000				1.18
1 120		0.95	0.91	0.86		9 000				1.21
1 250		0.98	0.93	0.88		10 000				1.23
1 400		1.01	0.96	0.90						

9.2.2　普通 V 带轮的结构

V 带轮是普通 V 带传动的重要零件。它必须具有足够的强度，但又要重量轻，质量分布均匀；轮槽的工作面对带必须有足够的摩擦，又要减少对带的磨损。

带轮常用材料为灰铸铁 H150（v 小于或等于 30 m/s）或 HT200（$v > 30$ m/s）。转速较高时可用铸钢或钢板焊接结构；小功率时可用铸铝或塑料。

带轮轮槽的尺寸见表 9.2。表 9.2 中，b_d 表示带轮轮槽宽度的一个无公差规定值，称为轮槽的基准宽度。通常，V 带节面宽度与轮槽基准宽度重合，即 $b_p = b_d$。轮槽基准宽度所在圆称为基准圆（节圆），其直径 d_d 称为带轮的基准直径。

V 带轮的结构如图 9.5 所示。带轮基准直径 $d_d <$（2.5～3）d（d 为带轮轴的直径）时，可采用实心式；$d_d < 300$ mm 时，可采用腹板式，且当 $d_d - d_1 > 100$（d 为带轮轮毂的直径）时，可采用孔板式；$d_d > 300$ mm 时，可采用轮辐式。V 带轮的结构形式及腹板（轮辐）厚度的确定可参阅《机械设计手册》。

图 9.5 V 带轮结构

a）实心式；b）腹板式；c）孔板式；d）椭圆截面轮辐式

9.3

带传动的基本理论

9.3.1　带传动的受力分析

安装带时，需以一定的初拉力 F_0 紧套在带轮上。当带传动未工作时，带两边的拉力均等于初拉力 F_0（见图9.6a））。带传动工作时，主动轮以转速 n_1 开始转动，带与带轮接触面间产生摩擦力。主动轮作用在带上的摩擦力的方向与主动轮的圆周速度方向相同，带在此力作用下开始运动；而带作用在从动轮上的摩擦力的方向与带运动方向相同；从动轮在该摩擦力作用下以转速 n_2 转动。此时，带两边的拉力也发生了相应的变化：进入主动轮的一边被拉紧，称为紧边，拉力由 F_0 增加到 F_1；另一边则被放松，称为松边，拉力由 F_0 减小到 F_2（见图9.6b））。

图 9.6　带传动的受力分析

设带的总长度不变，紧边拉力的增加量（$F_1 - F_0$）应等于松边拉力的减少量（$F_0 - F_2$），即

$$F_1 - F_0 = F_0 - F_2 \tag{9-1}$$

或

$$F_1 + F_2 = 2F_0 \tag{9-2}$$

带的紧边拉力 F_1 和松边拉力 F_2 之差称为有效拉力 F，即

$$F = F_1 - F_2 \tag{9-3}$$

将式（9-3）代入式（9-1）整理可得

$$F_1 = \frac{2F_0 + F}{2} \tag{9-4}$$

$$F_2 = \frac{2F_0 - F}{2} \tag{9-5}$$

带的有效拉力也等于带和带轮接触面上的摩擦力的总和，它决定了带传动所能传递的功率 P（kW）的大小，即

$$P = \frac{Fv}{1\,000}\text{（kW）} \tag{9-6}$$

式中：F——有效拉力，单位为N；

　　　v——带的速度，单位为m/s。

当带传动的工作载荷超过了极限摩擦力的总和时，带将在带轮上发生全面的相对滑动，这种现象称为打滑。打滑将使带剧烈磨损与发热，从动轮转速急剧下降直至停止，传动因此而失效。打滑一般首先发生在小带轮上。即将打滑时，带传动中 F_1 与 F_2 的关系可利用柔韧体摩擦的欧拉公式表示：

$$F_1 = F_2 e^{f\alpha} \tag{9-7}$$

式中：e——自然对数的底，e≈2.718；

f——带与带轮接触面间的摩擦系数（V带为当量摩擦系数 f_v）；

α——带在带轮上的包角，单位为 rad。

将式（9-4）代入式（9-7）整理后，可得到初拉力为 F_0 时，带所能传递的最大有效拉力为

$$F_{max} = 2F_0 \frac{e^{f\alpha}-1}{e^{f\alpha}+1} \tag{9-8}$$

分析式（9-8）可知，带传动的最大有效拉力 F 与摩擦系数 f、包角 α 和初拉力 F 有关。增大 f、α 和 F_0，都可以提高带传动的工作能力，但 F_0 过大将使带的磨损加剧，缩短带的寿命。

设平带传动与 V 带传动的初拉力均为 F_0，如图 9.7 所示，则平带工作时产生的摩擦力为

$$F_f = F_N f = F_Q f \tag{9-9}$$

V 带工作时产生的摩擦力为

图 9.7 带与带轮间的法向压力

$$F_f = F_N f = F_Q \frac{f}{\sin\frac{\varphi}{2}} = F_Q f_v \qquad \left(f_v = \frac{f}{\sin\frac{\varphi}{2}} \right) \tag{9-10}$$

式中：φ——带轮轮槽角；

f_v——当量摩擦系数；

f——摩擦系数；

F_Q——正压力。

当轮槽角为 32°、34°、36°、38° 时，$f_v = (3.62\sim3.07)f$。由此可知，在相同的条件下，V 带的传动能力是平带的 3 倍以上。所以，传递相同功率时，V 带传动的结构紧凑，应用更广泛。

9.3.2 带的应力分析

带传动工作时，带中的应力由以下三部分组成。

（1）拉应力

紧边拉应力 $$\sigma_1 = \frac{F_1}{A} (MPa) \tag{9-11}$$

松边拉应力 $$\sigma_2 = \frac{F_2}{A} (MPa) \tag{9-12}$$

式中，A 为带的横截面面积（mm^2）。

（2）离心应力

当带以速度 v 沿着带轮轮缘做圆周运动时，带自身的质量将产生离心力。虽然离心力只产生在带做圆周运动的部分，但由离心力产生的离心拉力作用于带的全长。离心应力可用下式计算：

$$\sigma_c = \frac{qv^2}{A} \tag{9-13}$$

式中：q——带单位长度的质量（kg/m）（见表 9.4）；

　　　v——带的线速度（m/s）。

表 9.4　　　　　　　　　　　　带单位长度的质量 q　　　　　　　　　　　　　　kg/m

带　　型	Y	Z SPZ	A SPA	B SPB	C SPC	D	E
q	0.04	0.06 0.07	0.10 0.12	0.17 0.20	0.30 0.37	0.60	0.87

（3）弯曲应力

带绕在带轮上时因弯曲而引起弯曲应力，如图 9.8 所示，其大小由下式计算：

$$\sigma_b \approx \frac{Eh}{d_d} \tag{9-14}$$

式中：h——带的高度（mm）；

　　　d_d——带轮的计算直径，对于 V 带轮，d_d 为基准直径（mm）；

　　　E——带的弹性模量（N/mm^2）。

显然，带的弯曲应力因带轮的直径不同而不同。带轮的直径越小，带的弯曲应力越大。为了避免带的弯曲应力过大，各种型号的 V 带都规定了最小带轮基准直径（见表 9.5）。

表 9.5　　　　　　　　　　V 带轮的最小基准直径 d_{dmin}　　　　　　　　　　mm

带　　型	Y	Z SPZ	A SPA	B SPB	C SPC	D	E
d_{dmin}	20	50 63	75 90	125 140	200 224	355	500

带工作时的应力分布情况如图 9.9 所示，各截面应力的大小用自该处引出的径向线或垂直线的长短来表示。很明显，在传动过程中，带处于变应力状态下工作，最大应力发生在带的紧边开始绕入小带轮处，其值为

$$\sigma_{max} = \sigma_1 + \sigma_c + \sigma_{b1} \tag{9-15}$$

图 9.8　带的弯曲应力

图 9.9　带的应力分析

在变应力的作用下，当应力循环次数达到一定值时，带将因此产生疲劳破坏而失效。

9.3.3　带的弹性滑动与传动比

带传动在工作时，由于带是弹性体，受到拉力后会产生弹性变形。因为紧边与松边的拉力不同，所以带的变形量也会不同。如图 9.6b）所示，当带在 A 点绕上主动轮时，带的速度 v 和带轮的速度 v_1 相同。带由 A 点转到 B 点的过程中，带的拉力由 F_1 逐渐减小到 F_2，带的弹性伸长量也随之减小，带沿带轮的运动是一面绕进、一面向后收缩，带速 v 也逐渐低于主动轮的四周速度 v_1，此时带与带轮间必然发生相对滑动。这种现象也发生在从动轮上，不过情况恰好相反。这种由于带的弹性变形而引起的带与带轮间的滑动，称为弹性滑动。它是带传动正常工作时固有的特性，是不可避免的。它造成功率损失，增加带的磨损，也是带传动不能保证准确传动比的根本原因。

弹性滑动导致从动轮的圆周速度 v_2（m/s）小于主动轮的圆周速度 v_1（m/s），其减小量用滑动率 ε 表示：

$$\varepsilon = \frac{v_1 - v_2}{v_1} \times 100\% \qquad (9\text{-}16)$$

$$v_1 = \frac{\pi d_{d1} n_1}{60 \times 1\,000} \qquad (9\text{-}17)$$

$$v_2 = \frac{\pi d_{d2} n_2}{60 \times 1\,000} \qquad (9\text{-}18)$$

式中，n_1、n_2 分别为主、从动轮转速（r/min）。

带传动的实际传动比

$$i = \frac{n_1}{n_2} = \frac{d_{d2}}{d_{d1}(1-\varepsilon)} \qquad (9\text{-}19)$$

V 带传动的滑动率 $\varepsilon = 0.01 \sim 0.02$，一般可不考虑。

9.4 ▌ V 带传动的设计

设计 V 带传动时，一般给定的原始条件是：传递的功率 P、小带轮及大带轮的转速 n_1 和 n_2（或传动比）、用途、载荷性质及工作条件等。设计计算的主要任务是：确定合适的 V 带型号、长度、根数、传动中心距、带轮的直径、结构尺寸等。设计计算的一般步骤如下。

1. 确定计算功率 P_c，选择 V 带型号

按给定的传递功率 P、载荷性质来确定计算功率 P_c。

$$P_c = K_A P \qquad (9\text{-}20)$$

式中，K_A——工作情况系数，见表 9.6。

表 9.6   工作情况系数 K_A

工　况		K_A					
		空、轻载启动			重载启动		
		每天工作小时数/h					
		< 10	10~16	> 16	< 10	10~16	> 16
载荷变动微小	液体搅拌机、通风机和鼓风机（≤ 7.5 kW）、离心式水泵、压缩机、轻载荷输送机	1.0	1.1	1.2	1.1	1.2	1.3
载荷变动小	带式输送机（不均匀载荷）、通风机（> 7.5 kW）、旋转式水泵和压缩机（非离心式）、发电机、金属切削机床、印刷机、旋转筛、锯木机和木工机械	1.1	1.2	1.3	1.2	1.3	1.4
载荷变动较大	制砖机、斗式提升机、往复式水泵和压缩机、起重机、磨粉机、冲剪机床、橡胶机械、震动筛、纺织机械、载重输送机	1.2	1.3	1.4	1.4	1.5	1.6
载荷变动大	破碎机（旋转式、颚式等）、磨碎机（球磨、棒磨、管磨）	1.3	1.4	1.5	1.5	1.6	1.6

注：1. 空、轻载启动的电动机（交流、直流并励），四缸以上的内燃机，装有离心式离合器、液力联轴器的动力机等；

    2. 重载启动的电动机（联机交流启动、直流复励或串励），四缸以下的内燃机；

    3. 反复启动、正反转频繁、工作条件恶劣等场合，应将表中 K_A 值乘 1.2；增速时 K_A 值查《机械设计手册》。

根据 P_c 和小带轮转速 n_1，由图 9.10 初步选定带的型号。

图 9.10   普通 V 带选型图

2. 确定带轮的基准直径 d_d

带轮直径小，结构紧凑，但使带的弯曲应力增大，影响带的疲劳强度，所以要限制小带轮的基准

直径 d_{d1}（见表 9.5）。一般取 $d_{d1} \geqslant d_{dmin}$，$d_{d2} = d_{d1} \times i$，$d_{d1}$ 和 d_{d2} 应符合带轮基准直径系列（见表 9.7（a））。注意，当 d_{d1} 和 d_{d2} 选用系列值后，从动轮的转速将发生变化，但一般误差应控制在 ±5% 以内。

3. 计算 V 带的速度 v

带速过高，离心力增大，摩擦损耗也增大，且应力循环次数增多，降低了带传动的工作能力；带速过低，在传递相同功率时，需要的有效拉力增大，将会增多带的根数。故带的速度一般限制在 5～25 m/s。带速按下式计算：

$$v = \frac{\pi d_{d1} n_1}{60 \times 10\,000}\ \text{m/s} \qquad (9\text{-}21)$$

若带速超出规定范围，则应重选小带轮的基准直径。

4. 确定中心距 a_0 及基准长度 L_d

一般推荐按下式初步确定中心距 a_0。

$$0.7(d_{d1}+d_{d2}) \leqslant a_0 \leqslant 2(d_{d1}+d_{d2}) \qquad (9\text{-}22)$$

a_0 选定后，根据带传动的几何关系，按下式初步确定带的基准长度 $L_d{}'$

$$L_d{}' = 2a_0 + \frac{\pi}{2}(d_{d1}+d_{d2}) + \frac{(d_{d2}-d_{d1})^2}{4a_0} \qquad (9\text{-}23)$$

根据计算出的 $L_d{}'$，由表 9.3 选取接近的标准带长 L_d，其实际中心距可由下式近似计算

$$a \approx a_0 + \frac{L_d - L_d{}'}{2} \qquad (9\text{-}24)$$

为了便于安装和张紧 V 带，中心距一般是可调的，其变动范围为

$$\left. \begin{array}{l} a_{min} = a - 0.015 L_d \\ a_{max} = a + 0.03 L_d \end{array} \right\} \qquad (9\text{-}25)$$

5. 验算小带轮包角 α_1

小带轮包角 α_1 过小，会降低带传动的有效拉力，容易产生打滑。一般要求 $\alpha_1 \geqslant 120°$。包角的大小由下式计算：

$$\alpha_1 = 180° - \frac{d_{d2}-d_{d1}}{a} \times 57.3° \quad (\geqslant 120°) \qquad (9\text{-}26)$$

6. 确定 V 带的根数 z

V 带的根数 z 可由下式计算：

$$z \geqslant \frac{P_c}{(P_0 + \Delta P) K_\alpha K_L} \qquad (19\text{-}27)$$

式中：P_c——计算功率（kW）；

P_0——单根普通 V 带的基本额定功率，见表 9.7（a）；

ΔP——考虑 $i \neq 1$ 时传递功率的增量，因为带绕过带轮的弯曲应力随着带轮的直径增大而减小，所以在相同寿命下，传递的功率有所增加，其值见表 9.7（b）。

K_α——包角修正系数，考虑包角不同时对带传动的影响，其值见表 9.8。

K_L——带长修正系数，考虑带长不同时对带传动的影响，其值见表 9.3。

表 9.7（a）　　　　　　　单根普通 V 带的额定功率 P_0　　　　　　　　　　kW

带型	小带轮基准直径 d_{d1}/mm	小带轮转速 n_1/(r·min^{-1})								
		200	400	730	800	980	1 200	1 460	2 000	2 800
Z	50	—	0.06	0.09	0.10	0.12	0.14	0.16	0.20	0.26
	63	—	0.08	0.13	0.15	0.18	0.22	0.25	0.32	0.41
	71	—	0.09	0.17	0.20	0.23	0.27	0.31	0.39	0.50
	80	—	0.14	0.20	0.22	0.26	0.30	0.36	0.44	0.56
	90	—	0.14	0.22	0.24	0.28	0.33	0.37	0.48	0.60
A	75	0.16	0.27	0.42	0.45	0.52	0.60	0.68	0.84	1.00
	90	0.22	0.39	0.63	0.68	0.79	0.93	1.07	1.34	1.64
	100	0.26	0.47	0.77	0.83	0.97	1.14	1.32	1.66	2.05
	112	0.31	0.56	0.93	1.00	1.18	1.39	1.62	2.04	2.51
	125	0.37	0.67	1.11	1.19	1.14	1.66	1.93	2.44	2.98
	140	0.43	0.78	1.31	1.41	1.66	1.93	2.29	2.87	3.48
B	125	0.48	0.84	1.34	1.44	1.67	1.93	2.20	2.64	2.96
	140	0.59	1.05	1.69	1.82	2.13	2.47	2.83	3.42	3.85
	160	0.74	1.32	2.16	2.32	2.72	3.17	3.64	4.40	4.89
	180	0.88	1.59	2.61	2.81	3.30	3.85	4.41	5.30	5.76
	200	1.02	1.85	3.06	3.30	3.86	4.50	5.15	6.13	6.43
	224	1.19	2.17	3.59	3.86	4.50	5.26	5.99	7.02	6.95
C	200	1.39	2.41	3.80	4.07	4.66	5.29	5.86	6.34	5.01
	224	1.70	2.99	4.78	5.12	5.89	6.71	7.47	8.05	6.08
	250	2.03	3.62	5.82	6.23	7.18	8.21	9.06	9.62	6.56
	280	2.42	4.32	6.99	7.52	8.65	9.81	10.74	11.04	6.13
	315	2.86	5.14	8.34	8.92	10.23	11.53	12.48	12.14	4.13
	400	3.91	7.06	11.5	12.10	13.67	15.04	15.51	11.95	—
D	355	5.31	9.24	14.04	14.83	16.30	16.59	16.70		
	450	7.90	13.85	21.12	22.25	24.16	17.25	22.42		
	560	10.76	18.95	28.28	29.55	31.00	24.84	22.80		
	710	14.55	25.45	35.97	36.87	35.58	29.67	—		
	800	16.76	29.08	39.26	39.55	35.26	27.88	—		
E	500	10.86	18.55	26.62	27.57	28.52	25.53	16.25		
	630	15.65	26.95	37.64	38.52	37.14	29.17			
	800	21.70	37.05	47.79	47.38	39.08	16.46	—		
	900	25.15	42.49	51.13	49.21	34.01	—	—		
	1 000	28.52	47.52	52.26	48.19	—	—	—		

表 9.7（b）　　　　　单根 V 带 $i \neq 1$ 时额定功率的增量 ΔP　　　　　　kW

带型	传动比 i	小带轮的转速 n_1/（r/min）								
		200	400	730	800	980	1 200	1 460	2 000	2 800
Z	1.35~1.51	—	0.01	0.01	0.01	0.02	0.02	0.02	0.03	0.04
	1.52~1.99	—	0.01	0.01	0.02	0.02	0.02	0.02	0.03	0.04
	≥2	—	0.01	0.02	0.02	0.02	0.03	0.03	0.04	0.04
A	1.35~1.51	0.02	0.04	0.07	0.08	0.08	0.11	0.13	0.19	0.26
	1.52~1.99	0.02	0.04	0.08	0.09	0.10	0.13	0.15	0.22	0.30
	≥2	0.03	0.05	0.09	0.10	0.11	0.15	0.17	0.24	0.34

带型	传动比 i	小带轮的转速 n_1/（r/min）								
		200	400	730	800	980	1 200	1 460	2 000	2 800
B	1.35～1.51	0.05	0.10	0.17	0.20	0.23	0.30	0.36	0.49	0.69
	1.52～1.99	0.06	0.11	0.20	0.23	0.26	0.34	0.40	0.56	0.79
	≥2	0.06	0.13	0.22	0.25	0.30	0.38	0.46	0.63	0.89
C	1.35～1.51	0.14	0.27	0.48	0.55	0.65	0.82	0.99	1.37	1.92
	1.52～1.99	0.16	0.31	0.55	0.63	0.74	0.94	1.14	1.57	2.19
	≥2	0.18	0.35	0.62	0.71	0.83	1.06	1.27	1.76	2.47
D	1.35～1.51	0.49	0.97	1.70	1.95	2.31	2.92	3.52	—	—
	1.52～1.99	0.56	1.11	1.95	2.22	2.64	3.34	4.03	—	—
	≥2	0.63	1.25	2.19	2.50	2.97	3.75	4.53	—	—
E	1.35～1.51	0.96	1.93	3.38	3.86	4.58	5.61	6.83	—	—
	1.52～1.99	1.10	2.20	3.86	4.41	5.23	6.41	7.80	—	—
	≥2	1.24	2.48	4.34	4.96	5.89	7.21	8.78	—	—

表 9.8 　　　　　　　　　　　小带轮包角修正系数 K_α

α/（°）	180	175	170	165	160	155	150	145	140	135	130	125	120
K_α	1	0.99	0.98	0.96	0.95	0.93	0.92	0.91	0.89	0.88	0.86	0.84	0.82

为了使各根胶带受力均匀，其根数不宜过多。一般要求 $z \leqslant 10$，否则应重新选择 V 带型号进行设计。

7. 计算 V 带的初拉力

保持适当的初拉力是带传动正常工作的前提。初拉力过小，带与带轮间的摩擦力小，容易打滑；初拉力过大，将增大轴和轴承的压力，并降低带的寿命。初拉力由下式计算：

$$F_0 = \frac{500 P_c}{zv}\left(\frac{2.5}{K_\alpha} - 1\right) + qv^2 \qquad (9\text{-}28)$$

式中：P_c——计算功率（kW）；

　　　z——V 带根数；

　　　v——V 带速度（m/s）；

　　　q——V 带每米长质量（kg/m）；

　　　K_α——包角修正系数，见表 9.8。

8. 计算作用在轴上的载荷

在设计 V 带轮轴及轴承时，需先确定带传动作用在轴上的载荷 F_Q。若不考虑带两边的拉力差，如图 9.11 所示，F_Q 可由下式近似计算：

$$F_Q = 2z F_0 \sin\frac{\alpha_1}{2} \qquad (9\text{-}29)$$

式中：F_0——单根 V 带的初拉力（N）；

z——V 带根数；

α_1——小带轮的包角。

图 9.11　带传动作用在轴上的载荷

9.5

带传动的安装、张紧和维护

带传动在经过一段时间的工作后就会产生塑性变形，使初拉力 F_0 减小，使得传动能力下降。为了保证带传动的正常工作，应定期检查初拉力。一般正确的安装、使用和维护，是保证带传动正常工作和延长寿命的有效措施。

9.5.1　带传动的安装

安装 V 带轮时，V 带轮轴的中心线必须保持平行，V 带轮端面与轴中心线垂直，主、从动轮的轮槽必须在同一平面内。安装时，应先将中心距减小、松开张紧轮，待 V 带装好后再调整到合适的张紧程度。不能将 V 带强行撬入。

选用 V 带时，要注意型号和基准长度，不要搞错。否则会出现 V 带高出轮槽或者底面接触，造成传动能力减弱或失去 V 带传动侧面工作的优点。

9.5.2　常见的张紧装置

1. 定期张紧装置

可采用改变中心距的方法来调节带的初拉力 F_0，使带重新张紧。

2. 自动张紧装置

将装有带轮的电动机安装在浮动的摆架上，利用电动机的自重，使带轮随同电动机绕固定轴摆动，以自动保持张紧力。

3. 采用张紧轮的装置

当中心距不能调节时，可采用张紧轮将带张紧。张紧轮一般放在靠近大带轮松边的内侧。

4. 改变带长

对有接头的带，常采用定期截去带长的方法使带张紧。

9.5.3 带传动的维护

1. 带传动装置外面应加防护罩。V带应保持清洁，不宜在有酸、碱等对橡胶有腐蚀或促使其老化的场合工作。

2. 对V带传动应进行定期检查，发现不能继续使用时应及时更换，但必须使一组V带中各根带的实际长度尽量相近。

3. 带传动不需要润滑，禁止往带上加润滑油或润滑脂，应及时清理带轮槽内及传动带上的油污。

9.6 链传动

9.6.1 链传动的特点及应用

1. 链传动的组成和工作原理

如图9.12所示，链传动由主动链轮、从动链轮和链条组成。它通过链和链轮的啮合来传递运动和动力，兼有齿轮传动和带传动的一些特点。

图 9.12 链传动

按用途的不同，链传动可分为传动链、起重链和牵引链。起重链和牵引链用于起重机械和运输机械，传动链主要用于一般机械，其中传动链最常用。

传动链的种类很多，主要有滚子链（见图 9.13）
和齿形链（见图 9.14）两种。因为滚子链结构简单、
重量轻、价格低、供应方便，故应用广泛。齿形
链比滚子链传动平稳、噪声较小，又称为无声链，可
用于较高速度或运动精度要求较高的场合，但结构
复杂，重量大，价格高。

图 9.13 滚子链结构

2. 链传动的特点和应用

链传动与带传动相比，由于链传动是啮合传动，
故没有弹性滑动和打滑现象。其平均传动比准确，
效率较高；无需较大的初拉力，对轴的作用力较小；
传递相同载荷时，结构更紧凑，装拆方便；能在高温、油污、粉尘和泥沙等恶劣的环境下工作。

图 9.14 齿形链结构
a）内导式齿形链 b）外导式齿形链

链传动与齿轮传动相比，制造和安装精度要求低；由于链传动工作时啮合齿数较多，所以
链轮轮齿受力较小，强度较高，磨损也较轻；适用于较大中心距传动。

链传动的主要缺点是仅能用于平行轴间的传动，且瞬时链速和瞬时传动比是变化的，故高
速运转时不如带传动平稳，震动冲击和噪声较大，不适于载荷变化很大和急速反转的传动。

由于链传动具有以上特点，所以它广泛用于矿山机械、冶金机械、起重运输机械及机床、
汽车、摩托车、自行车等机械传动中。

链传动适用的一般参数范围为：传动功率 $P \leqslant 100\,\text{kW}$，链速 $v \leqslant 15\,\text{m/s}$，传动比 $i \leqslant 8$，中心
距 $a \leqslant 5\sim6\,\text{m}$。传动效率为 $0.95\sim0.98$。

9.6.2 滚子链与链轮

1. 滚子链的结构和标准

滚子链由滚子 1、套筒 2、销轴 3、内链板 4、外链板 5 组成（见图 9.13）。外链板与销轴
用过盈配合固接成外链节，内链板与套筒用过盈配合固接成内链节。而销轴与套筒、套筒与滚

子之间均采用间隙配合，组成两转动副，相邻的内、外链节可以相对转动，使链条具有挠性。当链节与链轮轮齿啮合时，滚子沿链轮齿廓滚动，减轻了链与轮齿的磨损。为了减轻链条的重量并使链板各横截面强度相近（近似符合等强度原则），内、外链板均制成"∞"字形。

链条的零件均采用碳素钢或合金钢制成，并经热处理（硬度≥HRC40），以提高其强度和耐磨性。

滚子链相邻两链节铰链副理论中心间的距离称为节距，用 p 表示。它是链传动的主要参数。节距大，则链的各部分尺寸大，传递的功率大，但重量也大，冲击和震动也随着增加。为了控制链传动的尺寸及减小传动时的动载荷，当传动的功率较大及转速较高时，可采用小节距的双排链或多排链，双排滚子链如图 9.15 所示。由于多排链的制造和安装精度的影响，多排链承受载荷不均匀，故排数不宜过多，一般应不超过四排。相邻两排链条中心线间的距离称为排距，用 P_t 表示。

图 9.15　双排链结构

滚子链的长度以链节数来表示。接头方式如图 9.16 所示。当链节数为偶数时，接头处可用开口销（见图 9.16a），一般用于大节距链或弹簧锁片（见图 9.16b），用于小节距链来固定。当链节数为奇数时，需采用图 9.16c）所示的过渡链节。由于过渡链节在链条受拉时，除受拉力外，还要承受附加弯矩的作用，所以应尽量避免采用奇数个链节。

a）　　　　　　　　　　b）　　　　　　　　　　c）

图 9.16　滚子链的接头形式
a）开口销　b）弹簧夹　c）过渡链节

目前，传动用短节距精密滚子链已标准化（GB/T 1243—2008）。根据使用场合和极限拉伸载荷的不同，滚子链分为 A、B 两种系列，其中 A 系列为常用系列。表 9.9 列出了国标规定的滚子链的主要参数。

表 9.9　　　　　　　　　　　　　　　　滚子链规格和主要参数

链号	链节距 p/mm	排距 P_t/mm	滚子外径 d_1/mm	内链节内宽 b_1/mm	销轴直径 d_2/mm	内链板高度 h_2/mm	极限拉伸载荷（单排）Q/kN	每米质量 q/(kg·m^{-1})
05B	8.00	5.64	5.00	3.00	2.31	7.11	4.4	0.18
06B	9.525	10.24	6.35	5.72	3.28	8.26	8.9	0.40
08B	12.7	13.92	8.51	7.75	4.45	11.81	17.8	0.70
08A	12.7	14.38	7.95	7.85	3.96	12.07	13.8	0.60
10A	15.875	18.11	10.16	9.4	5.08	15.09	21.8	1.00
12A	19.05	22.78	11.91	12.57	5.94	18.08	31.1	1.50

续表

链号	链节距 p/mm	排距 P_t/mm	滚子外径 d_1/mm	内链节内宽 b_1/mm	销轴直径 d_2/mm	内链板高度 h_2/mm	极限拉伸载荷（单排）Q/kN	每米质量 q/(kg·m^{-1})
16A	25.40	29.29	15.88	15.75	7.92	24.13	55.6	2.60
20A	31.75	35.76	19.05	18.90	9.53	30.18	86.7	3.80
24A	38.10	45.44	22.23	25.22	11.10	36.20	124.6	5.60
28A	44.45	48.87	25.40	25.22	12.70	42.24	169.0	7.50
32A	50.80	58.55	28.58	31.55	14.27	48.26	222.4	10.10
40A	63.50	71.55	39.68	37.85	19.84	60.33	347.0	16.10
48A	76.20	87.83	47.63	47.35	23.80	72.39	500.4	22.60

滚子链的标记方法规定如下：

链号——排数 × 链节数　标准号

例：A 系列，节距 31.75 mm，双排，60 节的滚子链标记为

20A——2 × 60　GB/T 1243—2008

链轮齿形已标准化，设计时主要是确定其结构尺寸，合理地选择材料及热处理方法。

2. 链轮的基本参数和主要尺寸

链轮的基本参数是配用链条的节距 p、滚子外径 d_1、排距 P_t 及齿数 z。链轮的主要尺寸计算公式如下：

分度圆直径

$$d = \frac{p}{\sin \frac{180°}{z}}$$

（9-30）

齿顶圆直径

$$d_a = p \left(0.54 + \cot \frac{180°}{z} \right)$$

（9-31）

齿根圆直径

$$d_f = d - d_1$$

（9-32）

3. 链轮的齿形

目前应用较广的滚子链链轮端面齿形如图 9.17 所示，由三段圆弧（ aa，ab，cd ）和一段直线（ bc ）组成。这种齿廓形状具有较好的啮合性能和加工性能，而且国标规定有标准齿形刀具，只需在零件工作图上注明"齿形按 3RGB 1244——2008 规定制造"即可，不必画出端面齿形。

链轮平面齿形则须在工作图中画出，且齿形和尺寸也应符合 GB/T 1243—2008 的规定（见图 9.18 和表 9.10 ）。

4. 链轮的结构

小直径链轮采用整体式（见图 9.19a ））；中等尺寸

图 9.17　滚子链链轮端面齿形

链轮采用孔板式（见图9.19b）；大直径链轮（$d_a > 200$ mm）常采用装配式结构，以便更换齿圈，装配方式可为焊接（见图9.19c)），也可为螺栓连接（见图9.19d)）。

图 9.18　链轮轴向齿廓

表 9.10　　　　　　　　　滚子链链轮轴向齿廓尺寸

名　　称		代号	计　算　公　式		备　　注
			$p \leqslant 12.7$ mm	$p > 12.7$ mm	
齿宽	单排、双排、三排、四排以上	b_{f1}	$b_{f1} = 0.93\,b_1$ $b_{f1} = 0.91\,b_1$ $b_{f1} = 0.88\,b_1$	$b_{f1} = 0.95\,b_1$ $b_{f1} = 0.93\,b_1$ $b_{f1} = 0.93\,b_1$	$p > 12.7$ mm 时，经制造厂同意，亦可使用 $p \leqslant 12.7$ mm 时的齿宽 b_1，见表 5.12
倒角宽		b_a	$b_a = (0.1 \sim 0.15)$		
倒角半径		r_x	$r_x \geqslant p$		
倒角深		h	$h = 0.5p$	仅适用于 B 型	
齿侧凸缘（或排间槽）圆角半径		r_a	$r_a \approx 0.04p$		
链轮齿总宽		b_{fn}	$b_{fn} = (n-1)P_t + b_n$		

图 9.19　链轮结构

5. 链轮的材料

在低速、轻载和平稳的传动中，链轮材料可采用中碳钢；中速、中载传动中，也可用中碳钢，但需齿面淬火使其硬度大于 40 HRC；在高速、重载且连续工作的传动中，最好采用合金钢齿面渗碳淬火（如采用 15Cr，20Cr 淬硬至 50～60 HRC）。

由于小链轮齿数少，啮合次数多，磨损、冲击比大链轮严重，所以，小链轮材料及热处理要比大链轮的要求高。选择链轮的材料，以保证轮齿具有足够的强度和耐磨性为原则。链轮常用材料及应用范围见表 9.11。

表 9.11　　　　　　　　　　　　　链轮常用材料及应用范围

材　　料	热　处　理	热处理后硬度	应　用　范　围
15、20	渗碳、淬火、回火	50～60 HRC	$Z \leqslant 25$，有冲击的链轮
35	正火	160～200 HBS	$Z > 25$ 的链轮
40、50、ZG310～570	淬火、回火	40～50 HRC	无剧烈震动及冲击载荷的链轮
15Cr、20Cr	渗碳、淬火、回火	56～60 HRC	$Z < 25$ 的传递大功率的重要链轮
35SiMn、40Cr、35CrMo	淬火、回火	40～50 HRC	使用优质链条的重要的链轮
Q235、Q275		≈140 HBS	中低速、中等功率的较大链轮

9.6.3　链传动的安装及维护

1.　链传动的合理布置

链传动的布置是否合理，对链传动的工作能力及使用寿命都有较大影响。合理布置的原则有：

（1）链轮轴线应平行，两链轮的转动平面应在同一垂直平面内；

（2）链轮中心线最好为水平或接近水平，倾角不大于 45°；

（3）应使链条的紧边在上（与带传动不同）、松边在下，以免松边垂度过大时干扰链与轮齿的正常啮合。链传动的布置参见表 9.12。

表 9.12　　　　　　　　　　　　　　链传动的布置

传 动 条 件	正 确 布 置	不 正 确 布 置	说　　明
i 与 a 较佳场合 $i = 2～3$ $a = (20～50)p$			两链轮中心线最好成水平，或与水平面成 60° 以下的倾角，紧边在上、下均可，但在上好些
i 大 a 小的场合 $i > 3$ $a < 30p$			两链轮轴线不在同一水平面内，松边应在下面，否则松边下垂量增大后，松边链条易与小链轮发生干涉
i 小 a 大的场合 $i < 1.5$ $a > 60p$			两链轮轴线在同一水平面内，松边应在下面，否则松边下垂量增大后，松边链条易与紧边相碰撞，需要经常调整中心距

续表

传 动 条 件	正 确 布 置	不 正 确 布 置	说　明
垂直传动场合，i、a 为任意值			两链轮轴线在同一铅垂面内，下垂量集中在下端，要尽量避免这种布置，否则会减少下面链轮的有效啮合齿数，降低传动能力，应采用： （a）中心距可调； （b）设置张紧装置； （c）上、下两轮偏置，使两轮的轴线不在同一铅垂面内

2. 链传动的张紧

链传动靠链条和链轮的啮合传递运动和转矩，不需要很大的张紧力。为了防止啮合不良和链条的抖动，链传动必须控制链条松边的垂度，因此链传动要张紧，但它与带张紧的目的是不同的。张紧的方法有：

（1）通过调整链轮中心距来张紧链轮。

（2）拆除 1～2 个链节，缩短链长，使链张紧。

（3）使用张紧轮张紧。当两链轮中心连线倾角大于 60° 时，应当设置张紧装置。张紧轮常设置在链条松边外侧或内侧。

张紧最常用的方法是通过移动链轮的位置以增大两轮的中心距。当中心距不可调时，可设张紧装置张紧。常用的张紧装置有：

1）张紧轮张紧

图 9.20a）和图 9.20b）是利用弹簧或自重自动调整张紧轮的位置张紧链条的；图 9.20c）则是利用螺栓定期调整张紧轮的位置张紧链条的。一般张紧轮应装在靠近主动链轮一端的松边上，张紧轮的直径与小链轮的直径相近为好。张紧轮可以是有齿的链轮，也可以是无齿的滚轮。

图 9.20　链传动的张紧装置

2）托板张紧

图 9.20d）是通过调整托板的位置张紧链条的。托板上最好衬以橡胶、塑料或胶木，以减少链条的磨损。这种方式一般用于中心距较大的链传动。

3. 链传动的润滑

链传动的润滑是影响传动工作能力和寿命的重要因素之一，润滑良好能缓和冲击、减少铰链磨损、延长使用寿命。润滑方式可根据链速和链节距的大小查相关手册。润滑油应加于松边，以便润滑油渗入各运动接触面。常用的链传动润滑剂有 L-AN32、L-AN46、L-AN68 油。

4．链传动的故障分析与维修

（1）链传动的失效形式

在正常的安装和润滑情况下，链传动的失效主要有以下几种形式。

1）链板的疲劳破坏

链条在工作中受到应力的作用，当应力变化达到一定的循环次数后，链条各零件将发生疲劳破坏。其中链板的疲劳破坏是链传动的主要失效形式。

2）链条铰链的磨损

当链节进入或退出啮合时，链条的销轴与套筒相对转动产生磨损，使链条的节距增大而脱链。磨损是开式链传动的主要失效形式。

3）销轴与套筒的胶合

当链速过高、载荷很大或润滑不良时，销轴与套筒的工作面上将发生胶合，导致链传动失效。

4）链条的拉断

重载或突然过载时，链条受到的拉力超过链条的静强度，将被拉断。

（2）链传动常见故障分析与维修示例见表 9.13。

表 9.13 链传动故障分析与维修示例

故　障	原　因	维 修 措 施
链板或链轮齿严重侧磨	1．各链轮不共面 2．链轮端面跳动严重 3．链轮支承刚度差 4．链条扭曲严重	1．提高加工与安装精度 2．提高支承件刚度 3．更换合格链条
链板疲劳开裂	对于润滑条件良好的中低速链传动，链板的疲劳是主要矛盾。但若过早失效，则可能有下列问题： 1．链条规格选择不当 2．链条品质差 3．动力源或负载动载荷大	1．重新选用合适规格的链条 2．更换质量合格的链条 3．控制或减弱负载和动力源的冲击震动
滚子碎裂	1．链轮转速较高而链条规格选择不当 2．因链轮齿沟有杂物或链条磨损严重而发生爬齿和滚子被挤顶现象 3．链条质量差	1．重新选用稍大规格的链条 2．清除齿沟杂物或换新链条 3．更换质量合格的链条
销轴磨损或销轴与套筒胶合	链条铰链元件的磨损是最常见的现象之一。正常磨损是一个缓慢发展的过程。若发展过快，则可能 1．润滑不良 2．链条质量差或选用不当	1．清除润滑油内杂质、改善润滑条件、更换润滑油 2．更换质量合格或稍大规格的链条
外链节外侧擦伤	1．链条未张紧，发生跳动，从而与邻近物体碰撞 2．链箱变形或内有杂物	1．使链条适当张紧 2．消除箱体变形、清除杂物
链条跳齿或抖动	1．链条磨损伸长，使垂度过大 2．冲击或脉动载荷较重 3．链轮齿磨损严重	1．更换链条或链轮 2．适当张紧 3．采取措施使载荷较稳定

续表

故　　障	原　　因	维 修 措 施
链轮齿磨损严重	1. 润滑不良 2. 链轮材质较差，齿面硬度不足	1. 改善润滑条件 2. 提高链轮材质和齿面硬度 3. 把链轮拆下，翻转180°后再装上，则可利用齿廓的另一侧而延长使用寿命
卡簧、开口销等链条锁止元件松脱	1. 链条抖动过烈 2. 有障碍物磕碰 3. 锁止元件安装不当	1. 适当张紧或考虑增设导板托板 2. 消除障碍物 3. 改善锁止元件安装质量
震动剧烈、噪声过大	1. 链轮不共面 2. 松边垂度不合适 3. 润滑不良 4. 链箱或支承松动 5. 链条或链轮磨损严重	1. 改善链轮安装质量 2. 适当张紧 3. 改善润滑条件 4. 消除链箱或支承松动 5. 更换链条或链轮 6. 加装张紧装置或防震导板

思考题与习题

1. 带传动中，打滑和弹性滑动有何不同？

2. 带传动和链轮传动的主要类型有哪些？各有何特点？试分析它们的工作原理。

3. 试比较链传动和带传动在适用范围、传动比、失效形式等方面有何不同？

4. 带传动中，为何限制带速在 5～25 m/s 范围内？

5. 链传动的张紧应该如何正确布置？

6. 链轮的基本参数和主要尺寸计算有哪些注意问题？

7. 带传动张紧的目的是什么？张紧轮应安放在紧边还是松边上？内张紧轮应靠近大带轮还是小带轮？外张紧轮又该怎样？并分析说明两种张紧方式的利弊。

8. V 带传动的传递功率 $P = 5$ kW，主动轮的转速 $n_1 = 1\,450$ r/min，主动轮直径 $d_{d1} = 100$ mm，中心距 $a = 1\,550$ mm，从动轮直径 $d_{d2} = 400$ mm，带与带轮间的当量摩擦系数 $f_v = 0.2$，求带速 v、小带轮包角 α_1 及紧边拉力 F_1。

9. 设计鼓风机传动装置的 V 带传动。已知电动机（Y132M—4）额定功率 $P = 7.5$ kW，转速 $n_1 = 1\,440$ r/min，鼓风机转速 $n_2 = 554$ r/min，每天工作 12 h。

10. 有一 V 带传动，主动轮转速 $n_1 = 1\,450$ r/min，从动轮转速 $n_2 = 400$ r/min，主动轮基准直径 $d_{d1} = 180$ mm，$d_{d2} = 280$ mm，中心距 $a = 1\,600$ mm，用 3 根 V 带传动，载荷有震动，两班制工作。求带允许传递的功率是多少。

第10章
轴承设计

10.1 轴承的功用与类型

10.1.1 轴承的功用

轴承是用来支承轴及轴上零件的部件。它传递载荷，是机器的主要组成部分之一（只要机器中有旋转运动，必然要用到轴承）。它能使轴具有确定的工作位置和旋转精度，以保证轴系部件的工作要求，减少轴与支承面间的摩擦和磨损。

10.1.2 轴承的类型

根据轴承工作时的摩擦性质，轴承可分为滑动轴承和滚动轴承两大类。而每一类轴承，按其所能承受载荷的方向，又可分为承受径向载荷的向心轴承、承受轴向载荷的推力轴承以及同时承受径向载荷和轴向载荷的向心推力轴承。

1. 滚动轴承

滚动轴承（见图 10.1a)）是由专业轴承厂家大规模制造的标准组件。它具有摩擦阻力小、起动灵敏、效率高、润滑简便和易于互换等优点；其主要缺点是加工工艺复杂，震动和噪声较大。

2. 滑动轴承

滑动轴承（见图 10.1b)）具有承载能力大，抗冲击，工作平稳，回转精度高，运行可靠，吸震性好，噪声小，结构简单，制造、拆装方便等优点；其主要缺点是起动摩擦阻力大，轴瓦磨损较快。

轴承依其各自结构和承载特点，可适用于不同的工作条件。选用滑动轴承还是滚动轴承，主要取决于对轴承工作性能的要求和机器设计制造、使用维护中的综合技术经济要求。

在一般机器中，如无特殊使用要求，优先推荐使用滚动轴承（本章内容以介绍滚动轴承为主）。但是在高速、高精度、重载，结构上要求剖分等使用场合下，滑动轴承就显示出它的优良性能。因而在汽轮机、离心式压缩机、内燃机、大型电机中多采用滑动轴承。此外，在低速而带有冲击的机器中，如水泥搅拌机、滚筒清砂机等也常采用滑动轴承。

a)   b)

图 10.1   轴承

a）滚动轴承；b）滑动轴承

10.2 滚动轴承的结构、类型和代号

滚动轴承是机器上一种重要的通用部件。它依靠主要元件间的滚动接触来支撑转动零件，具有摩擦阻力小、容易起动、效率高、发热量少、润滑较容易等优点，而且由于大量标准化生产，具有制造成本低，使用和维修方便的优点，因而在各种机械中得到了广泛的使用。

在机械设计中，我们的主要工作就是根据具体的工作条件正确地选用轴承的类型和校核寿命，并进行轴承安装、调整、润滑、密封等轴承组合的结构设计。

10.2.1   滚动轴承的结构

常见的滚动轴承一般由两个套圈（内圈、外圈）、滚动体和保持架等基本元件组成（见图 10.2）。通常内圈与轴颈相配合且随轴一起转动，外圈装在机架的轴承座孔内固定不动。当内、外圈相对旋转时，滚动体在内、外圈的滚道上滚动，保持架使滚动体均匀分布并避免相邻滚动体之间的接触摩擦和磨损。

滚动轴承的内、外圈和滚动体一般采用专用的滚动轴承钢制造，如 GCr9、GCr15、GCr15SiMn 等；保持架则常用较软的材料（如低碳钢板）经冲压而成，或用铜合金、工程塑料等制成。

图 10.2   滚动轴承的结构

1—内圈   2—外圈   3—滚动体   4—保持架

10.2.2   滚动轴承的类型

滚动轴承的类型很多，下面介绍几种常见的分类方法。

（1）按滚动体的形状，可分为球轴承和滚子轴承两大类。

如图 10.3 所示，球轴承的滚动体是球形，承载能力和承受冲击能力小。滚子轴承的滚动体形状有圆柱滚子、圆锥滚子、滚针和鼓形滚子等，承载能力和承受冲击能力大，但极限转速低。

图 10.3　滚动体的形状

a）球形；b）圆柱滚子；c）圆锥滚子；d）滚针；e）滚针

（2）按滚动体的列数，滚动轴承可分为单列、双列及多列滚动轴承。

（3）按工作时能否调心，可分为调心轴承和非调心轴承。调心轴承允许的偏位角大。

（4）按承受载荷方向不同，可分为向心轴承和推力轴承两类。

滚动轴承中滚动体与外圈接触处的法线和垂直于轴承轴心线的平面的夹角 α，称为接触角，如图 10.4 所示。接触角越大，承受轴向载荷的能力也越大。

图 10.4　滚动轴承的接触角

向心轴承（$0° \leqslant \alpha \leqslant 45°$）$\begin{cases} 径向接触向心轴承（\alpha=0°） \\ 角接触向心轴承（0°<\alpha<45°） \end{cases}$

推力轴承（$45° < \alpha \leqslant 90°$）$\begin{cases} 角接触推力轴承（45°<\alpha=90°） \\ 轴向推力轴承（\alpha<90°） \end{cases}$

常用的各类滚动轴承的性能及特点见表 10.1。

表 10.1　　　　　　　　　　　　　　　滚动轴承的主要类型和特性

轴承名称类型及代号	结构简图	基本额定动载荷比*	极限转速比**	允许偏位角	主要特性及应用
调心球轴承 10 000		0.6～0.9	中	2°～3°	主要承受径向载荷，也能承受少量的轴向载荷。因为外圈滚道表面是以轴线中点为球心的球面，故能自动调心
调心滚子轴承 20 000		1.8～4	低	0.5°～2°	主要承受径向载荷，也可承受一些不大的轴向载荷，承载能力大，能自动调心

续表

轴承名称 类型及代号	结构简图	基本额定 动载荷比*	极限 转速 比**	允许偏位角	主要特性及应用
圆锥滚子轴 承 30000		1.1～2.5	中	2′	能承受以径向载荷为主的径向、轴向联合载荷；当接触角 α 大时，亦可承受纯单向轴向联合载荷。因系线接触，承载能力大于 7 类轴承。内、外圈可以分离，装拆方便，一般成对使用
单向推力球 轴承 51000		1	低	不允许	接触角 $\alpha=0°$，只能承受单向轴向载荷。而且载荷作用线必须与轴线相重合，高速时钢球离心力大，磨损、发热严重，极限转速低。所以只用于轴向载荷大、转速不高之处
双向推力球 轴承 52000		1	低	不允许	能承受双向轴向载荷。其余与单向推力球轴承相同
深沟球轴承 60000		1	高	8′～16′	主要承受径向载荷，也能承受少量的轴向载荷。当转速很高而轴向载荷不太大时，可代替推力球轴承承受纯轴向载荷。生产量大，价格低
角接触球轴 承 70000		1.0～1.4	较高	2′～10′	能同时承受径向和轴向联合载荷。接触角 α 越大，承受轴向载荷的能力也越大。接触角 α 有 15°、25° 和 40° 三种。一般成对使用，可以分装于两个支点或同装于一个支点上
圆柱滚子轴 承 N0000		1.5～3	较高	2′～4′	外圈（或内圈）可以分离，故不能承受轴向载荷。由于是线接触，所以能承受较大的径向载荷
滚针轴承 NA0000		—	低	不允许	在同样的内径条件下，与其他类型轴承相比，其外径最小，外圈（或内圈）可以分离，只承受径向载荷，一般无保持架，摩擦系数大

　　注：* 基本额定动载荷比是指同一尺寸系列（直径及宽度）各种类型和结构形式的轴承的基本额定动载荷与 6 类深沟球轴承（推力轴承则与单向推力球轴承）的基本额定动载荷之比。

　　** 极限转速比是指同一尺寸系列 0 级公差的各类轴承脂润滑时的极限转速与 6 类深沟球轴承脂润滑时的极限转速之比。高、中、低的含义为：高为 6 类深沟球轴承极限转速的 90%～100%；中为 6 类深沟球轴承极限转速的 60%～90%；低为 6 类深沟球轴承极限转速的 60% 以下。

10.2.3 滚动轴承的代号

滚动轴承的种类和尺寸规格繁多，为了便于组织生产和选用，常用的滚动轴承大多数已经标准化了。国家标准 GB/T 272—2008 规定了滚动轴承的代号方法，轴承的代号用字母和数字来表示，一般印或刻在轴承套圈的端面上。

滚动轴承的代号由基本代号、前置代号和后置代号组成。滚动轴承代号的构成见表 10.2。

表 10.2   滚动轴承代号的构成

前置代号	基 本 代 号					后 置 代 号				
字母	五	四		三		二	一	字母（+数字）		
	类型代号	尺寸系列代号				内径代号				
		宽度系列代号		直径系列代号				内部结构	密封与防尘	保持架及材料	公差等级代号	…
轴承分部件代号	数字或字母	一位数字		一位数字		两位数字				

注：基本代号下面的一～五表示代号自右向左的位置序数。

例如，滚动轴承代号 N1230/P6 基本代号中：N——类型代号；12——尺寸系列代号；30——内径代号。后置代号：P6——精度等级代号。

1. 基本代号（滚针轴承除外）

基本代号表示轴承的类型、结构和尺寸，是轴承代号的基础。基本代号由轴承类型代号、尺寸系列代号和内径代号三部分构成。

（1）内径代号

轴承内孔直径用两位数字表示，其含义见表 10.3。

表 10.3   滚动轴承内径代号

基本代号中右起第一、二位数字	00	01	02	03	04～99
轴承内径 d/mm	10	12	15	17	数字×5

注：内径小于 10 mm 和大于 495 mm 的内径代号另有规定。

（2）尺寸系列代号

尺寸系列代号由轴承的直径系列代号和宽（推力轴承指高）度系列代号组成，各用一位数字表示。

轴承的直径系列代号指：内径相同的轴承，配有不同的外径尺寸系列。其代号见表 10.4，外径尺寸依次递增。图 10.5 所示为深沟球轴承的不同直径系列代号的对比。

表 10.4   滚动轴承的直径系列代号

基本代号中右起第三位数字	0	1	2	3	4	5	6	7	8	9
直径系列	特轻	特轻	轻	中	重	特重		超特轻	超轻	超轻

轴承的宽度系列代号指：内径相同的轴承，配有不同的宽度尺寸系列。轴承宽度系列代号

见表 10.5，宽度尺寸依次递增。

6105 轴承　　6205 轴承　　6305 轴承　　6405 轴承

图 10.5　直径系列对比

表 10.5　　　　　　　　　滚动轴承的宽（高）度系列代号

基本代号中右起第四位数字	0	1	2	3	4	5	6	7	8	9
宽（高）度系列	窄型	正常	宽	特宽	特宽	特宽		特低		低

注：GB/T 272—2008 规定，当宽度代号为"0"时，不标出。

（3）类型代号

轴承类型用数字或字母表示，其表示方法见表 10.6。

表 10.6　　　　　　　　　一般滚动轴承类型代号

代号	轴 承 类 型	代号	轴 承 类 型
0	双列角接触球轴承	7	角接触球轴承
1	调心球轴承	8	推力圆柱滚子轴承
2	调心滚子轴承和推力调心滚子轴承	N	圆柱滚子轴承
3	圆锥滚子轴承		双列或多列用字母 NN 表示
4	双列深沟球轴承	U	外球面球轴承
5	推力球轴承	QJ	四点接触球轴承
6	深沟球轴承		

2. 前置代号

轴承的前置代号用字母表示。如用 L 表示可分离轴承的可分离内圈或外圈，代号示例如 LN207。

3. 后置代号

轴承的后置代号是用字母（或加数字）等表示。后置代号的内容很多，下面介绍几种常用的后置代号。

（1）内部结构代号用字母表示，紧跟在基本代号后面。如接触角 α=15°、25° 和 40° 的角接触球轴承分别用 C、AC 和 B 表示内部结构的不同。代号示例如 7210C、7210AC 和 7210B。

（2）密封、防尘与外部形状变化代号。如"-Z"表示轴承一面带防尘盖；"N"表示轴承外圈上有止动槽。代号示例如 6210-Z、6210N。

（3）轴承的公差等级分为 2、4、5、6、6_x 和 0 级，共 6 个级别，精度依次降低。其代号分别为/P2、/P4、/P5、/P6、/P6ₓ 和/P0。公差等级中，6ₓ级仅适用于圆锥滚子轴承；0 级为普通级，在轴承代号中省略不表示。代号示例如 6203、6203/P6、30210/P6ₓ。

（4）轴承的游隙分为 1、2、0、3、4 和 5 组，共 6 个游隙组别，游隙依次由小到大。常用的游隙组别是 0 游隙组，在轴承代号中省略不表示；其余的游隙组别在轴承代号中分别用符号/C1、/C2、/C3、/C4、/C5 表示。代号示例如 6210、6210/C4。

实际应用的滚动轴承类型是很多的，相应的轴承代号也是比较复杂的。以上介绍的代号是轴承代号中最基本、最常用的部分。熟悉了这部分代号，就可以识别和查选常用的轴承。关于滚动轴承详细的代号方法可查阅 GB/T 272—2008。

例 10-1 试说明下面代号的意义。

72311C/P5

7—轴承类型代号，表示角接触球轴承；

23—尺寸系列代号，2 为宽度系列代号，3 为直径系列代号；

11—内径代号，表示 d=55 mm；

C —后置代号，表示接触角为 15°；

P5—后置代号，表示公差等级为 5 级精度。

LN203/P63

L—前置代号，表示可分离轴承的可分离内圈或外圈；

N—类型代号，表示圆柱滚子轴承；

2—尺寸系列代号，宽度系列代号为 0（0 在代号中省略），直径系列代号为 2；

03—内径代号，表示 d=17 mm；

P6—后置代号，表示公差等级为 6 级精度；

3—后置代号，表示游隙为 3 组。

10.3 滚动轴承类型的选择

10.3.1 滚动轴承的选择原则

选择轴承类型应考虑的因素很多，如轴承所受载荷的大小、方向及性质（已在表 10.1 中进行了说明），转速与工作环境，调心性能要求，经济性及其他特殊要求等。

1. 载荷条件

轴承承受载荷的大小、方向和性质是选择轴承类型的主要依据。载荷小而又平稳时，可选球轴承；载荷大又有冲击时，宜选滚子轴承；轴承仅受径向载荷时，宜选圆柱滚子轴承；只受轴向载荷时，宜选推力轴承。轴承同时受径向和轴向载荷，选用角接触轴承；轴向载荷越大，应选择接触角越大的轴承，必要时也可选用径向轴承和推力轴承的组合结构。应该注意推力轴承不能承受径向载荷，圆柱滚子轴承不能承受轴向载荷。

2. 轴承的转速

若轴承的尺寸和精度相同，则球轴承的极限转速比滚子轴承高。所以当转速较高且旋转精度要求较高时，应选用球轴承。推力轴承的极限转速低。当工作转速较高而轴向载荷不大时，可采用角接触球轴承或深沟球轴承。对高速回转的轴承，为减小滚动体施加于外圈滚道的离心力，宜选用外径和滚动体直径较小的轴承。若工作转速超过轴承的极限转速，可通过提高轴承的公差等级、适当加大其径向游隙等措施来满足要求。

3. 调心性能

轴承内、外圈轴线间的偏位角应控制在极限值之内（见表 10.1），否则会增加轴承的附加载荷而降低其寿命。刚度低或安装精度低的轴承内、外圈轴线间的偏位角较大，宜选用调心类轴承，如调心球轴承（10000 类）、调心滚子轴承（20000 类）等。

4. 允许的空间

当轴向尺寸受到限制时，宜选用窄或特窄的轴承。当径向尺寸受到限制时，宜选用滚动体较小的轴承。如果要求径向尺寸小而径向载荷又很大，可选用滚针轴承。

5. 装调性能

圆锥滚子轴承（30000 类）和圆柱滚子轴承（N0000 类）的内外圈可分离，装拆比较方便。

6. 经济性

在满足使用要求的情况下应尽量选用价格低廉的轴承。一般情况下，球轴承的价格低于滚子轴承。轴承的精度等级越高，其价格也越高。如无特殊要求，应尽量选用普通级精度轴承；只有对旋转精度有较高要求时，才选用精度较高的轴承。

除此之外，还可能有其他各种各样的要求，如轴承装置整体设计的要求等，因此设计时要全面分析比较，选出最合适的轴承。

10.3.2 滚动轴承工作能力的计算

1. 滚动轴承的失效形式和计算准则

（1）滚动轴承的载荷分析

以深沟球轴承为例进行分析。如图 10.6 所示，轴承受径向载荷 F_r 作用时，各滚动体承受的载荷是不同的，处于最低位置的滚动体承受的载荷最大。由理论分析知，承受的载荷最大的滚动体所受的载荷为 $F_0 \approx (5/z)F_r$，z 为滚动体的数目。

当外圈不动、内圈转动时，滚动体既自转又绕轴承的轴线公转，于是内、外圈与滚动体的接触点位置不断发生变化，滚道与滚动体接触表面上某点的接触应力也随着作周期性的变化，滚动体与旋转套圈（设为内圈）受周期性变化的脉动循环接触应力作用，固定套圈上 A 点受最大的稳定脉动循环接触应力作用。

（2）失效形式

滚动轴承的失效形式主要有以下三种。

1）疲劳点蚀

滚动体和套圈滚道在脉动循环的接触应力作用下，当应力值或应力循环次数超过一定数值时，接触表面会出现接触疲劳点蚀。点蚀使轴承在运转中产生震动和噪声，回转精度降低且工作温度升高，使轴承失去正常的工作能力。接触疲劳点蚀是滚动轴承最主要的失效形式。

2）塑性变形

在过大的静载荷或冲击载荷的作用下，套圈滚道或滚动体可能会发生塑性变形，滚道出现凹坑或滚动体被压扁，使运转精度降低，产生震动和噪声，导致轴承不能正常工作。

图 10.6　滚动轴承的载荷分析

3）磨损

在润滑不良、密封不可靠及多尘的情况下，滚动体或套圈滚道易产生磨粒磨损，高速时会出现胶合磨损，轴承过热还将导致滚动体回火。

另外，滚动轴承由于配合、安装、拆卸及使用维护不当，还会引起轴承元件破裂等其他形式的失效，也应采取相应的措施加以防止。

（3）计算准则

针对上述的主要失效形式，滚动轴承的计算准则为：

1）对于一般转速（$n > 10$ r/min）的轴承，疲劳点蚀为其主要的失效形式，应进行寿命计算。

2）对于低速（$n \leqslant 10$ r/min）重载或大冲击条件下工作的轴承，其主要失效形式为塑性变形，应进行静强度计算。

3）对于高转速的轴承，除疲劳点蚀外，胶合磨损也是重要的失效形式。因此除应进行寿命计算外，还要校验其极限转速。

2. 基本额定寿命和基本额定动载荷

（1）轴承寿命

在一定的载荷作用下，滚动轴承运转到任一滚动体或套圈滚道上出现疲劳点蚀前，两套圈相对运转的总转数（圈数）或工作的小时数，称为轴承寿命。这也意味着一个新轴承运转至出现疲劳点蚀就不能再使用了。如同预言一个人的寿命一样，对于一个具体的轴承，我们无法预知其确切的寿命。但借助于人口调查等相关资料，却可以预知某一批人的寿命。同理，引入下面关于基本额定寿命的说法。

（2）基本额定寿命

一批相同型号的轴承，在同样的受力、转数等常规条件下运转，其中有 10% 的轴承发生疲劳点蚀破坏，而 90% 的轴承未出现疲劳点蚀前所转过的总转（圈）数或工作的小时数称为轴承的基本额定寿命，用符号 L（10^6r）或 L_h（h）表示。

（3）基本额定动载荷

基本额定动载荷是指基本额定寿命 $L = 10^6$r 时，轴承所能承受的最大载荷，用字母 C 表示。

基本额定动载荷越大，其承载能力也越大。不同型号轴承的基本额定动载荷 C 值可查轴承样本或《机械设计手册》等资料。

3. 滚动轴承的寿命计算公式

滚动轴承的基本额定寿命（以下简称为寿命）与承受的载荷有关。通过大量试验获得轴承的基本额定寿命如下：

$$L_{h} = \frac{10^{6}}{60n}\left(\frac{f_{T}C}{P}\right)^{\varepsilon} \geqslant [L_{h}] \qquad (10\text{-}1)$$

或

$$C \geqslant C' = \frac{P}{f_{T}}\left(\frac{60n[L_{h}]}{10^{6}}\right)^{\frac{1}{\varepsilon}} \qquad (10\text{-}2)$$

式中：L_{h}——轴承的基本额定寿命（h）；

n——轴承转数（r/min）；

ε——轴承寿命指数（对于球轴承，取 3；对于滚子轴承，取 10/3）；

C——基本额定动载荷（N）；

C'——所需轴承的基本额定动载荷（N）；

P——当量动载荷（N）；

f_{T}——温度系数（见表 10.7），是考虑轴承工作温度对 C 的影响而引入的修正系数；

$[L_{h}]$——轴承的预期使用寿命（h），设计时如果不知道轴承的预期寿命值，表 10.8 的荐用值可供参考。

表 10.7　　　　　　　　　　　　温度系数 f_{T}

轴承工作温度/℃	≤100	125	150	200	250	300
温度系数 f_{T}	1	0.95	0.90	0.80	0.70	0.60

表 10.8　　　　　　　　　滚动轴承预期使用寿命的荐用值

机 器 类 型	预期寿命/h
不经常使用的仪器或设备，如闸门开闭装置等	300～3 000
短期或间断使用的机械，中断使用不致引起严重后果，如手动机械等	3 000～8 000
间断使用的机械，中断使用后果严重，如发动机辅助设备、流水作业线自动传动装置、升降机、车间吊车、不经常使用的机床等	8 000～12 000
每日 8 h 工作的机械（利用率不高），如一般的齿轮传动、某些固定电动机等	12 000～20 000
每日 8 h 工作的机械（利用率较高），如金属切削机床、连续使用的起重机、木材加工机械等	20 000～30 000
24 h 连续工作的机械，如矿山升降机、泵、电动机等	40 000～60 000
24 h 连续工作的机械，中断使用后果严重，如纤维生产或造纸设备、发电站主电机、矿井水泵、船舶螺旋桨等	100 000～200 000

4. 滚动轴承的当量动载荷计算

轴承的基本额定动载荷 C 是在一定的试验条件下确定的，对向心轴承是指纯径向载荷，对推力轴承是指纯轴向载荷。在进行寿命计算时，需将作用在轴承上的实际载荷折算成与上述条件相当的载荷，即当量动载荷。在当量动载荷的作用下，轴承的寿命与实际载荷作用下轴承的寿命相同。当量动载荷用符号 P 表示，计算公式为

$$P = f_p \left(XF_r + YF_a \right) \tag{10-3}$$

式中：f_p——载荷系数，是考虑工作中的冲击和震动会使轴承寿命降低而引入的系数，见表 10.9；

F_r——轴承所受的径向载荷（N）；

F_a——轴承所受的轴向载荷（N）；

X、Y——径向载荷系数、轴向载荷系数，见表 10.10。

表 10.9   载荷系数 f_p

载 荷 性 质	无冲击或轻微冲击	中 等 冲 击	强 烈 冲 击
f_p	1.0～1.2	1.2～1.8	1.8～3.0

表 10.10   径向载荷系数 X 和轴向载荷系数 Y

轴 承 类 型	F_a/C_o	e	$F_a/F_r > e$		$F_a/F_r \leqslant e$	
			X	Y	X	Y
深沟球轴承	0.014	0.19		2.30		
	0.028	0.22		1.99		
	0.056	0.26		1.71		
	0.084	0.28		1.55		
	0.11	0.30	0.56	1.45	1	0
	0.17	0.34		1.31		
	0.28	0.38		1.15		
	0.42	0.42		1.04		
	0.56	0.44		1.00		
角接触球轴承	$\alpha = 15°$ 0.015	0.38		1.47		
	0.029	0.40		1.40		
	0.058	0.43		1.30		
	0.087	0.46		1.23		
	0.12	0.47	0.44	1.19	1	0
	0.17	0.50		1.12		
	0.29	0.55		1.02		
	0.44	0.56		1.00		
	0.58	0.56		1.00		
	$\alpha = 25°$ —	0.68	0.41	0.87	1	0
	$\alpha = 40°$ —	1.14	0.35	0.57	1	0
圆锥滚子轴承	—	$1.5 \tan\alpha$	0.40	$0.4\cot\alpha$	1	0

注：1. 表中均为单列轴承的系数值，双列轴承查《滚动轴承产品样本》。

2. C_o 为轴承的基本额定静载荷；α 为接触角。

3. e 是判别轴向载荷 F_a 对当量动载荷 P 影响程度的参数。查表时，可按 F_a/C_o 查得 e 值，再根据 $F_a/F_r > e$ 或 $F_a/F_r \leqslant e$ 来确定 X、Y 值。

5. 角接触轴承的轴向载荷

（1）角接触轴承的内部轴向力

如图 10.7 所示，由于角接触轴承存在着接触角 α，所以载荷作用中心不在轴承的宽度中点，

而与轴心线交于 O 点。当受到径向载荷 F_r 作用时，作用在承载区内第 i 个滚动体上的法向力 F_i 可分解为径向分力 F_{ri} 和轴向分力 F_{si}。各滚动体上所受轴向分力的总和即为轴承的内部轴向力 F_s，其大小可按表 10.11 求得，方向沿轴线由轴承外圈的宽边指向窄边。

表 10.11 角接触轴承的内部轴向力

圆锥滚子轴承	角接触球轴承		
	70000C ($\alpha=15°$)	70000AC ($\alpha=25°$)	70000B ($\alpha=40°$)
$F_s=F_r/(2Y)$	$F_s=e\,F_r$	$F_s=0.68\,F_r$	$F_s=1.14\,F_r$

注：表中 e 值查表 10.10 确定。

（2）角接触轴承实际轴向力 F_a 的计算

在实际使用中，为了使角接触轴承能正常工作，一般这种轴承都要成对使用，并将两个轴承对称安装。常见的安装方式有两种：图 10.8 所示为外圈窄边相对安装，称为正装或面对面安装；图 10.9 所示为外圈宽边相对安装，称为反装或背靠背安装。

图 10.7 角接触轴承的内部轴向力分析

图 10.8 外圈窄边相对安装

下面以图 10.8 所示的角接触球轴承支承的轴系为例，分析轴线方向的受力情况。将图 10.8 抽象成为图 10.10a）所示的受力简图，F_{a1} 及 F_{a2} 为两个角接触轴承所受的轴向力，作用在轴承外圈宽边的端面上，方向沿轴线由宽边指向窄边。F_A 称为轴向外载荷（力），是轴上除 F_a 之外的轴向外力的合力。在轴线方向，轴系在 F_A、F_{a1} 及 F_{a2} 作用下处于平衡状态。由于 F_A 已知，F_{a1} 及 F_{a2} 待求，这属于超静定的问题，故引入求解角接触轴承轴向力 F_a 的方法如下：

图 10.9 外圈宽边相对安装

a)

b)

图 10.10 轴向力分析

（1）先计算出轴上的轴向外力（合力）F_A 的大小及两支点处轴承的内部轴向力 F_{S1}、F_{S2} 的大小，并在图 10.10b）中绘出这三个力。

（2）将轴向外力 F_A 及与之同向的内部轴向力相加，取其之和，与另一反向的内部轴向力比较大小。如图 10.10b）所示，若 $F_{S1}+F_A \geqslant F_{S2}$，根据轴承及轴系的结构，外圈固定不动，轴与固接在一起的内圈有右移趋势，则轴承 2 被"压紧"，轴承 1 被"放松"。若 $F_{S1}+F_A < F_{S2}$，根据轴承及轴系的结构，外圈固定不动，轴与固接在一起的内圈有左移趋势，则轴承 1 被"压紧"，轴承 2 被"放松"。

（3）"放松端"轴承的轴向力等于它本身的内部轴向力。

（4）"压紧端"轴承的轴向力等于除本身的内部轴向力外其余各轴向力的代数和。

6. 滚动轴承的静强度计算

对于缓慢摆动或低转速（$n < 10$ r/min）的滚动轴承，其主要失效形式为塑性变形，应按静强度进行计算，确定轴承尺寸。对在重载荷或冲击载荷作用下转速较高的轴承，除按寿命计算外，为安全起见，也要再进行静强度验算。

（1）基本额定静载荷 C_o

轴承两套圈间相对转速为零，使承受最大载荷滚动体与滚道接触中心处引起的接触应力达到一定值（向心和推力球轴承为 4 200 MPa，滚子轴承为 4 000 MPa）时的静载荷，称为滚动轴承的基本额定静载荷 C_o（向心轴承称为径向基本额定静载荷 C_{or}，推力轴承称为轴向基本额定静载荷 C_{oa}）。各类轴承的 C_o 值可由轴承标准查得。实践证明，在上述接触应力作用下所产生的塑性变形量，除了对那些要求转动灵活性高和震动低的轴承外，一般不会影响其正常工作。

（2）当量静载荷 P_o

当量静载荷 P_o 是指承受最大载荷滚动体与滚道接触中心处引起的与实际载荷条件下相当的接触应力时的假想静载荷。其计算公式为

$$P_o = X_o F_r + Y_o F_a \tag{10-4}$$

式中，X_o，Y_o 分别为当量静载荷的径向系数和轴向系数，可由表 10.12 查取。若由式（10-4）计算出的 $P_o < F_r$，则应取 $P_o = F_r$。

表 10.12　　　　　　　　单列轴承的径向静载荷系数 X_o 和轴向静载荷系数 Y_o

轴承类型		X_o	Y_o
深沟球轴承		0.6	0.5
角接触球轴承	$\alpha = 15°$	0.5	0.46
	$\alpha = 25°$		0.38
	$\alpha = 40°$		0.26
圆锥滚子轴承		0.5	$0.22 \cot \alpha$
推力球轴承		0	1

（3）静强度计算

轴承的静强度计算式为

$$C_o \geqslant S_o P_o \tag{10-5}$$

式中，S_o 称为静强度安全系数，其值可查表 10.13。

表 10.13 静强度安全系数 S_o

旋 转 条 件	载 荷 条 件	S_o	使 用 条 件	S_o
连续旋转轴承	普通载荷	1～2	高精度旋转场合	1.5～2.5
	冲击载荷	2～3	震动冲击场合	1.2～2.5
不常旋转及作摆动运动的轴承	普通载荷	0.5	普通旋转精度场合	1.0～1.2
	冲击及不均匀载荷	1～1.5	允许有变形量	0.3～1.0

例 10-2 已知某机器中转动轴采用 7204C 轴承，轴承所受的径向载荷 F_r = 3 000 N，轴向载荷 F_a=900 N，中等冲击，温度小于 100℃，工作转速为 n = 800 r/min，试求该轴承寿命。

解：（1）由《机械设计手册》查得 7204C 滚动轴承的 C = 14 500 N，C_o = 8 220 N。

（2）查表 10.10，由 F_a/C_o = 900/8 220 = 0.109 4，查得 e = 0.47；

由 F_a/F_r=0.3 < e 查得 X=1，Y=0。

（3）计算当量动载荷 P，根据公式（10-3），即 $P=f_p(XF_r+YF_a)$，

对 f_p 查表 10.9，取 f_p=1.2，则

$$P=1.2 \times (1 \times 3\ 000 + 0 \times 900) = 3\ 600 \text{ N}$$

（4）计算轴承寿命，根据公式（10-1），查表 10.7 得 f_T=1，则

$$L_h = \frac{10^6}{60n}\left(\frac{f_T C}{P}\right)^\varepsilon = \frac{10^6}{60 \times 800}\left(\frac{1 \times 14\ 500}{3\ 600}\right)^3 = 1\ 333 \text{ h}$$

所以，通过上述计算可知 7204C 轴承的使用寿命为 1 333 h。

例 10-3 齿轮减速器中的 30205 轴承受轴向力 F_a=2 000 N，径向力 F_r=4 500 N，静强度安全系数 S_o=2，试验算该轴承是否满足静强度要求。

解：由《机械设计手册》查得 30205 轴承的基本额定静载荷为 C_o=37 000 N，X_o=0.5，Y_o=0.9。

当量静载荷

$$P_o=X_o F_r+Y_o F_a$$
$$=0.5 \times 4\ 500 + 0.9 \times 2\ 000 = 4\ 050 \text{ N}$$

根据式（10-5）　　　$\dfrac{C_o}{P_o} = \dfrac{37\ 000}{4\ 050} = 9.14 > S_o = 2$

所以该轴承满足静强度要求。

10.4

滚动轴承的组合设计

滚动轴承安装在机器设备上，它与支承它的轴和轴承座（机体）等周围零件之间的整体关系，就称为轴承部件的组合。为了保证滚动轴承正常工作，除了合理地选择轴承类型、尺寸外，还必须正确地进行轴承组合的结构设计。在设计轴承的组合结构时，要考虑轴承的安装、调整、配合、拆卸、紧固、润滑和密封等多方面的内容。

10.4.1 滚动轴承的固定

1. 两端单向固定

如图 10.11a）所示，在轴的两个支点上，用轴肩顶住轴承内圈，轴承盖顶住轴承的外圈，使每个支点都能限制轴的单方向轴向移动，两个支点合起来就限制了轴的双向移动，这种固定方式称为两端单向固定或双固式。图 10.11a）上半部为采用深沟球轴承支承的结构，它结构简单、便于安装，适用于工作温度变化不大的短轴。考虑到轴因受热而伸长，安装轴承时，如图 10.11b）所示，在深沟球轴承的外圈和端盖之间，应留有 $c=0.25\sim0.4\,\text{mm}$ 的热补偿轴向间隙。图 10.11a）下半部为采用角接触球轴承支承的结构。

图 10.11 两端单向固定的轴系

2. 一端双向固定、一端游动

如图 10.12a）所示，左端轴承内、外圈都为双向固定，以承受双向轴向载荷，称为固定端；右端为游动端，选用深沟球轴承时内圈作双向固定，外圈的两侧自由，且在轴承外圈与端盖之间留有适当的间隙，轴承可随轴颈沿轴向游动，适应轴的伸长和缩短的需要。当游动端选用圆柱滚子轴承时，该轴承的内、外圈均应双向固定，如图 10.12b）所示。这种固游式结构适用于工作温度变化较大的长轴。

图 10.12 一端双向固定、一端游动的轴系

3. 两端游动

图 10.13 所示为人字齿轮传动中的主动轴。考虑到轮齿两侧螺旋角的制造误差，为了使轮齿啮合时受力均匀，两端都采用圆柱滚子轴承支承，轴与轴承内圈可沿轴向少量移动，即为两端游动式结构。与其相啮合的从动轮轴系则必须用双固式或固游式结构。若主动轴的轴向位置也固定，可能会发生干涉以致出现卡死现象。

图 10.13　两端游动的轴系

10.4.2　轴承组合的调整

1. 轴承间隙的调整

常用的调整轴承间隙的方法有：

（1）如图 10.13 所示，靠增减端盖与箱体结合面间垫片的厚度进行调整；

（2）如图 10.14 所示，利用端盖上的调节螺钉改变可调压盖及轴承外圈的轴向位置来实现调整，调整后用螺母锁紧防松。

2. 轴承组合位置的调整

轴承组合位置调整的目的，是使轴上的零件（如齿轮等）具有准确的轴向工作位置。图 10.15

图 10.14　利用压盖调整轴承的间隙

图 10.15　轴承组合位置的调整

为圆锥齿轮轴承的组合结构，套杯与机座之间的垫片 1 用来调整轴系的轴向位置，而垫片 2 则用来调整轴承间隙。

10.4.3 滚动轴承的配合

滚动轴承的配合是指轴承内圈与轴颈、外圈与轴承座孔的配合。因为滚动轴承已经标准化，轴承内圈与轴颈的配合采用基孔制，轴承外圈与轴承座孔的配合采用基轴制。

（1）一般说来，转动圈（通常是内圈与轴一起转动）的转速越高，载荷越大，工作温度越高，则内圈与轴颈应采用越紧的配合。

（2）外圈与座孔间（特别是需要作轴向游动或经常装拆的场合）常采用较松的配合。轴颈公差带常取 n6、m6、k6、js6 等。

（3）座孔的公差带常用 J7、J6、H7 和 G7 等，具体选择可参考有关的《机械设计手册》。

10.4.4 滚动轴承的安装与拆卸

设计轴承的组合结构时，应考虑有利于轴承的装拆，以便在装拆时不损坏轴承和其他零部件。装拆时，要求滚动体不受力，装拆力要对称或均匀地作用在套圈的端面上。

1. 轴承的安装

（1）冷压法：用专用压套压装轴承，如图 10.16a）所示。装配时，先加专用压套，再用压力机压入或用手锤轻轻打入。

（2）热装法：将轴承放入油池或加热炉中加热至 80～100℃，然后套装在轴上。

2. 轴承的拆卸

应使用专门的拆卸工具拆卸轴承，如图 10.16b）所示。

a)   b)

图 10.16　轴承的安装与拆卸

为了便于用专用工具拆卸轴承，设计时应使轴上定位轴肩的高度小于轴承内圈的高度。同理，轴承外圈在套筒内应留出足够的高度和必要的拆卸空间，或采取其他便于拆卸的结构。图 10.17 所示为结构设计错误的示例。图 10.17a）表示轴肩 h 过高，无法用拆卸工具拆卸轴承；图 10.17b）表示衬套孔直径 d_0 过小，无法拆卸轴承外圈。

图 10.17　结构设计错误示例

10.4.5　滚动轴承的润滑和密封

1. 滚动轴承的润滑

滚动轴承润滑的主要目的是减少摩擦与磨损，同时也有吸震、冷却、防锈和密封等作用。常用的润滑剂有润滑油和润滑脂两种。一般高速时采用油润滑，低速时用脂润滑，某些特殊情况下用固体润滑剂。润滑方式可根据轴承的 dn 值来确定。这里，d 为轴承内径（mm），n 是轴承的转速（r/min），dn 值间接表示了轴颈的圆周速度。适用于脂润滑和油润滑的 dn 值界限列于表 10.14 中，可作为选择润滑方式时的参考。

表 10.14　　　　　　　　适用于脂润滑和油润滑的 dn 值界限　　　　　　$10^4×mm·r/min$

轴 承 类 型	脂 润 滑	油 润 滑			
		油 浴	滴 油	循环油（喷油）	油 雾
深沟球轴承	16	25	40	60	> 60
调心球轴承	16	25	40		
角接触球轴承	16	25	40	60	> 60
圆柱滚子轴承	12	25	40	60	> 60
圆锥滚子轴承	10	16	23	30	
调心滚子轴承	8	12		25	
推力球轴承	4	6	12	15	

脂润滑能承受较大的载荷，且润滑脂不易流失，结构简单，便于密封和维护。润滑脂常常采用人工方式定期更换，润滑脂的加入量一般应是轴承内空隙体积的 1/3～1/2。

速度较大或工作温度较高的轴承都采用油润滑。润滑油润滑和散热效果均较好，但易于流失，因此要保证在工作时有充足的供油。减速器常用的润滑方式有：

（1）油浴润滑：油面不应高于最下方滚动体的中心，否则搅油能量损失较大，易使轴承过热。该方式简单，容易实行，适用于中、低速场合。

（2）飞溅润滑：一般用在齿轮传动中轴承利用齿轮把润滑油甩到箱体四周内壁上，然后通过油沟把油引到轴承中。

（3）喷油润滑：利用油泵增压，通过喷嘴把润滑油对准滚动体位置喷射。这种方式兼有冷却作用，适用于高速重载场合。

（4）油雾润滑：采用专门的油雾发生器把润滑油雾化，供油量可调节。这种方式也兼有冷却作用，常用于高速情况。

2. 滚动轴承的密封

滚动轴承密封的作用是防止外界灰尘、水分等进入轴承，并阻止轴承内润滑剂流失。密封方法可分为接触式密封和非接触式密封两大类。

常用的接触式密封有毛毡圈密封、唇形密封圈密封等。图 10.18a）为采用毛毡圈密封的结构。毛毡圈密封是将工业毛毡制成的环片，嵌入轴承端盖上的梯形槽内，与转轴间摩擦接触。其结构简单、价格低廉，但毡圈易于磨损，常用于工作温度不高的脂润滑场合。图 10.18b）为采用唇形密封圈密封的结构。唇形密封圈是由专业厂家供货的标准件，有多种不同的结构和尺寸；其广泛用于油润滑和脂润滑场合，密封效果好，但在高速时易于发热。

高速时多采用与转轴无直接接触的非接触式密封，以减少摩擦功耗和发热。常用的非接触式密封有油沟式密封、迷宫式密封等结构。图 10.19a）为采用油沟式密封的结构，在油沟内填充润滑脂密封。其结构简单，适用于轴颈速度 $v \leqslant 5 \sim 6$ m/s 的场合。图 10.19b）为采用曲路迷宫式密封的结构，适用于高速场合。

a)　　　　　　b)

图 10.18　接触式密封

a)　　　　　　b)

图 10.19　非接触式密封

10.5

滑动轴承

工作时轴承和轴颈的支承面间形成直接或间接滑动摩擦的轴承，称为滑动轴承。润滑良好的滑动轴承在高速、重载、高精度以及结构要求对开的场合，优点更突出。因而在汽轮机、内燃机、大型电机、仪表、机床、航空发动机及铁路机车等机械上被广泛应用。按受载方向，滑动轴承可分为受径向载荷的径向轴承和受轴向载荷的推力轴承。

10.5.1　滑动轴承的结构

常用滑动轴承的结构形式及其尺寸已经标准化，应尽量选用标准形式。必要时也可以专门设计，以满足特殊需要。

1. 径向滑动轴承的结构形式

图 10.20 所示为整体式径向滑动轴承，由轴承体 1、轴套 2、润滑装置等组成。这种轴承结构简单，但装拆时轴或轴承需轴向移动，而且轴套磨损后轴承间隙无法调整。整体式轴承多用于间歇工作和低速轻载的机械。

图 10.21a）为剖分式径向滑动轴承。轴瓦直接与轴相接触。轴瓦不能在轴承孔中转动，为此轴承盖应适度压紧。轴承盖上制有螺纹孔，便于安装油杯或油管。为了提高安装的对心精度，在中分面上制出台阶形榫口。当载荷方向倾斜时，可将中分面相应斜置（见图 10.21b)），但使用时应保证径向载荷的实际作用线与中分面对称线摆幅不超过 35°。

图 10.20　整体式径向滑动轴承

1—轴承体　2—轴套

a)　　　　　　　　　　　　b)

图 10.21　剖分式径向滑动轴承

a）水平式；b）斜置式

1—轴承座　2—轴承盖　3、4—轴瓦　5—双头螺柱

剖分式轴承装拆方便，轴承孔与轴颈之间的间隙可适当调整，当轴瓦磨损严重时，可方便地更换轴瓦，因此应用比较广泛。

径向滑动轴承还有其他许多类型。如轴瓦外表面和轴承座孔均为球面，从而能适应轴线偏转的调心轴承、轴承间隙可调的滑动轴承等。

2. 推力滑动轴承的结构形式

推力滑动轴承用来承受轴向载荷。图 10.22 为空心型立式平面推力滑动轴承结构示意图，轴承座 1 由铸铁或铸钢制成，止推轴瓦 2 由青铜或其他减摩材料制成，销钉 4 限制轴瓦转动。止推轴瓦下表面制成球形，以防偏载。

常见的止推面结构有轴的端面（见图 10.23a、图 10.23b）、轴段中制出的单环或多环形轴肩（见图 10.23c、图 10.23d）等。

实心端面（见图 10.23a)）为止推面的轴颈工作，接触端外缘的滑动速度较大，因此端面外缘的磨损大于中心处，结果使应力集中于中心处。实际结构中多数采用空心轴颈（见图 10.23b)），它不但能改善受力状况，且有利于润滑油由中心凹孔导入润滑并储存。

图 10.22　推力滑动轴承结构示意图
1—轴承座　2—止推轴瓦　3—轴颈　4—限位销钉　5—轴套

图 10.23　普通推力轴颈
a）实心　b）空心　c）单环　d）多环

10.5.2　轴瓦和轴承材料

1. 结构

轴瓦和轴套是滑动轴承中的重要零件。轴套用于整体式滑动轴承，轴瓦用于剖分式滑动轴承。轴瓦有厚壁（壁厚 δ 与直径 D 之比大于 0.5）和薄壁两种（见图 10.24）。

图 10.24　轴瓦
a）薄壁轴瓦；b）厚壁轴瓦

薄壁轴瓦是将轴承合金粘附在低碳钢带上，经冲裁、弯曲变形及精加工而成的。这种轴瓦适合大量生产，质量稳定，成本低。但刚性差，装配后不再修刮内孔，轴瓦受力变形后形状取决于轴承座的形状，所以轴承座也应精加工。

厚壁轴瓦常由铸造制得。为改善摩擦性能，可在底瓦内表面浇注一层轴承合金（称为轴承衬），厚度为零点几毫米至几毫米。为使轴承衬牢固粘附在底瓦上，可在底瓦内表面预制出燕尾槽（见图 10.25）。为更好发挥材料的性能，还可在这种双金属轴瓦的轴承衬表面镀一层铟、银等更软的金属。多金属轴瓦能满足轴瓦的各项性能要求。

为使润滑油均布于轴瓦工作表面，轴瓦上制有油孔和油槽。当载荷向下时，承载区为轴瓦下部，上部为非承载区。润滑油进口应设在上部（见图 10.26），使油能顺利导入。油槽应以进油口为中心沿纵横或斜向开设，但不得与轴瓦端面开通，以减少端部漏油。图 10.27 所示为常用的油槽形式。

图 10.25　轴承衬衣的粘附

a)　　　　　　　b)　　　　　　　c)

用于钢或铸铁轴瓦　　用于青铜轴瓦

图 10.26　注油口位置

图 10.27　油槽形式

2. 材料

轴瓦和轴承衬材料应具备下述性能：①摩擦因数小；②导热性好，热胀系数小；③耐磨、耐蚀、抗胶合能力强；④足够的机械强度和一定的可塑性；⑤对润滑油的亲和性。

轴瓦（包括轴承衬）材料直接影响到轴承的性能，应根据使用要求、生产批量和经济性要求合理选择。常用的轴瓦或轴承衬材料及其性能见表 10.15。

表 10.15　常用的金属轴瓦材料及性能

轴承材料		最大许用值			最高工作温度/℃	最小轴颈硬度/HBS	性能比较				备　注
		$[p]/$MPa	$[v]/$（m/s）	$[pv]/$（MPa·m/s）			抗咬黏性	顺嵌应藏性	耐蚀性	疲劳强度	
锡基轴承合金	ZSnSb11Cu6 ZSnSb8Cu4	平稳载荷			150	150	1	1	1	5	用于高速、重载下工作的重要轴承。变载荷下易疲劳，价贵
		25	80	20							
		冲击载荷									
		20	60	15							
铅基轴承合金	ZPbSb16Sn16Cu2	15	12	10	150	150	1		3	5	用于中速、中等载荷的轴承，不宜承受显著的冲击载荷。可作为锡锑轴承合金的代用品
	ZPbSb15Sn5Cu3	5	8	5							
锡青铜	ZCuSn10P1	15	10	15	280	200	3	5	1	1	用于中速、重载及承受变载荷的轴承
	ZCuSn5Pb5Zn5	8	3	15							用于中速、中等载荷的轴承
铝青铜	ZCuAl10Fe3	15	4	12	280	200	5	5	5	2	用于润滑充分的低速、重载轴承

除了上述几种金属材料外，还可采用其他金属材料及非金属材料（如黄铜、铸铁、塑料、碳石墨、橡胶及粉末冶金等）作为轴瓦材料。应用时，轴瓦和轴承衬材料的牌号和性能可由《机械设计手册》查取。

10.5.3　滑动轴承的润滑

润滑对减少滑动轴承的摩擦和磨损以及保证轴承正常工作具有重要意义。因此，设计和使用滑动轴承时，必须合理地采取措施，对滑动轴承进行润滑。

1. 润滑剂

（1）润滑油

润滑油是使用最广的润滑剂，其中以矿物油应用最广。润滑油的主要性能指标是黏度。通常它随温度的升高而降低。我国润滑油产品牌号是按运动黏度（单位为 mm^2/s，记为 cSt，读作厘斯）的中间值划分的。例如，L—AN46 全损耗系统用油（机械油），表示在 40℃时运动黏度的中间值为 46cSt（40℃时的运动黏度记为 ν_{40}）。除黏度之外，润滑油的性能指标还有凝点、闪点等。滑动轴承常用的润滑油牌号及选用可参考表 10.16。

表 10.16　　　　　　　　　滑动轴承常用润滑油牌号选择

轴颈圆周速度 $v/$（m/s）	轻载 $p<3$ MPa 工作温度（10～60℃）		中载 $p=3$～7.5 MPa 工作温度（10～60℃）		重载 $p>7.5$～30MPa 工作温度（20～80℃）	
	运动黏度 ν_{40}/cSt	适用油牌号	运动黏度 ν_{40}/cSt	适用油牌号	运动黏度 ν_{40}/cSt	适用油牌号
0.3～1.0	45～75	L-AN46，L-AN68	100～125	L-AN100	90～350	L-AN100，L-AN150 L-AN200，L-AN320
1.0～2.5	40～75	L-AN32，L-AN46，L-AN68	65～90	L-AN68 L-AN100		
2.5～5.0	40～55	L-AN32，L-AN46				
5.0～9.0	15～45	L-AN15，L-AN22，L-AN32，L-AN46				
>9	5～23	L-AN7，L-AN10，L-AN15，L-AN22				

（2）润滑脂

润滑脂是由润滑油添加各种稠化剂和稳定剂稠化而成的膏状润滑剂。润滑脂主要应用在速度较低（轴颈圆周速度小于 1～2 m/s）、载荷较大、不经常加油、使用要求不高的场合，具体选用见表 10.17。

表 10.17　　　　　　　　　滑动轴承润滑脂选择

轴承压强 p/MPa	轴颈圆周速度 $v/$（m/s）	最高工作温度 t/℃	润滑脂牌号
<1.0	≤1.0	75	3 号钙基脂
1.0～6.5	0.5～5.0	55	2 号钙基脂
1.0～6.5	≤1.0	−50～100	2 号锂基脂

续表

轴承压强 p/MPa	轴颈圆周速度 v/（m/s）	最高工作温度 t/℃	润滑脂牌号
≤6.5	0.5～5.0	120	2号钠基脂
>6.5	≤0.5	75	3号钙基脂
>6.5	≤0.5	110	1号钙钠基脂

除了润滑油和润滑脂之外，在某些特殊场合，还可使用固体润滑剂（如石墨、二硫化钼、水或气体等）作润滑剂。

2. 润滑方法

在选用润滑剂之后，还要选用恰当的润滑方式。滑动轴承的润滑方法可按下式求得的 k 值选用：

$$k = \sqrt{pv^3} \times 10^{-4} \qquad (10\text{-}6)$$

式中 p 为轴颈的平均压强（MPa）；v 为轴颈的圆周速度（m/s）。

当 $k > 16 \sim 32$ 时，用图 10.28 所示的油环带油方式，或采用飞溅、压力循环等连续供油方式进行润滑；当 $k > 32$ 时，则必须采用压力循环的供油方式进行润滑。

当 $k \leqslant 2$ 时，若采用润滑脂润滑，可用图 10.29a）所示的旋盖式油杯或用图 10.29b）所示的压配式压注油杯定期加润滑脂润滑；若采用润滑油润滑，可用图 10.29b）所示的压配式压注油杯或图 10.29c）所示的旋套式油杯定期加油润滑。

图 10.28　油环润滑

当 $k > 2 \sim 16$ 时，可用图 10.29e）所示的针阀式注油杯或图 10.29d）所示的油芯式油杯进行连续的滴油润滑。

图 10.29　几种供油装置

a）旋盖式油杯；b）压配式压注油杯；c）旋套式油杯；d）油芯式油杯；e）针阀式注油杯

思考题与习题

1. 球轴承和滚子轴承各有何特点？

2. 按承受载荷方向的不同，滚动轴承可分为哪几类？各有何特点？

3. 说明下列滚动轴承代号的含义：

    60210/P6 612/32 N2312 70216AC 71311C

4. 选择滚动轴承类型时要考虑哪些因素？

5. 滚动轴承的额定动载荷 C 和额定静载荷 C_0 的意义有何不同？它们分别针对何种失效形式？

6. 轴承间隙常用的调整方法有哪些？

7. 轴承常用的密封装置有哪些？各适用于什么场合？

8. 轴瓦和轴承衬有何区别？轴瓦有哪两种形式？

9. 轴瓦上的油槽应设在什么位置？油槽可否与轴瓦端面连通？

10. 止推滑动轴承的止推面为什么不能制成实心端面？

11. 一深沟球轴承径向载荷 $F_r = 7\,500\ \mathrm{N}$，转速 $n = 2\,000\ \mathrm{r/min}$，预期寿命 $[L_h] = 4\,000\ \mathrm{h}$，中等冲击，温度小于 $100\,℃$。试计算轴承应有的径向基本额定动载荷 C_r 值。

12. 30208 轴承基本额定动载荷 $C_r = 63\,000\ \mathrm{N}$。

（1）若当量动载荷 $P = 6\,200\ \mathrm{N}$，工作转速 $n = 750\ \mathrm{r/min}$，试计算轴承寿命 L_h；

（2）若工作转速 $n = 960\ \mathrm{r/min}$，轴承的预期寿命 $[L_h] = 10\,000\ \mathrm{h}$，求允许的最大当量动载荷。

13. 一对 7210C 角接触球轴承分别承受径向载荷 $F_{r1} = 8\,000\ \mathrm{N}$，$F_{r2} = 5\,200\ \mathrm{N}$，轴向外载荷 F_A 的方向如题 10-13 图所示。试求下列情况下各轴承的内部轴向力 F_S 和轴向载荷 F_a。

（1）$F_A = 2\,200\ \mathrm{N}$；（2）$F_A = 900\ \mathrm{N}$；（3）$F_A = 1\,120\ \mathrm{N}$。

题 10-13 图

14. 直齿轮轴系用一对深沟球轴承支承，轴颈 $d = 35\ \mathrm{mm}$，转速 $n = 1\,450\ \mathrm{r/min}$，每个轴承承受径向载荷 $F_r = 2\,100\ \mathrm{N}$，载荷平稳，预期寿命 $[L_h] = 8\,000\ \mathrm{h}$，试选择轴承型号。

第11章

轴的设计

11.1 概述

轴是组成机器的重要零件之一，用途极广，类型很多；其主要功用是支承机器中做回转运动的零件并传递运动和动力。机器中各种做回转运动的零件，如齿轮、带轮、链轮、车轮等都必须装在轴上才能实现其功能，如图 11.1 所示。

齿轮

轴

滚动轴承

轴

图 11.1 轴的应用

11.1.1 轴的分类

1. 根据承载情况分类

按轴在工作时的承载情况可分为心轴、传动轴和转轴三类。

（1）心轴：用来支承转动的零件，只承受弯矩而不承受转矩的轴。心轴可以随转动零件一起转动，如铁路车辆的轴（见图 11.2）；也可以是不转动的，如自行车的前轮轴（见图 11.3）。

图 11.2 转动心轴

图 11.3 固定心轴

（2）传动轴：主要承受转矩而不承受弯矩或所受弯矩很小的轴，如汽车变速箱与驱动桥（后桥）之间的传动轴（见图 11.4）。

（3）转轴：工作时既承受弯矩又承受转矩的轴，如图 11.5 所示。转轴是机械中最常见的轴，如汽车变速箱中的轴、齿轮减速器中的轴。

图 11.4 传动轴

图 11.5 转轴

2. 按轴线形状分类

轴还可以按轴线形状不同分为直轴（见图 11.6）、曲轴（见图 11.7）和挠性轴（见图 11.8）三类。

（1）直轴

直轴包括光轴及阶梯轴，如图 11.6 所示。光轴（见图 11.6a））指各处直径相同的轴。阶梯轴（见图 11.6b））指各段直径不同的轴。阶梯轴便于轴上零件的定位、紧固、装拆，在机械中最常见。有时为了减轻重量或满足某种使用要求，将轴制造成空心的，称为空心轴（见图 11.6c）），如汽车的传动轴和一些机床的主轴。

图 11.6 直轴
a）光轴；b）阶梯轴；c）空心轴

（2）曲轴

如图 11.7 所示，曲轴用于活塞式动力机械、曲轴压力机、空气压缩机等机械中，是一种专用零件。

（3）挠性轴

如图 11.8 所示，挠性轴通常是由几层紧贴在一起的钢丝层构成的，可以把动力和运动灵活地传到任何位置。挠性轴常用于震捣器和医疗设备中。

图 11.7　曲轴　　　　　　　　　　　　　图 11.8　挠性轴

11.1.2　轴的材料

轴的材料主要是碳素钢和合金钢。选用原则如下：

（1）一般选用常用的碳素钢——45 钢，一般应进行正火或调质处理以改善其机械性能。

（2）不重要的或受载较小的轴，可采用 Q235 等普通碳钢。

（3）对于承受较大载荷、要求强度高、结构紧凑或耐磨性较好的轴，可采用合金钢。常用的合金钢有 40Cr、20Gr、20CrMnTi 等。应当指出：当尺寸相同时，采用合金钢不能提高轴的刚度，因为在一般情况下各种钢的弹性模量相差不多；合金钢对应力集中的敏感性较高，因此轴的结构设计更要注意减少应力集中的影响；采用合金钢时必须进行相应的热处理，以便更好地发挥材料的性能。

表 11.1 列出了轴的常用材料及机械性能。

表 11.1　　　　　　　　　　　　　　轴的常用材料及机械性能

材料及热处理	毛坯直径/mm	硬度/HBS	强度极限σ_b	屈服极限σ_s	弯曲疲劳极限σ_{-1}	应用说明
			/MPa			
Q235			440	240	200	用于不重要或载荷不大的轴
35 正火	≤100	149～187	520	270	250	塑性好和强度适中，可做一般曲轴、转轴等
45 正火	≤100	170～217	600	300	275	用于较重要的轴，应用最为广泛
45 调质	≤200	217～255	650	360	300	
40Cr 调质	25		1 000	800	500	用于载荷较大，而无很大冲击的重要的轴
	≤100	241～286	750	550	350	
	>100～300	241～266	700	550	340	
40MnB 调质	25		1 000	800	485	性能接近于 40Cr，用于重要的轴
	≤200	241～286	750	500	335	
35CrMo 调质	≤100	207～269	750	550	390	用于承受重载荷的轴
20Cr 渗碳淬火回火	15	表面HRC56～62	850	550	375	用于要求强度、韧性及耐磨性均较高的轴
	—		650	400	280	
QT400-100	—	156～197	400	300	145	用于结构复杂的轴
QT600-2	—	197～269	600	200	215	用于结构复杂的轴

11.1.3　轴的设计内容及应考虑的主要问题

与其他零件一样，轴的设计包括两个方面的内容：

（1）轴的结构设计：根据轴上零件的安装、定位及轴的制造工艺等方面的要求，合理确定轴的结构形状和尺寸。

（2）轴的工作能力设计：从强度、刚度和震动稳定性等方面来保证轴具有足够的工作能力和可靠性。对于不同机械轴的工作能力的要求是不同的，必须针对不同的要求进行。但是强度要求是任何轴都必须满足的基本要求。

设计轴时主要应该满足轴的强度要求和结构要求。对于刚度要求较高的轴（如机床主轴），主要应该满足刚度要求；对于一些高速旋转的轴（如高速磨床主轴、气轮机主轴等），要考虑满足震动稳定性的要求。另外，要根据装配、加工、受力等具体要求，合理确定轴的形状和各部分的尺寸，即进行轴的结构设计。

同时应当注意：在转轴设计中，因为转轴工作时受到弯矩和转矩的联合作用，而弯矩是与轴上载荷的大小及轴上零件相互位置有关的，所以在轴的结构尺寸未确定之前，轴上的载荷的大小及分布情况以及支反力的作用点还不能确定，无法求出轴所受弯矩，不能对轴进行强度计算。

所以，轴的设计程序是：先根据扭转强度条件，初步确定轴的最小直径；然后，根据轴上零件的相互关系和定位要求，以及轴的加工、装配工艺性等，合理地拟订轴的结构形状和尺寸；在此基础上，再对较为重要的轴进行强度校核。只有在需要时，才进行轴的刚度或震动稳定性校核。

因而，轴的设计区别于其他零件设计过程的显著特点是：必须先进行结构设计，然后才能进行工作能力的核算。

11.2

轴的结构设计

轴通常由轴头、轴颈、轴肩、轴环、轴端、轴身等部分组成。轴上与轴承配合的部分称为轴颈，与传动零件（带轮、齿轮、联轴器等）相配合的部分称为轴头，连接轴颈与轴头的非配合部分通常称为轴身。

轴的结构没有标准形式，在进行轴的结构设计时，必须针对不同的情况进行具体分析。要合理考虑机器的总体布局，轴上零件的类型及其定位方式，轴上载荷的大小、性质、方向和分布情况等，同时要考虑轴的加工和装配工艺等，合理地确定轴的结构形状和尺寸。

11.2.1　拟订轴上零件的装配方案

在进行结构设计时，首先应按传动简图上所给出的各主要零件的相互位置关系拟订轴上零件的装配方案。

图 11.9 所示为一单级圆柱齿轮减速器简图。其输出轴上装有齿轮、联轴器和滚动轴承。可以采用如下的装配方案：将齿轮、左端轴承和联轴器从轴的左端装配，右端轴承从轴的右端装配。在考虑了轴的加工及轴和轴上零件的定位、装配与调整要求后，确定轴的结构形式如图 11.10 所示。

图 11.9　单级圆柱齿轮减速器简图

图 11.10　轴的结构

1—轴端挡圈　2—联轴器　3—轴承端盖
4—滚动轴承　5—套筒　6—齿轮

11.2.2　轴上零件的轴向定位

轴上零件的定位和固定是两个不同的概念。定位是针对装配而言的，为了保证准确的安装位置；固定是针对工作而言的，为了使运转中保持原位不变。但二者之间又有联系，通常作为结构措施，既起固定作用又起定位作用。

为了传递运动和动力，保证机械的工作精度和使用可靠，零件必须可靠地安装在轴上，不允许零件沿轴向发生相对运动。因此，轴上零件都必须有可靠的轴向定位措施。

轴上零件的轴向定位方法取决于零件所承受的轴向载荷大小。常用的轴向定位方法有以下几种。

（1）轴肩与轴环定位（见图 11.11）

该方法方便可靠、不需要附加零件，承受的轴向力大；会使轴径增大，阶梯处形成应力集中，阶梯过多将不利于加工。这种方法广泛用于各种轴上零件的定位。

设计要点：为了保证零件与定位面靠紧，轴上过渡圆角半径应小于零件圆角半径或倒角，一般定位高度取为（$0.07\sim0.1$）d，轴环宽度 $b = 1.4\,h$。

（2）套筒定位（见图 11.12）

该方法简化轴的结构，减小应力集中，结构简单、定位可靠，多用于轴上零件间距离较小的场合。但由于套筒与轴之间存在间隙，所以该方法在高速情况下不宜使用。

设计要点：套筒内径与轴的配合较松，套筒结构、尺寸可以根据需要灵活设计。

（3）轴端挡圈定位（见图 11.13）

该方法工作可靠，能够承受较大轴向力，应用广泛。

图 11.11　轴肩与轴环定位
　a）轴肩；b）轴环

图 11.12　套筒定位

设计要点：只用于轴端零件轴向定位；需要采用止动垫片等防松措施。

（4）圆锥面定位（见图 11.14）

图 11.13　轴端挡圈定位

图 11.14　圆锥面定位

该方法装拆方便，兼作周向定位，适用于高速、冲击以及对中性要求较高的场合。

设计要点：只用于轴端零件轴向定位；常与轴端挡圈联合使用，实现零件双向定位。

（5）圆螺母定位（见图 11.15）

该方法固定可靠，可以承受较大的轴向力，能实现轴上零件的间隙调整。但切制螺纹将会产生较大的应力集中，降低轴的疲劳强度；多用于固定装在轴端的零件。

图 11.15　圆螺母定位

设计要点：为了减小对轴强度的削弱，常采用细牙螺纹；为了防松，需加止动垫片或者使用双螺母。

（6）弹性挡圈定位（见图 11.16）

该方法结构紧凑、简单、装拆方便，但受力较小，且轴上切槽会引起应力集中，常用于轴承的定位。

设计要点：轴上切槽尺寸见 GB 894.1—2008。

（7）其他定位方式（见图 11.17）

如紧定螺钉、弹簧挡圈、锁紧挡圈等定位，多用于轴向力不大而且速度不高的场合。

图 11.16　弹性挡圈定位　　　　　　　　图 11.17　其他定位方式

11.2.3　轴上零件的周向定位

轴上零件的周向定位有键（平键、半圆键、楔键等）、型面、过盈等。

工作条件不同，对零件在轴上的定位方式和配合性质也不相同，而轴上零件的定位方法又直接影响到轴的结构形状。因此，在进行轴的结构设计时，必须综合考虑轴上载荷的大小及性质、轴的转速、轴上零件的类型及其使用要求等，合理作出定位选择。

1. 平键连接（见图 11.18）

制造简单、装拆方便；用于传递转矩较大，对中性要求一般的场合，应用最为广泛。

2. 花键连接（见图 11.19）

承载能力强，定心好、导向性好，但制造较困难，成本较高；适用于传递转矩较大，对中性要求较高或零件在轴上移动时要求导向性良好的场合。

图 11.18　平键连接　　　　　　图 11.19　花键连接

3. 过盈配合（见图 11.20）

结构简单、定心好、承载能力强和在震动下能可靠工作，但装配困难，且对配合尺寸的精度要求较高；常与平键联合使用，以承受大的突变、震动和冲击载荷。

4. 销连接（见图 11.21）

用于固定不太重要、受力不大，但同时需要周向和轴向固定的零件。

图 11.20　过盈配合　　　　　　　　　　　图 11.21　销连接

11.2.4　轴的结构工艺性

1. 确定轴的工艺结构

轴的形状，从满足强度和节省材料考虑，最好是等强度的抛物线回转体，但是这种形状的轴既不便于加工，也不便于轴上零件的固定；从加工考虑，最好是直径不变的光轴，但光轴不利于零件的拆装和定位。由于阶梯轴接近于等强度，而且便于加工和轴上零件的定位和拆装，所以实际上的轴多为阶梯形。为了能选用合适的圆钢和减少切削用量，阶梯轴各轴段的直径不宜相差过大，一般取为 5～10 mm。

为了便于切削加工，一根轴上的圆角应尽可能取相同的半径，退刀槽取相同的宽度，倒角尺寸相同；一根轴上各键槽应开在同一母线上，当键槽的轴段直径相差不大时，应尽可能采用相同宽度的键槽（见图 11.22），以减少换刀次数。

需要磨削的轴段，应该留有砂轮越程槽，以便磨削时砂轮可以磨削到轴肩的端部；需要切制螺纹的轴段，应留有退刀槽（见图 11.23）。

图 11.22　键槽布置　　　　　图 11.23　砂轮越程槽和螺纹退刀槽
　　　　　　　　　　　　　　a）砂轮越程槽；b）螺纹退刀槽

为了便于装配，轴端应加工出倒角（见图 11.24a）一般为 45º），以免装配时把轴上零件的孔壁擦伤；过盈配合零件的装入端应加工出导向锥面（见图 11.24b）），以便零件能顺利地压入。

图 11.24　倒角和锥面

a）倒角；b）锥面

2. 确定轴的制造工艺

制造工艺性往往是评价设计优劣的一个重要方面。为了便于制造、降低成本，一根轴上的具体结构都必须认真考虑。如图 11.25 所示，下列制造工艺要综合考虑：

（1）螺纹段留有退刀槽（见图 11.25a）中的①）；

（2）磨削段要留越程槽（见图 11.25b）中的④）；

（3）同一轴上的圆角、倒角应尽可能相同；

（4）同一轴上的几个键槽应开在同一母线上（见图 11.25b）中的⑤）；

（5）螺纹前导段（见图 11.25a）中的②）直径应该小于螺纹小径；

（6）轴上零件（如齿轮、带轮、联轴器）的轮毂宽度大于与其配合的轴段长度；

（7）轴上各段的精度和表面粗糙度不同。

图 11.25　轴的结构工艺性示例

11.2.5　提高轴疲劳强度的措施

轴的基本形状确定之后，还要按照工艺要求，对轴的结构细节进行合理设计，从而提高轴的加工和装配工艺性，改善轴的疲劳强度。

1. 减小应力集中

轴上的应力集中会严重削弱轴的疲劳强度，因此轴的结构应尽量避免和减小应力集中。为了减小应力集中，应该在轴剖面发生突变的地方制成适当的过渡圆角；由于轴肩定位面要与零件接触，加大圆角半径经常受到限制，这时可以采用凹切圆角或肩环结构等。

2. 改善轴的表面质量

表面粗糙度对轴的疲劳强度也有显著的影响。实践表明，疲劳裂纹常发生在表面粗糙的部位。设计时应十分注意轴的表面粗糙度的参数值，即使是不与其他零件相配合的自由表面，也不应该忽视。采用辗压、喷丸、渗碳淬火、氮化、高频淬火等表面强化的方法可以显著提高轴的疲劳强度。

3. 改善轴的受力情况

改进轴上零件的结构，减小轴上载荷或改善其应力特征，也可以提高轴的强度和刚度，如前面第 3 章介绍的计算方法。

11.3

轴的强度校核

图 11.26 所示为一既受弯矩又受扭矩的转轴。已知：齿轮的模数 m，齿数 z，齿宽 b，轴的转速 n（r/min）和传递的功率 P（kW）。轴的直径的估算方法有：按扭转强度估算和按经验公式估算。

图 11.26　转轴

11.3.1　按扭转强度估算直径

在开始的时候，轴的长度及结构形式往往是未知的，因此求不出支反力，画不出弯矩图，应力集中情况也不清楚，无法对轴进行弯曲疲劳强度计算。所以常按抗扭强度计算公式来进行轴径的初步估算，并采用降低许用切应力的方法来考虑弯曲的影响，以求出等直径的光轴。然后以该光轴为基准，按轴上零件及工艺要求进行轴的结构设计，得出轴的结构草图，从而确定各轴段的直径、长度、载荷作用点和支承位置等，进而进行轴的强度校核计算。经过校核计算，判断轴的强度是否满足需要，结构、尺寸是否需要修改。

当主要考虑扭矩作用时，由前面我们所学的力学知识可知，其强度条件为

$$\tau = \frac{T}{W_n} = \frac{9.55 \times 10^6 \times \frac{P}{n}}{W_n} \leqslant [\tau] \qquad (11\text{-}1)$$

式中：τ——扭转切应力（MPa）；

$\quad\quad T$——轴所传递的扭矩（N·mm）；

$\quad\quad W_n$——轴的抗扭截面模量（mm³）；

$\quad\quad P$——轴所传递的功率（kW）；

$\quad\quad n$——轴的转速（r/min）；

$\quad\quad [\tau]$——轴材料的许用切应力（MPa）。

对于实心轴，

$$W_n = \frac{\pi d^3}{16} \approx 0.2 d^3 \ (\text{mm}^3) \qquad (11\text{-}2)$$

式中 d——轴的直径（mm）。

故轴的直径

$$d \geqslant \sqrt[3]{\frac{9.55 \times 10^6 P}{0.2[\tau]n}} = A\sqrt[3]{\frac{P}{n}} \ (\text{mm}) \qquad (11\text{-}3)$$

常用材料的$[\tau]$值、A值可查表 11.2。$[\tau]$值、A 的大小与轴的材料及受载情况有关。当作用在轴上的弯矩比转矩小，或轴只受转矩时，$[\tau]$值取较大值，A 值取较小值，否则相反。

表 11.2　　　　　　　　　　　　　常用材料的$[\tau]$值和 A 值

轴的材料	Q235A，20	35	45	40Cr，35SiMn
$[\tau]$/ MPa	≥12～20	>20～30	>30～40	>40～52
A	135～160	118～135	107～118	98～107

由式（11-3）求出的直径值，一般作为轴的最小直径。若截面上有键槽，则应该按照求得的直径增加适当的数值，见表 11.3。最后需要将轴径圆整为标准值。

表 11.3　　　　　　　　　　　　　轴计算修正值

轴的直径 d/mm	<30	30～100	>100
有一个键槽时的增大值/（%）	7	5	3
有相隔 180º二个键槽时的增大值/（%）	15	10	7

11.3.2　按照经验公式估算直径

对于一般减速器装置中的轴，一般也可以用经验公式来估算轴的最小直径。对于高速级输入轴的最小轴径，可按与其相连接的电动机轴径 D 估算：

$$d = (0.8～1.2) D \qquad (11\text{-}4)$$

相应各级低速轴的最小直径可按同级齿轮中心距 a 估算：

$$d=（0.3\sim0.4）a \tag{11-5}$$

11.3.3 按弯扭合成进行强度计算

对于一般用途的轴，按当量弯矩校核轴径可以作为轴的精确强度验算方法。

轴的结构设计完成之后，就需要对轴的工作能力及结构设计的合理性进行检验。根据轴的几何尺寸和形状就可以确定轴上载荷的大小、方向及作用点和轴的支点位置，从而可以求出支反力，画出弯矩图和转矩图，然后按照当量弯矩对轴径进行校核。

在画轴的计算简图的时候，首先要确定轴承支反力的作用点。把轴视作一简支梁，作用在轴上的载荷，一般按集中载荷考虑，其作用点取零件轮缘宽度的中点。轴上支反力的作用点（滚动轴承和滑动轴承）按《机械设计手册》选定。

由弯矩图和转矩图可以初步确定轴的危险截面。对于一般钢制的轴，可以用第三强度理论求出危险截面的当量应力 σ_e，其强度大小为

$$\sigma_e = \sqrt{\sigma_b^2 + 4\tau^2} \tag{11-6}$$

式中：σ_e——当量应力（N/mm²）；

σ_b——危险截面上的弯矩 M 所产生的弯曲应力；

τ——T 产生的扭转切应力。

对于直径为 d 的圆轴，$\sigma_b = \dfrac{M}{W} \approx \dfrac{M}{0.1d^3}$；$\tau = \dfrac{T}{W_T} \approx \dfrac{M}{0.2d^3} = \dfrac{T}{2W}$，把这两式代入式（11-6）得：

$$\sigma_e = \frac{1}{W}\sqrt{M^2 + T^2} \tag{11-7}$$

式中：W——危险截面抗弯截面模量（mm³），$W = 0.1d^3$；

W_T——抗剪截面模量（mm³）；

M——危险截面上的合成弯矩，$M = \sqrt{M_H^2 + M_V^2}$（N·mm），其中，M_H 为水平面上的弯矩，M_V 为垂直面上的弯矩；

T——轴所传递的扭矩（N·mm）。

对于一般转轴，σ_b 为对称变化的弯曲应力，而 τ 的应力特性则随 T 的特性而定。考虑二者不同的循环应力特性的影响，将式（11-7）中的转矩乘校正系数 α，得校核轴强度的基本公式：

$$\sigma_e = \frac{10\sqrt{M^2 + (\alpha T^2)}}{d^3} \approx \frac{10M_e}{d^3} \leqslant [\sigma_{-1}]_b \tag{11-8}$$

由此得设计公式

$$d \geqslant \sqrt[3]{\frac{10M_e}{[\sigma_{-1}]_b}} \tag{11-9}$$

式中：M_e——当量弯矩，$M_e = \sqrt{M^2 + (\alpha T)^2}$（N·mm）；

d——轴的直径（mm）；

α——校正系数；

$[\sigma_{-1}]_b$——对称循环许用弯曲应力（查表 11.4）。

对于不变的转矩，取 $\alpha = \dfrac{[\sigma_{-1}]_b}{[\sigma_{+1}]_b} \approx 0.3$；对于脉动循环的转矩，取 $\alpha = \dfrac{[\sigma_{-1}]_b}{[\sigma_{+1}]_b} \approx 0.6$；对于对

称循环的转矩，取 $\alpha = 1$。式中，$[\sigma_0]_b$——脉动循环许用弯曲应力（查表 11.4），$[\sigma_{+1}]_b$——静
应力状态下的许用弯曲应力（查表 11.4）。如果是单向回转转矩，其变化规律不太清楚时，一般
按照脉动变化的转矩处理，这些数据在《机械设计手册》上可以查到。若截面上有键槽，则应
该按照求得的直径增加适当的数值（查表 11.3）。

表 11.4   轴许用弯曲应力   MPa

材料	σ_b	$[\sigma_{+1}]_b$	$[\sigma_0]_b$	$[\sigma_{-1}]_b$
碳钢	400	130	70	40
	500	170	75	45
	600	200	95	55
	700	230	110	65
合金钢	800	270	130	75
	900	300	140	80
	1 000	330	150	90
铸铁	400	100	50	30
	500	120	50	40

在按弯扭合成设计时应该注意：

（1）要正确选择危险截面。由于轴的各截面的当量弯矩和直径不同，因此轴的危险截面在
当量弯矩较大或轴的直径较小处，一般选取一个或两个危险截面核算。

（2）若验算轴的强度不够，即 $\sigma_e > [\sigma_{-1}]_b$，则可用增大轴的直径、改用强度较高的材料或
改变热处理方法等措施来提高轴的强度。

（3）当 σ_b 比 $[\sigma_{-1}]_b$ 小很多时，是否要减小轴的直径，应该综合考虑其他因素而定。有时单
从强度的观点考虑，轴的尺寸可以缩小，却受到其他条件的限制，如刚度、震动稳定性、加工
和装配工艺条件以及与轴有关联的其他零件和结构的限制。因此必须综合考虑各种因素进行全
面考虑，方可作出是否改变轴结构尺寸的决定。

这种计算方法，在工作应力分析方面是比较准确的，对于一般工作条件下工作的转轴精确
已经足够了。但是对于重载、尺寸受限制和非常重要的转轴，应该采用更为精确的疲劳强度安
全系数校核。本章就不再讨论了。

11.3.4　轴　的　设　计

1. 确定各轴段的直径和长度

轴上零件的装配方案和定位方法确定之后，轴的基本形状就确定下来了。轴的直径大小应
该根据轴所承受的载荷来确定。但是，初步确定轴的直径时，往往不知道支反力的作用点，不
能确定弯矩的大小和分布情况。因而，在实际设计中，通常是按扭矩强度条件来初步估算轴的
直径，并将这一估算值作为轴受扭段的最小直径（也可以凭经验和参考同类机械用类比的方法

确定）。

　　轴的最小直径初步确定后，可按轴上零件的装配方案和定位要求，逐步确定各轴段的直径，并根据轴上零件的轴向尺寸、各零件的相互位置关系以及零件装配所需的装配和调整空间，确定轴的各段长度。

　　具体工作时，需要注意以下几点。

　　（1）轴与零件配合的直径应取成标准值，非配合轴段允许为非标准值，但最好取整数。

　　（2）与滚动轴承相配合的直径，必须符合滚动轴承的内径标准。

　　（3）安装联轴器的轴径应与联轴器的孔径范围相适应。

　　（4）轴上的螺纹直径应符合标准。

　　（5）轴与零件相配合部分的轴身长度，应比轮毂长度略短 2～3 mm，以保证零件轴向定位可靠。

　　（6）若在轴上装有滑移的零件，应该考虑零件的滑移距离。

　　（7）轴上各零件之间应该留有适当的间隙，以防止运转时相碰。

　　（8）轴的长度尺寸要考虑加工要求，考虑留有工艺尺寸。

2. 轴的设计步骤

　　轴的设计计算一般遵循如下步骤。

　　（1）选择轴的材料，确定许用应力；

　　（2）利用公式估算轴的直径；

　　（3）对轴的结构进行设计；

　　（4）对轴按弯扭合成进行强度校核；

　　（5）对轴进行疲劳强度安全系数校核；

　　（6）轴的刚度校核；

　　（7）绘制轴的零件图。

　　但是在一般情况下设计轴时不必进行疲劳强度安全系数校核和轴的刚度计算。

　　例 11-1 设计如图 11.27 所示的带式输送机中的单级斜齿轮减速器的低速轴。图中 a=10～20 mm，s=5～10 mm。已知电动机的功率为 P_1=25 kW，转速 n_1=970 r/min，传动零件（齿轮）的主要参数及尺寸为：法面模数 m_n=4 mm，齿数比 u=3.95，小齿轮齿数 z_1=20，大齿轮齿数 z_2=79，分度圆上的螺旋角 $\beta=8°6'34''$，小齿轮分度圆直径 d_1=80.81 mm，大齿轮分度圆直径 d_2=319.19 mm，中心距 a=200 mm，齿宽 B_1=85 mm，B_2=80 mm。

图 11.27　单级斜齿轮减速器

　　解：设计过程如下：

　　（1）选择轴的材料。

　　该轴没有特殊的要求，可选用调质处理的 45 钢，查表 11.1 得其强度极限 σ_b=650 MPa，查

表 11.4 得 $[\sigma_{-1}]_b$ =55 MPa。

（2）初步估算最小轴径。

按扭转强度估算输出端联轴器处的最小直径，根据表 11.2，按 45 钢，取 A=110。

输出轴的功率 $P_2 = P\eta_1\eta_2^2\eta_3$（$\eta_1$ 为联轴器的效率，等于 0.99；η_2 为滚动轴承的效率，取为 0.99；η_3 为齿轮传动效率，取为 0.98），所以 P_2=25×0.99×0.99^2×0.98=23.77 kW；

输出轴转速 n_2 =970/3.95=245.6 r/min，

根据公式（11-3）有：$d_{\min} = A\sqrt[3]{\dfrac{P_2}{n_2}} = 110 \times \sqrt[3]{\dfrac{23.77}{245.6}} = 50.6 \text{ mm}$。

由于在联轴器处有一个键槽，轴径应增加 5%；为了使所选轴径与联轴器孔径相适应，需要同时选取联轴器。从《机械设计手册》可以查得，选用 HL4 弹性联轴器 J55×84/Y55×112GB 5014—2008。故取联轴器连接的轴径为 55 mm。

（3）轴的结构设计。

根据齿轮减速器的简图，确定轴上主要零件的布置图（见图 11.28）和轴的最小直径，初步定出其他部位的轴径与长度。

图 11.28 轴上主要零件的布置图

1）轴上零件的轴向定位。

齿轮的一端靠轴肩定位，另一端靠套筒定位，装拆、传力均较为方便。为了便于拆装轴承，该轴承处轴肩不宜过高（其高度最大值可从轴承标准中查得），故左端轴承与齿轮间设置两个轴肩，如图 11.29 所示。

图 11.29 轴上零件装配方案

2）轴上零件的周向定位。

齿轮与轴、联轴器与轴的周向定位均采用平键连接及过渡配合。考虑便于加工，按《机械设计手册》取在齿轮、联轴器处的键截面尺寸为 $b×h=18×11$，配合均采用 H7/k6；滚动轴承内圈与轴的配合采用基孔制，轴的尺寸公差为 k6。

3）确定各段轴径和长度。

轴径：从联轴器开始向左取 $\phi55$（根据联轴器确定）$\rightarrow\phi62$（根据定位轴肩高度可在（0.07～0.1）d 范围内取，即 55+7=62 mm）$\rightarrow\phi65$（根据所选用轴承——7213C 轴承确定，为标准值）$\rightarrow\phi70$（与齿轮配合，按标准直径系列取）$\rightarrow\phi80$（为轴肩定位查《机械设计手册》取值）$\rightarrow\phi70$（为轴肩定位查《机械设计手册》取值）$\rightarrow\phi65$（根据所选用轴承——7213C 轴承确定，为标准值）。

轴长：取决于轴上零件的宽度及它们的相对位置。选用 7213C 轴承，其宽度为 23 mm；齿轮端面至箱体壁间的距离取 a=15 mm；考虑到箱体的铸造误差，装配时留有余地，取滚动轴承与箱体内边距 s=5 mm；轴承处箱体凸缘宽度，应按箱盖与箱座连接螺栓尺寸及结构要求确定，暂定：该宽度=轴承宽+（0.08～0.1）a+（10～20）mm，取为 50 mm；轴承盖厚度取为 20 mm；轴承盖与联轴器之间的距离取为 15 mm；联轴器与轴配合长度为 84 mm，为使压板压住联轴器，取其相应的轴长为 82 mm；已知齿轮宽度 $B_2=80$ mm，为使套筒压住齿轮端面，取其相应的轴长为 78 mm，如图 11.30 所示。

图 11.30　轴的结构设计

根据以上考虑可确定每段轴长，并可以计算出轴承与齿轮、联轴器间的跨度。

4）考虑轴的结构工艺性。

在轴的左端与右端均制成 2×45º 倒角；左端支撑轴承的轴径为磨削加工到位，留有砂轮越程槽；为便于加工，齿轮、联轴器处的键槽布置在同一母线上，并取同一截面尺寸。

（4）轴的强度计算。

先作出轴的受力计算图（力学模型），如图 11.31 所示。如图 11.31a）所示，取集中载荷作用于齿轮及轴承的中点。

1）求齿轮上作用力的大小和方向。

转矩 $T_2=9.55×10^3P_2/n_2≈9.55×10^3×24/245.6=933.2$ N·m

圆周力 $F_{t2}=2T_2/d_2=2×933\ 200/319.19=5\ 847$ N

径向力 $F_{r2} = F_{t2} \tan\alpha_n \big/ \cos\beta$ $= 5\,847 \times \tan20° \big/ \cos8°6'34'' = 2\,150$ N

轴向力 $F_{a2} = F_{t2}\tan\beta$ $= 5\,847 \times \tan8°6'34'' = 833$ N

F_{t2}、F_{r2}、F_{a2} 的方向如图11.31a）所示。

2）求轴承的支反力。

水平面上的支反力 $F_{RA} = F_{RB} = F_{t2}/2 = 5\,847/2 = 2\,923.5$ N

垂直面上的支反力 $F'_{RA} = (-F_{a2}d_2/2 + 71\,F_{r2})/142 = 139$ N

$$F'_{RB} = (F_{a2}d_2/2 + 71\,F_{r2})/142 = 2\,011 \text{ N}$$

图 11.31 轴按弯扭合成进行强度校核

3）画弯矩图（见图11.31bc）。

截面 C 处的弯矩：

水平面上的弯矩 $M_C = 71\,F_{RA} \times 10^{-3} = 71 \times 2\,923.5 \times 10^{-3} = 207.6$ N·m

垂直面上的弯矩 $M'_{C1} = 71\,F'_{RA} \times 10^{-3} = 71 \times 139 \times 10^{-3} = 9.87$ N·m

$$M'_{C2} = (71 F'_{RA} + F_{a2}d_2/2) \times 10^{-3} = (139 \times 71 + 833 \times 319.19/2) \times 10^{-3}$$

$$= 148.2 \text{ N} \cdot \text{m}$$

合成弯矩 $M_{C1} = \sqrt{M_C^2 + M_{C1}'^2} = 207.8 \text{ N} \cdot \text{m}$, $M_{C2} = \sqrt{M_C^2 + M_{C2}'^2} = 252.0 \text{ N} \cdot \text{m}$

4）画合成弯矩图（见图 11.31d）。

5）画转矩图（见图 11.31e），$T_2 = 933.2$（N·m）。

6）画当量弯矩图（见图 11.31f）。

因为是单向回转，所以视转矩为脉动循环，$\alpha = \dfrac{[\sigma_{-1}]_b}{[\sigma_0]_b}$。

已知 $\sigma_b = 650$ MPa，查《机械设计手册》得：$[\sigma_{-1}]_b = 59$ MPa，$[\sigma_0]_b = 98$ MPa，则 $\alpha = 0.602$。

截面 C 处的当量弯矩：$M''_{C1} = \sqrt{M_{C1}^2 + (\alpha T_2)^2} = 207.8 \text{ N} \cdot \text{m}$

$$M''_{C2} = \sqrt{M_{C2}^2 + (\alpha T_2)^2} = 615.7 \text{ N} \cdot \text{m}$$

7）判断危险截面并验算强度。

① 截面 C 的当量弯矩最大，而且直径与邻接段相差不大，故截面 C 为危险截面。

已知 $M_e = M''_{C2} = 615.7 \text{ N} \cdot \text{m}$，$[\sigma_{-1}]_b = 59$ MPa，

$$\sigma_e = \frac{M_e}{W} = \frac{M_e}{0.1 d^3} = \frac{615.7 \times 10^3}{0.1 \times 70^3} = 18.0 \text{ MPa} < [\sigma_{-1}]_b = 59 \text{ MPa}$$

② 截面 D 处虽然仅受转矩，但其直径较小，故该截面也为危险截面。

$$M_D = \sqrt{(\alpha T)^2} = \alpha T = 562 \text{ N} \cdot \text{m}$$

$$\sigma_e = \frac{M}{W} = \frac{M_D}{0.1 d^3} = \frac{562 \times 10^3}{0.1 \times 55^3} = 33.8 \text{ MPa} < [\sigma_{-1}]_b = 59 \text{ MPa}$$

所以强度足够。

11.4 轴的刚度校核

在载荷的作用下，轴将产生一定的弯曲变形。若变形量超过允许的限度，就会影响轴上零件的正常工作，甚至会丧失其应有的工作性能。例如，安装齿轮的轴，当弯曲刚度（或扭转刚度）不足而导致挠度（或扭转角）过大时，将影响齿轮的正常啮合，使齿轮沿齿宽和齿高方向接触不良，造成载荷在齿面上严重分布不均。又如采用滑动轴承的轴，当挠度过大而导致轴颈偏斜过大时，将使轴颈和滑动轴承产生边缘接触，造成不均匀磨损和过度发热。因此，在设计有刚度要求的轴时，必须进行刚度的校核计算。

1. 轴的弯曲刚度校核

常见的轴可以视为简支梁。若是光轴，可以直接利用材料力学中的公式计算其挠度或偏转角；若是阶梯轴，如果对计算精度要求不高，则可用当量直径法作近似计算，即把阶梯轴看成当量直径为 d_v 的光轴，然后按材料力学的公式进行计算。当量直径为

$$d_{\mathrm{v}} = \sqrt[4]{\dfrac{L}{\displaystyle\sum_{i=1}^{z}\dfrac{l_i}{d_i^4}}} \qquad\qquad (11\text{-}10)$$

式中：l_i——阶梯轴第 i 段的长度（mm）；

$\quad\quad\ d_i$——阶梯轴第 i 段的直径（mm）；

$\quad\quad\ L$——阶梯轴总长度（mm）；

$\quad\quad\ z$——阶梯轴计算长度内的轴段数。

当载荷作用于两支撑之间时，L 为支撑跨距；当载荷作用于悬臂端时，L 等于悬臂长度加上跨距。

许用偏转角或允许挠度可以根据设计不同查阅相关设计手册。

2. 轴的扭转刚度校核

轴的扭转变形用每米长的转角 φ 来表示。圆轴扭转角 φ 的计算公式为

光轴：
$$\varphi = 5.73\times10^4\,\dfrac{T}{GI_{\mathrm{p}}} \qquad\qquad (11\text{-}11)$$

阶梯轴：
$$\varphi = 5.73\times10^4\,\dfrac{1}{LG}\sum_{i=1}^{z}\dfrac{T_i L_i}{I_{\mathrm{p}i}} \qquad\qquad (11\text{-}12)$$

式中：T——转轴所受的扭矩（N·m）；

$\quad\quad\ G$——轴材料的剪切弹性模量（MPa），对于钢材，$G=8.1\times10^4$ MPa；

$\quad\quad\ I_{\mathrm{p}}$——轴截面的极惯性矩（mm^4），对于圆轴，$I_{\mathrm{p}}=\pi d^4/32$；

$\quad\quad\ L$——阶梯轴受扭矩作用的长度（mm）；

$\quad\quad\ z$——阶梯轴受扭矩作用的轴段数；

$\quad\quad\ l_i$——阶梯轴第 i 段的长度（mm）。

轴的扭转刚度条件为

$$\varphi \leqslant [\varphi] \qquad\qquad (11\text{-}13)$$

对于一般传动的场合，可取 $[\varphi]=(0.5\sim1)°/\mathrm{m}$；对于精密传动的轴，可取 $[\varphi]=(0.25\sim0.5)°/\mathrm{m}$；对于精度要求不高的轴，$[\varphi]$ 可以大于 $1°/\mathrm{m}$。

思考题与习题

1. 自行车的中轴和后轮轴是什么类型的轴，为什么？
2. 多级齿轮减速器高速轴的直径总比低速轴的直径小，为什么？
3. 轴上最常用的轴向定位结构是什么？轴肩与轴环有何异同？
4. 圆螺母也可以对轴上零件作周向固定定位吗？
5. 轴按功用与所受载荷的不同分为哪三种？常见的轴大多属于哪一种？

6. 轴的结构设计应从哪几方面考虑?

7. 制造轴的常用材料有几种? 若轴的刚度不够, 是否可采用高强度合金钢提高轴的刚度? 为什么?

8. 轴上零件的周向固定有哪些方法? 采用键固定时应注意什么?

9. 轴上零件的轴向固定有哪些方法? 各有何特点?

10. 常用的提高轴的强度和刚度的措施有哪些?

11. 题 11-11 图所示为二级圆柱齿轮减速器。已知: $z_1=z_3=20$, $z_2=z_4=40$, $m=4$ mm, 高速级齿宽 $b_{12}=45$ mm, 低速级齿宽 $b_{34}=60$ mm, 轴 I 传递的功率 $p=4$ kW, 转速 $n_1=960$ r/min, 不计摩擦损失, 图中 a、c 取为 5～20 mm, 轴承端面到箱体内壁的距离为 5～10 mm。试设计轴 II, 初步估算轴的直径, 画出轴的结构图、弯矩图及扭矩图, 并按弯扭合成强度较核此轴。

题 11-11 图

12. 题 11-12 图所示为斜齿轮、轴和轴承组合的结构图。斜齿轮用油润滑, 轴承用脂润滑。试找出该图中的错误, 并画出正确的结构图。

题 11-12 图

第 **12** 章
其他零部件设计

联轴器和离合器都是用来连接两轴，使两轴一起转动并传递转矩的装置。用联轴器连接的两轴在工作时不能分开，只有停车后通过拆卸才能将它们分开；而用离合器连接的两轴，在机械运转时就可将两轴分开和接合。此外，它们有的还可起到过载安全保护作用。联轴器、离合器是机械传动中的通用部件，而且大部分已标准化。下面仅介绍几种常用联轴器和离合器的结构、特点、应用范围及选择方法。

12.1
联轴器

联轴器的类型很多，根据是否包含弹性元件，可划分为刚性联轴器和弹性联轴器。弹性联轴器因有弹性元件，故可起到缓冲减震的作用，也可在不同程度上补偿两轴之间的偏移；根据结构特点的不同，刚性联轴器又可分为固定式和可移式两类。可移式刚性联轴器对两轴间的偏移量具有一定的补偿能力。

12.1.1 固定式联轴器

固定式联轴器是一种比较简单的联轴器，常用的有套筒式和凸缘式联轴器。

1. 套筒式联轴器

如图 12.1 所示，套筒式联轴器是一个圆柱形套筒。它与轴用圆锥销或键连接以传递转矩。当用圆锥销连接时，传递的转矩较小；当用键连接时，传递的转矩较大。套筒式联轴器的结构简单，制造容易，径向尺寸小；但两轴线要求严格对中，装拆时需作轴向移动。它适用于工作平稳，无冲击载荷的低速、

图 12.1 套筒式联轴器
a）键连接；b）圆锥销连接

轻载的轴。

2. 凸缘式联轴器

如图 12.2 所示，凸缘式联轴器是把两个带有凸缘的半联轴器用键分别与两轴连接，然后用螺栓把两个半联轴器连成一体，以传递运动和转矩。凸缘式联轴器有两种对中方法：一种是用一个半联轴器上的凸肩与另一个半联轴器上的凹槽相配合而对中（见图 12.2a)）；另一则是用绞制孔螺栓对中（见图 12.2b)）。前者采用普通螺栓连接，螺栓与孔壁间存在间隙，转矩靠半联轴器结合面间的摩擦力矩来传递，装拆时，轴必须作轴向移动。后者采用绞制孔连接，螺栓与孔同为过渡配合，靠螺栓杆承受挤压与剪切来传递转矩，

图 12.2　凸缘式联轴器
a) 凸肩与凹槽对中；b) 绞制孔螺栓对中

装拆时轴无须作轴向移动。凸缘式联轴器的结构简单，使用维修方便，对中精度高，传递转矩大；但对所联两轴间的偏移缺乏补偿能力，制造和安装精度要求较高，故凸缘式联轴器适用于速度较低、载荷平稳、两轴对中性较好的情况。

12.1.2　可移式联轴器

这类联轴器具有可移性，故可补偿两轴间的偏移；但因无弹性元件，故不能缓冲减震。常用的有以下几种。

1. 十字滑块联轴器

如图 12.3 所示，十字滑块联轴器是由两个在端面上开有凹槽的半联轴器 1、3 和一个两面带有凸牙的中间盘 2 组成。两个半联轴器 1、3 分别固定在主动轴和从动轴上，中间盘两面的凸牙位于相互垂直的两个直径方向上，并在安装时分别嵌入 1、3 的凹槽中，将两轴连接为一体。因为凸牙可在凹槽中滑动，故可补偿安装及运转时两轴间的偏移。这种联轴器结构简单，径向尺寸小，适用于径向位移 $y \leqslant 0.04d$（d 为径）、角位移 $a \leqslant 30°$、最高转速 $n \leqslant 250$ r/min、工作平稳的场合。为了减少滑动面的摩擦及磨损，凹槽及凸块的工作面要淬硬，并且在凹槽和凸块的工作面间要注入润滑油。

a)　　　　　　　　　　　　　　　　b)

图 12.3　十字滑块联轴器
a) 平面图；b) 单件立体图
1、3—半联轴器　2—中间盘

2. 齿式联轴器

如图 12.4 所示，齿式联轴器是由两个带有内齿及凸缘的外套筒 2、3 和两个带有外齿的内套筒 1、4 所组成。两个内套筒 1、4 分别用键与两轴连接，两个外套筒 2、3 用螺栓连成一体，依靠内外齿相啮合以传递转矩。由于外齿的齿顶制成椭球面，且保持与内齿啮合后具有适当的顶隙和侧隙，故在转动时，套筒 1 可有轴向、径向及角位移。工作时，轮齿沿轴向有相对滑动。为了减轻磨损，可由油孔注入润滑油，并在套筒 1 和 3 之间装有密封圈，以防止润滑油泄漏。

图 12.4　齿式联轴器

a）齿式联轴器结构；b）齿形示意图；c）位移补偿示意图

2、3—外套筒　1、4—内套筒

3. 万向联轴器

如图 12.5 所示，万向联轴器是由两个叉形接头和一个十字销组成。十字销分别与固定在两根轴上的叉形接头用铰链连接，从而形成一个可动的连接。这种联轴器可允许两轴间有较大的夹角，而且在运转过程中，夹角发生变化仍可正常工作；但当夹角 α 过大时，转动效率明显降低，故夹角 α 最大可达 35°～45°。若用单个万向联轴器连接轴线相交的两轴，当主动轴以等角速度 ω_1 回转时，从动轴的角速度 ω_2 并不是常数，而且在一定的范围内变化（$\omega_1\cos\alpha \le \omega_2 \le \omega_1/\cos\alpha$），因而在传动过程中将产生附加的动载荷。为了改善这种状况，常将万向联轴器成对使用，组成双万向联轴器，如图 12.6 所示；但安装时应保证主、从动轴与中间轴间的夹角相等，且中间轴两端叉形接头应在同一平面内。这样便可使主、从动轴的角速度相等。万向联轴器的结构紧凑，维修方便，能补偿较大的位移，因而在汽车、拖拉机和金属车削机床中获得广泛应用。

图 12.5　万向联轴器　　　　图 12.6　双万向联轴器

12.1.3 弹性联轴器

弹性联轴器是利用弹性连接件的弹性变形来补偿两轴相对位移，缓和冲击和吸收震动的。弹性联轴器有弹性套柱销联轴器、弹性柱销联轴器和轮胎式联轴器等。

1. 弹性套柱销联轴器

如图 12.7 所示，弹性套柱销联轴器利用一端具有弹性套的柱销作为中间连接件。为了补偿轴向偏移，在两轴间留有轴向间隙 c。为了更换易损元件弹性套，留出一定的空间距离 A。弹性套柱销联轴器的标准号为 GB 4323—2009，见表 12.1。

标记示例：
主动端
Y 型轴孔，A 型键槽
$d_1 = 42$ mm, $L = 112$ mm
从动端
J_1 型轴孔，A 型键槽
$d_2 = 40$ mm, $L_1 = 84$ mm
TL6 联轴器 $\dfrac{YA42 \times 112}{J_1 A40 \times 84}$ GB 4323—2009

图 12.7　弹性套柱销联轴器结构

表 12.1　　　　　　　　弹性套柱销联轴器（GB 4323—2009）　　　　　　　　　　mm

型号	公称转矩 T_n/(N·m)	许用转速 N/(r/min) 铁	许用转速 N/(r/min) 钢	轴孔直径 d_1、d_2、d_z	轴孔长度 Y 型 L	轴孔长度 J、J_1、Z 型 L_1	轴孔长度 J、J_1、Z 型 L_1	D	A	质量 m/kg	转动惯量 I (kg.m²)	许用补偿量 径向 $\triangle Y$	许用补偿量 角向 $\triangle a$
TL1	6.3	6 600	8 800	9	20	14	—	71	18	1.16	0.000 4		
				10, 11	25	17							
				12,（14）	32	20							
TL2	16	5 500	7 600	12, 14			42	80		1.64	0.001		
				16,（18),（19）	42	30	42					0.2	1.30
TL3	31.5	4 700	6 300	16, 18, 19				95	35	1.9	0.002		
				20,（22）	52	38	52						
TL4	63	4 200	5 700	20, 22, 24（25),（28）				106		2.3	0.004		
					62	44	62						
TL5	125	3 600	4 600	25, 28				130		8.36	0.011		
				30, 32,（35）	82	60	82					0.3	1
TL6	250	3 300	3 800	32, 35, 38				160	45	10.36	0.026		
				40,（42）									
TL7	500	2 800	3 600	40, 42, 45,（48）	112	84	112	190		15.6	0.06		
TL8	710	2 400	3 000	40, 48, 50, 55,（56）				224		25.4	0.13		
				（60),（63）	142	107	142		6 5			0.4	
TL9	1000	2 100	2 850	50, 55, 56	112	84	112	250		30.9	0.20		
				60, 63,（65), 70,（71）	142	107	142						

2. 弹性柱销联轴器

如图 12.8 所示，弹性柱销联轴器直接利用具有弹性的非金属（如尼龙）柱销 2 作为中间连接件，将半联轴器 1 连接在一起。为了防止柱销由凸缘孔中滑出，在两端配置有档板 3。这种联轴器的柱销结构简单，更换方便；安装时，要留有轴向间隙 S。

弹性套柱销联轴器和弹性柱销联轴器的径向偏移和角偏移的许用范围不大，故安装时，需注意两轴对中，否则会使柱销或弹性套迅速磨损。

3. 轮胎式联轴器

如图 12.9 所示，轮胎式联轴器利用轮胎式橡胶制品 2 作为中间连接件，将半联轴器 1 与 3 连接在一起。这种联轴器结构简单可靠，能补偿较大的综合偏移，可用于潮湿多尘的场合，它的径向尺寸大，而轴向尺寸比较紧凑。轮胎式联轴器标准号为 GB 5844—2008。

图 12.8 弹性柱销联轴器   图 12.9 轮胎式联轴器

1—半联轴器 2—柱销 3—档板   1、3—半联轴器 2—橡胶

12.1.4 联轴器的选择

常用联轴器已标准化，一般先依据机器的工作条件选择合适的类型；再依据计算转矩、轴的直径和转速，从标准中选择所需型号及尺寸；必要时对某些薄弱、重要的零件进行验算。

1. 联轴器类型的选择

选择联轴器类型的原则是使用要求应与所选联轴器的特性一致。例如，两轴要精确对中，轴的刚性较好，可选刚性固定式凸缘联轴器，否则选具有补偿能力的刚性可移式联轴器；两轴轴线要求有一定夹角的，可选十字轴式万向联轴器；转速较高、要求消除冲击和吸收震动的，选弹性联轴器。

2. 联轴器型号、尺寸的选择

选择类型后，根据计算出的转矩、轴径、转速，由手册或标准中选择联轴器的型号、尺寸。选择时要满足：

（1）计算转矩 T_c 不超过联轴器的公称转矩 T_n，即

$$T_c = KT = K \cdot 9\,550\frac{P}{n} \leqslant T_n \qquad (\text{N} \cdot \text{m}) \qquad (12\text{-}1)$$

式中：K——工作情况系数，见表 12.2；

T——理论转矩（N·m）；

P——原动机功率（kW）；

n——转速（r/min）。

（2）转速 n 不超过联轴器许用转速[n]。

（3）轴径与联轴器孔径一致。

GB 3852—2008 中对联轴器轴孔及键槽的规定：（1）轴孔有长圆柱形（Y 型）、有沉孔的短圆柱形（J 型）、无沉孔的短圆柱形（J_1 型）和有沉孔的圆锥形（Z 型）；（2）键槽有平键单键槽（A 型），120°、180°布置的平键双键槽（B、B_1 型）和圆锥形孔平键单键槽（C 型）。各种型号适应各种被连接轴的端部结构和强度要求。

表 12.2　　　　　　　　　　　工作情况系数 K

原动机为电动机	工作机
1.3	转矩变化很小的机械，如发电机、小型通风机、小型离心泵
1.5	转矩变化较小的机械，如汽轮压缩机、木工机械、运输机
1.7	转矩变化中等的机械，如搅拌机、增压机、有飞轮的压缩机
1.9	转矩变化和冲击载荷大的机械，如织布机、水泥搅拌机、拖拉机
2.3	转矩变化和冲击载荷大的机械，如挖掘机、起重机、碎石机、造纸机械

12.2 常用离合器

离合器要求接合平稳，分离迅速彻底；操纵省力，调节和维修方便；结构简单，尺寸小，重量轻，转动惯性小；接合元件耐磨和易于散热等。离合器的操纵方式除机械操纵外，还有电磁、液压、气动操纵，已成为自动化机械中的重要组成部分。摩擦式离合器是利用接触面间产生的摩擦力传递转矩的。摩擦离合器可分为单片式和多片式等。

1. 单片式摩擦离合器

如图 12.10 所示，单片式摩擦离合器利用两圆盘面 2、3 压紧或松开，使摩擦力产生或消失，以实现两轴的连接或分离。

操纵滑环 4，使从动盘 3 左移，以压力 F 将其压在主动盘 2 上，从而使两圆盘结合；反向操纵滑环 4，使从动盘右移，则两圆盘分离。单片式摩擦离合器结构简单，但径向尺寸大，而且只能传递不大的转矩，常用在轻型机械上。

图 12.10　单片式摩擦离合器

1—主动轴　2—主动摩擦盘

3—从动摩擦盘　4—滑环　5—从动轴

2. 多片式摩擦离合器

多片式摩擦离合器如图 12.11 所示，其主动轴 1、外壳 2 与一组外摩擦盘 4 组成主动部分，外摩擦盘（见图 12.11b））可沿外壳 2 的槽移动。从动轴 10、套筒 9 与一组内摩擦盘 5 组成从动部分、内摩擦盘（见图 12.11c）可沿套筒 9 上的槽滑动。滑环 7 向左移动，使杠杆 8 绕支点顺时针转，通过 3 将两组摩擦盘压紧（见图 12.11a）），于是主动轴带动从动轴转动。滑环 7 向右移动，杠杆 8 下面的弹簧的弹力将杠杆 8 绕支点反转，两组摩擦盘松开，于是主动轴与从动轴脱开。6 是调节摩擦片的间距用的，借以调整摩擦面间的压力。

a）　　　　　　　　b）　　　　　　　　c）　　　　　　　　d）

图 12.11　多片式摩擦离合器

a）多片式摩擦离合器结构图；b）外摩擦盘；c）平板形内摩擦盘；d）碟形内摩擦盘

1—主动轴　2—外壳　3—压板　4—外摩擦盘　5—内摩擦盘
6—螺母　7—滑环　8—曲臂压杆　9—套筒　10—从动轴

多片式摩擦离合器由于摩擦面的增多，传递转矩的能力显著增大，径向尺寸相对减小，但是结构比较复杂。

3. 电磁摩擦离合器

利用电磁力操纵的摩擦离合器称为电磁摩擦离合器，如图 12.12 所示。其中最常用的是多片式电磁摩擦离合器。摩擦片部分的工作原理与前述相同。电磁操纵部分及原理如下：直流电接通后，电流经接触环 1 导入励磁线圈 2，线圈产生的电磁力吸引衔铁 5，压紧两组摩擦片 3、4，使离合器处于接合状态。切断电流后，依靠复位弹簧 6 将衔铁 5 推开，两组摩擦片随着松开，使离合器处于分离状态。电磁摩擦离合器可以在电路上实现改善离合器功能的要求，如利用快速励磁电路可实现快速接合；利用缓冲励磁电路可实现缓慢接合，避免启动冲击。

与牙嵌式离合器相比，摩擦式离合器的优点为：

（1）在任何转速下都可接合；

（2）过载时摩擦面打滑，能保护其他零件，不致损坏；

（3）接合平稳、冲击和震动小。

缺点为接合过程中，相对滑动引起发热与磨损，损耗能量。

4. 定向离合器

定向离合器是利用机器本身转速、转向的变化，来控制两轴离合的离合器。在图 12.13 所示的定向离合器中，星轮 1 和外环 2 分别装在主动件或从动件上。星轮与外环间有楔形空腔，内装滚柱 3。每个滚柱都被弹簧推杆 4 以适当的推力推入楔形空腔的小端，且处于临界状态（稍加外力便可楔紧或松开）。星轮和外环都可作主动件。按图 12.13 所示的结构，当外环为主动件逆时针回转时，摩擦力带动滚柱进入楔形空间的小端，便楔紧内、外接触面，驱动星轮转动；当外环顺时针回转时，摩擦力带动滚柱进入楔形空间的大端，便松开内、外接触面，外环空转。由于传动具有确定转向，故称为定向离合器。

图 12.12 电磁摩擦离合器　　　　　　　图 12.13 滚柱式定向离合器

1—接触环　2—励磁线圈　3、4—摩擦片　5—衔铁　6—弹簧　　　1—星轮　2—外环　3—滚柱　4—弹簧推杆

当星轮和外环都作顺时针回转时，根据相对运动关系，若外环转速小于星轮转速，则滚柱楔紧内、外接触面，外环与星轮接合。反之，滚柱与内、外接触面松开，外环与星轮分离。可见只有当星轮转速超过外环转速，才能起到传递转矩并一起回转的作用，故这种离合器又称为超越离合器。

12.3

弹簧

弹簧是一种弹性元件。由于它具有刚性小、弹性大、在载荷作用下容易产生弹性变形等特性，被广泛地应用于各种机器、仪表及日常用品中。

12.3.1 弹簧的类型与功用

1. 弹簧的类型

弹簧的类型很多，表 12.3 列出了常用弹簧的类型、特点和应用。一般机械中最常用的是圆

柱形螺旋弹簧。这里主要讨论圆柱形螺旋压缩及拉伸弹簧的结构形式。

表 12.3　　　　　　　　　　　　常用弹簧的类型及应用

名　　称	简　　图	说　　明
圆柱形螺旋弹簧	圆截面压缩弹簧	承受压力。结构简单，制造方便，应用最广
	矩形截面压缩弹簧	承受压力。当空间尺寸相同时，矩形截面弹簧比圆形截面弹簧吸收能量大，刚度更接近于常数
	圆截面拉伸弹簧	承受拉力
	圆截面扭转弹簧	承受转矩。主要用于压紧和蓄力以及传动系统中的弹性环节
圆锥形螺旋弹簧	圆截面压缩弹簧	承受压力。弹簧圈从大端开始接触后特性线为非线性的。可防止共振，稳定性好，结构紧凑。多用于承受较大载荷和减震
碟形弹簧	对置式	承受压力。缓冲、吸震能力强。采用不同的组合，可以得到不同的特性线，用于要求缓冲和减震能力强的重型机械。卸载时需先克服各接触面间的摩擦力，然后恢复到原形，故卸载线和加载线不重合
环形弹簧		承受压力。圆锥面间具有较大的摩擦力，因而具有很强的减震能力，常用于重型设备的缓冲装置
盘簧	非接触型	承受转矩。圈数多，变形角大，储存能量大。多用作压紧弹簧和仪器、钟表中的储能弹簧
板弹簧	多板弹簧	承受弯矩。主要用于汽车、拖拉机和铁路车辆的车厢悬挂装置中，起缓冲和减震作用

2. 弹簧的功用

（1）缓冲和吸震，如汽车的减震簧和各种缓冲器中的弹簧；

（2）储存及输出能量，如钟表的发条等；

（3）测量载荷，如弹簧秤、测力器中的弹簧；

（4）控制运动，如内燃机中的阀门弹簧等。

3. 弹簧的材料

弹簧材料及性能可以查阅相关手册、规范和标准（GB/T 1239.6—2009，GB 4357—2009）。

常用的弹簧钢主要有：

（1）碳素弹簧钢

这种弹簧钢（如 65、70 钢）的优点是价格便宜，原材料来源方便；缺点是弹性极限低，多次重复变形后易失去弹性，并且不能在 130 ℃ 的温度下正常工作。

（2）低锰弹簧钢

这种弹簧钢（如 65Mn）与碳素弹簧钢相比，优点是淬透性较好和强度较高；缺点是淬火后容易产生裂纹及热脆性。但由于价格便宜，所以一般机械上常用于制造尺寸不大的弹簧，如离合器弹簧等。

（3）硅锰弹簧钢

这种钢（如 60Si2MnA）中因为加入了硅，所以可以显著提高弹性极限，并提高了回火稳定性，因而可以在更高的温度下回火，从而得到良好的力学性能。硅锰弹簧钢在工业上得到了广泛的应用，一般用于制造汽车、拖拉机的螺旋弹簧。

（4）铬钒钢

这种钢（如 50CrVA）中加入钒的目的是细化组织，提高钢的强度和韧性。这种材料的耐疲劳和抗冲击性能良好，并能在 -40～210 ℃ 的温度下可靠地工作，但价格较贵。多用于要求较高的场合，如用于制造航空发动机调节系统中的弹簧。

选择材料时，应考虑到弹簧的用途、重要程度、使用条件（包括载荷性质、大小及循环特性，工作持续时间，工作温度和周围介质情况等），加工、热处理和经济性等因素。同时要参照现有设备中使用的弹簧，选择较为合理的材料。

12.3.2　圆柱形螺旋弹簧的基本几何参数

图 12.14 所示为螺旋压缩弹簧和拉伸弹簧。压簧在自由状态下各圈间留有间隙 δ，经最大工作载荷的作用压缩后各圈间还应有一定的余留间隙 δ（$\delta = 0.1d > 0.2$ mm）。为使载荷沿弹簧轴线传递，弹簧的两端和有 $\frac{3}{4} \sim \frac{5}{4}$ 圈与邻圈并紧，称为死圈。死圈端部须磨平，如图 12.15 所示。拉簧在自由状态下各圈应并紧，端部制有挂钩，利于安装及加载，常用的端部结构如图 12.16 所示。

图 12.14　弹簧的基本几何参数　　　　图 12.15　螺旋压簧的端部结构

圆柱形螺旋弹簧的主要参数和几何尺寸有：弹簧丝直径、弹簧圈外径 、内径和中径、节距、螺旋升角、弹簧工作圈数和弹簧自由高度等。螺旋弹簧各参数间的关系列于表 12.4 之中。

图 12.16　螺旋拉簧的端部结构

a）半圆钩环；b）圆钩环；c）可调式；d）锥形闭合端

表 12.4　　　　　　　　　　　　螺旋弹簧基本几何参数的关系式

参 数 名 称	压 缩 弹 簧	拉 伸 弹 簧
外径	$D = D_2 + d$	
内径	$D = D_2 - d$	
螺旋升角	$\alpha = \arctan \dfrac{t}{\pi D_2}$	
节距	$t = （0.28 \sim 0.5）D_2$	$t = d$
有效工作圈数	n	
死圈数	n_2	—
弹簧总圈数	$n_1 = n + n_2$	$n_1 = n$
弹簧自由高度	两端并紧、磨平 $H_0 = nt + (n_2 - 0.5)d$ 两端并紧、不磨平 $H_0 = nt + (n_2 + 1)d$	$H_0 = nd +$ 挂钩尺寸
簧丝展开长度	$L = \dfrac{\pi D_2 n_1}{\cos \alpha}$	$L = \pi D_2 n +$ 挂钩展开尺寸

12.3.3　弹簧的强度计算

1. 弹簧的特性曲线

弹簧应具有经久不变的弹性，且不允许产生永久变形。因此在设计弹簧时，务必使其工作应力在弹性极限范围之内。这个范围内工作的弹簧，当承受轴向载荷 **F** 时，弹簧将产生相应的弹性变形。为了表示弹簧的载荷与变形的关系，取纵坐标表示弹簧承受的载荷，横坐标表示弹簧的变形，这种表示载荷与变形关系的曲线称为特性曲线，如图 12.17 所示。它是弹簧设计和制造过程中检验或试验的重要依据。

等节距圆柱螺旋压缩（拉伸）弹簧，F 与 λ 呈线性变化，其特性曲线为一直线。压缩弹簧的特性曲线如图 12.17 所示。

图 12.17 中，F_1 为最小工作载荷，它是弹簧安装时所预加的初始载荷。在 F_1 的作用下，弹簧产生最小变形 λ_1，其高度由自由高度 H_0 压缩到 H_1。F_2 为最大工作载荷。在 F_2 的作用下，弹簧变形增加到 λ_2，此时高度为 H_2。$F_{\lim}$ 是弹簧的极限工作载荷。在 $F_{\lim}$ 的作用下，弹簧变形增加到 $\lambda_{\lim}$，这时其高度为 $H_{\lim}$，弹簧丝的应力达到材料的屈服极限。$h = \lambda_2 - \lambda_1$，$h$ 称为弹簧的工作行程。弹簧的最大工作载荷由工作条件确定。

图 12.17　弹簧的特性曲线

2. 弹簧的强度计算

弹簧的强度条件为

$$\tau = K\frac{8FC}{\pi d^2} \leqslant [\tau] \tag{12-2}$$

式中：$[\tau]$——许用剪切应力，单位为 MPa（GB/T 1239.6—2008）；

F——弹簧的最大工作载荷，单位为 N；

d——弹簧丝直径，单位为 mm；

C——弹簧指数，查表 12.5。

得到设计公式为：
$$d \geqslant 1.6\sqrt{\frac{KFC}{[\tau]}} \tag{12-3}$$

表 12.5　　　　　　　　　　　　　　　　弹簧指数 C

弹簧丝直径/mm	0.2~0.4	0.5~1	1.1~2.2	2.5~6	7~16	18~42
C	7~14	5~12	5~10	4~10	4~8	4~6

注：1. C 值太大，弹簧过软（刚度小），易颤动。

2. C 值太小，弹簧过硬（刚度大），卷绕时簧丝弯曲剧烈。

3. C 值范围为 4~16，常用值为 5~8。

4. C 和许用剪切应力 $[\tau]$ 均与弹簧丝直径 d 有关，必须通过试算才能得到合适的弹簧丝直径。

3. 弹簧的刚度计算

根据材料力学中的有关公式求得圆柱形螺旋压缩（拉伸）弹簧的轴向变形

$$\lambda = \frac{8FC^3 n}{Gd} \tag{12-4}$$

式中：n——弹簧的工作圈数；

G——弹簧材料的剪切弹性模量，单位为 MPa（钢：$G=8\times10^4$MPa；铜：$G=4\times10^4$MPa）。

弹簧刚度 k 是弹簧的主要参数之一，它表示弹簧单位变形所需要的力。

$$k = \frac{F}{\lambda} = \frac{Gd}{8C^3 n} \tag{12-5}$$

刚度越大，需要的力越大，弹簧的弹力也就越大。

从而可以得到弹簧圈数

$$n=\frac{\lambda Gd}{8FC^3}=\frac{Gd}{8C^3k}\qquad(12\text{-}6)$$

对于拉伸弹簧，总圈数大于 20 圈时，一般圆整为整圈数；小于 20 圈时，可以圆整为 0.5 圈。对于压缩弹簧，总圈数的尾数宜取 0.25、0.5 或整数。有效圈数通常圆整为 0.5 的整倍数并且大于 2，才能保证弹簧具有稳定的性能。若计算出的 n 与 0.5 的倍数相差较大，应在圆整后再计算弹簧的实际长度。

弹簧总圈数、有效圈数的关系可以根据 GB-1239.6—2008 确定。压缩弹簧可以根据已知条件首先选择标准弹簧（GB/T1358—2009 或有关手册），当无法选择时再自行设计。

思考题与习题

1. 试述联轴器的类型和功用。

2. 某发动机须用电动机启动，当发动机运行正常后，两机脱开，采用哪种离合器为宜？

3. 汽油发动机由电动机启动。当发动机正常运转后，电动机自动脱开，由发动机直接带动发电机。请选择电动机与发动机、发动机与发电机之间分别采用什么类型离合器。

4. 电动机经减速器驱动水泥搅拌机工作。已知电动机的功率 $P = 11$ kW，转速 $n=970$ r/min，电动机轴的直径和减速器输入轴的直径均为 42 mm。试选择电动机与减速器之间的联轴器。

5. 由交流电动机通过联轴器直接带动一台直流发电机运转。若已知该直流发电机所需的最大功率为 $P = 20$ kW，转速 $n = 3\ 000$ r/min，外伸轴轴径为 50 mm，交流电动机伸出轴的轴径为 48 mm，试选择联轴器的类型和型号。

6. 找出实际生活中三种不同的弹簧，说明它们的类型、结构和功用。

7. 什么是弹簧的弹性曲线？它在设计中起什么作用？

8. 设计弹簧时，为什么通常取弹簧指数 $C = 4\sim16$？弹簧指数 C 的含义是什么？

9. 制造弹簧的材料应符合哪些主要要求？常用材料有哪些？

附　录

部分型钢表

一、热轧等边角钢（GB/T9787—1988）

符号意义：

b——边宽		d——边厚
I——惯性矩		W——截面系数
i——惯性半径		z_0——重心距离
r——内圆弧半径		r_1——边端内圆弧半径

角钢型号	尺寸/mm			截面面积 A/cm^2	理论质量/$(\text{kg} \cdot \text{m}^{-1})$	外表面积 $A_1/(\text{m}^2 \cdot \text{m}^{-1})$	参 考 数 值												z_0/cm
							$x-x$			x_0-x_0			y_0-y_0			x_1-x_1			
	b	d	r				I_x/cm^4	i_x/cm	W_x/cm^3	I_{x0}/cm^4	i_{x0}/cm	W_{x0}/cm^3	I_{y0}/cm^4	i_{y0}/cm	W_{y0}/cm^3	I_{x1}/cm^4			
2	20	3	3.5	1.132	0.889	0.078	0.40	0.59	0.29	0.63	0.75	0.45	0.17	0.39	0.20	0.81			0.60
		4		1.459	1.145	0.077	0.50	0.58	0.36	0.78	0.73	0.55	0.22	0.38	0.24	1.09			0.64
2.5	25	3	3.5	1.432	1.124	0.098	0.82	0.76	0.46	1.29	0.95	0.73	0.34	0.49	0.33	1.57			0.73
		4		1.859	1.459	0.097	1.03	0.74	0.59	1.62	0.93	0.92	0.43	0.48	0.40	2.11			0.76
3	30	3	4.5	1.749	1.373	0.117	1.46	0.91	0.65	2.31	1.15	1.09	0.61	0.59	0.51	2.17			0.85
		4		2.276	1.786	0.117	1.84	0.90	0.87	2.92	1.13	1.37	0.77	0.58	0.62	3.63			0.89
3.0	36	3	4.5	2.109	1.656	0.141	2.58	1.11	0.99	4.09	1.39	1.61	1.07	0.71	0.76	4.68			1.00
		4		2.756	2.163	0.141	3.29	1.09	1.28	5.22	1.38	2.05	1.37	0.70	0.93	6.25			1.04
		5		3.382	2.656	0.141	3.95	1.08	1.56	6.24	1.36	2.45	1.65	0.70	1.09	7.84			1.07
4	40	3	5	2.539	1.852	0.157	3.59	1.23	1.23	5.69	1.55	2.01	1.49	0.79	0.96	6.41			1.09
		4		3.086	2.422	0.157	4.60	1.22	1.60	7.29	1.54	2.58	1.91	0.79	1.19	8.56			1.13
		5		3.791	2.976	0.156	5.53	1.21	1.96	8.76	1.52	3.10	2.30	0.78	1.39	10.74			1.17
4.5	45	3	5	2.659	2.088	0.177	5.17	1.40	1.58	8.20	1.76	2.58	2.14	0.89	1.24	9.12			1.22
		4		3.486	2.736	0.177	6.65	1.38	2.05	10.56	1.74	3.32	2.75	0.89	1.54	12.18			1.26
		5		4.292	3.369	0.176	8.01	1.37	2.51	12.74	1.72	4.00	3.33	0.88	1.81	15.25			1.30
		6		5.076	3.985	0.176	9.33	1.36	2.95	14.76	1.70	4.46	3.89	0.88	2.06	18.30			1.33
5	50	3	5.5	2.971	2.332	0.197	7.18	1.55	1.96	14.37	1.96	3.22	2.98	1.00	1.57	12.50			1.34
		4		3.879	3.059	0.197	9.26	1.54	2.56	14.70	1.94	4.16	3.82	0.99	1.96	16.69			1.38
		5		4.803	3.770	0.196	11.21	1.53	3.13	17.79	1.92	5.03	4.46	0.98	2.31	20.90			1.42
		6		5.688	4.456	0.196	13.05	1.52	3.69	20.68	1.91	5.85	5.42	0.98	2.63	25.14			1.46
5.6	56	3	6	3.343	2.624	0.221	10.19	1.75	2.48	16.14	2.20	4.08	4.24	1.13	2.02	17.56			1.48
		4		4.390	3.446	0.220	13.18	1.73	3.24	20.92	2.18	5.28	5.46	1.11	2.52	23.43			1.53
		5		5.415	4.251	0.220	16.02	1.72	3.97	25.42	2.17	6.42	6.61	1.10	2.98	29.33			1.57
		8		8.367	6.568	0.219	23.63	1.68	6.03	37.37	2.11	9.44	9.89	1.09	4.16	47.24			1.68
6.3	63	4	7	4.978	3.907	0.248	19.03	1.96	4.13	30.17	2.46	6.78	7.89	1.26	3.29	33.33			1.70
		5		6.143	4.822	0.248	23.17	1.94	5.08	36.77	2.45	8.25	9.57	1.25	3.90	41.73			1.74
		6		7.288	5.721	0.247	27.12	1.93	6.00	43.03	2.43	9.66	11.20	1.24	4.46	50.14			1.78
		8		9.515	7.469	0.247	34.46	1.90	7.75	54.56	2.40	12.25	14.33	1.23	5.47	67.11			1.85
		10		11.657	9.151	0.246	41.09	1.88	9.39	64.85	2.36	14.56	17.33	1.22	6.36	84.31			1.93

二、热轧工字钢（GB/T706—1988）

符号意义：

h——高度 b——腿宽

d——腰厚 t——平均腿厚度

r——内圆弧半径 r_1——腿端圆弧半径

I——惯性矩 W——截面系数

i——惯性半径 S——半截面的静力矩

型号	尺寸/mm						截面面积 A/cm^2	理论质量 $/(kg \cdot m^{-1})$	参 考 数 值						
									x−x				y−y		
	h	b	d	t	r	r_1			I_x/cm^4	W_x/cm^3	i_x/cm	$I_x:S_x$	I_y/cm^4	W_y/cm^3	i_x/cm
10	100	68	4.6	7.6	6.5	3.3	14.345	11.261	245	49.0	4.14	8.59	33.0	9.72	1.62
12.6	126	74	5.0	8.4	7.0	3.5	18.118	14.273	488	77.5	5.20	10.8	46.9	12.7	1.61
14	140	80	5.5	9.1	7.6	3.8	21.516	16.890	712	102	5.76	12.0	64.4	16.1	1.73
16	160	88	6.0	9.9	8.0	4.0	26.131	20.513	1 130	141	6.58	13.8	93.1	21.2	1.89
18	180	94	6.5	10.7	8.5	4.3	30.756	24.143	1 160	185	7.36	15.4	122	26.0	2.00
20a	200	100	7.0	11.4	9.0	4.5	35.578	27.929	2 370	237	8.15	17.2	158	31.5	2.12
20b	200	102	9.0	11.4	9.0	4.5	39.578	31.069	2 500	250	7.96	16.9	169	33.1	2.06
22a	220	110	7.5	12.3	9.S	4.8	42.128	33.070	3 400	309	8.99	18.9	225	40.9	2.31
22b	220	112	9.5	12.3	9.5	4.8	46.528	36.524	3 570	325	8.78	18.7	239	42.7	2.27
25a	250	116	8.0	13.0	10.0	5.0	48.541	38.105	5 020	402	10.2	21.6	280	48.3	2.40
25b	250	118	10.0	13.0	10.0	5.0	53.541	42.030	5 280	423	9.94	21.3	309	52.4	2.40
28a	280	122	8.5	13.7	10.5	5.3	56.404	43.492	7 110	508	11.3	24.6	345	56.6	2.50
28b	280	124	10.5	13.7	10.5	5.3	61.004	47.888	7 480	534	11.1	24.2	379	61.2	2.49
32a	320	130	9.5	15.0	11.6	5.8	67.156	52.717	11 100	692	12.8	27.5	460	70.8	2.62
32b	320	132	11.6	15.0	11.6	5.8	78.556	57.741	11 600	726	12.6	27.1	502	76.0	2.61
32c	320	134	13.5	15.0	11.5	5.8	79.956	62.765	12 200	760	12.3	26.8	544	81.2	2.61
36a	360	136	10.0	15.8.	12.0	6.0	76.480	60.037	15 800	875	14.4	30.7	552	81.2	2.69
36b	360	138	12.0	15.8	12.0	6.0	83.680	65.689	16 500	919	14.1	30.3	582	84.3	2.64
36c	360	140	14.0	15.8	12.0	6.0	90.880	71.341	17 300	962	13.8	29.9	612	87.4	2.60
40a	400	142	10.5	16.5	12.5	6.3	86.112	67.598	21 700	1 090	15.9	34.1	660	93.2	2.77
40b	400	144	12.5	16.5	12.5	6.3	94.112	73.878	22 800	1 140	15.6	33.6	692	96.2	2.71
40c	400	145	14.5	16.5	12.5	6.3	102.112	80.158	23 900	1 190	15.2	33.2	727	99.6	2.65
45a	450	150	11.5	18.0	13.5	6.8	102.446	80.420	32 200	1 430	17.7	38.6	855	114	2.89
45b	450	152	13.5	18.0	13.5	6.8	111.446	87.485	33 800	1 500	17.4	38.0	894	118	2.84

三、热轧槽钢（GB/T707—1988）

符号意义：

h——高度　　　　　b——腿宽

d——腰厚　　　　　t——平均腿厚度

r——内圆弧半径　　r_1——腿端圆弧半径

I——惯性矩　　　　W——截面系数

i——惯性半径　　　z_0——yy 轴与 y_0y_0 轴间距

型号	尺寸/mm						截面面积 A/cm^2	理论质量 /(kg·m⁻¹)	参 考 数 值							
									x–x			y–y			y_0–y_0	
	h	b	d	t	r	r_1			W_x/cm^3	I_x/cm^4	i_x/cm	W_y/cm^3	I_y/cm^4	i_y/cm	I_{y0}/cm^4	z_0/cm
5	50	37	4.5	7.0	7.0	3.5	6.928	5.438	10.4	26.0	1.94	3.55	8.30	1.10	20.9	1.35
6.3	63	40	4.8	7.5	7.5	3.8	8.451	6.634	16.1	50.8	2.45	4.50	11.9	1.19	28.4	1.36
8	80	43	5.0	8.0	8.0	4.0	10.248	8.046.	25.3	101	3.15	5.79	16.6	1.27	37.4	1.43
10	100	48	5.3	8.5	8.5	4.2	12.748	10.007	39.7	198	3.95	7.80	25.6	1.41	54.9	1.52
12.6	126	53	5.5	9.0	9.0	4.5	15.692	12.318	62.1	391	4.95	10.2	38.0	1.57	77.1	1.59
14a	140	58	6.0	9.5	9.5	4.8	18.516	14.535	80.5	564	5.52	13.0	53.0	1.70	107	1.71
14b	140	60	9.5	9.5	9.5	4.8	21.316	16.733	87.1	609	5.35	14.1	61.0	1.69	121	1.67
16a	160	63	6.5	10.0	10.0	5.0	21.962	17.240	108	866	6.28	16.3	73.3	1.83	144	1.80
16	160	65	8.5	10.0	10.0	5.0	25.162	19.752	117	935	6.10	17.6	83.4	1.82	161	1.75
18a	180	68	7.0	10.5	10.5	5.2	25.699	20.174	141	1 270	7.04	20.0	98.6	1.96	190	1.88
18	180	70	9.0	10.5	10.5	5.2	29.299	23.000	152	1 370	6.84	21.5	111	1.95	210	1.84
20a	200	73	7.0	11.0	11.0	5.5	28.837	22.637	178	1 780	7.86	24.2	128	2.11	244	2.01
20	200	75	9.0	11.0	11.0	5.5	32.837	25.777	191	1 910	7.64	25.9	144	2.09	268	1.95
22a	220	77	7.0	11.5	11.5	5.8	31.846	24.999	218	2 390	8.67	28.2	158	2.23	298	2.10
22	220	79	9.0	11.5	11.5	5.8	36.246	28.453	234	2 570	8.42	30.1	176	2.21	326	2.03
25a	250	78	7.0	12.0	12.0	6.0	34.917	27.410	270	3 370	9.82	30.6	176	2.24	322	2.07
25b	250	80	9.0	12.0	12.0	6.0	39.917	31.385	282	3 530	9.41	32.7	196	2.22	353	1.98
25c	250	82	11.0	12.0	12.0	6.0	44.917	35.260	295	3 690	9.07	35.9	218	2.21	384	1.92
28a	280	82	7.5	12.5	12.5	6.2	40.034	31.427	340	4 760	10.9	35.7	218	2.33	388	2.10
28b	280	84	9.5	12.5	12.5	6.2	45.634	35.822	366	5 130	10.6	37.9	242	2.30	428	2.02
28c	280	86	11.5	12.5	12.5	6.2	51.234	40.219	393	5 500	10.4	40.3	268	2.29	463	1.95
32a	320	88	8.0	14.0	14.0	7.0	48.513	38.083	475	7 600	12.5	46.5	305	2.50	552	2.24
32b	320	90	10.0	14.0	14.0	7.0	54.913	43.107	509	8 140	12.2	49.2	336	2.47	593	2.16
32c	320	96	12.0	14.0	14.0	7.0	61.313	48.131	543	8 690	11.9	52.6	374	2.47	643	2.09
36a	360	96	9.0	16.0	16.0	8.0	60.910	47.814	566	11 900	14.0	63.5	455	2.73	818	2.44
36b	360	98	11.0	16.0	16.0	8.0	68.110	53.466	703	12 700	13.6	66.9	497	2.70	880	2.37

参考文献

［1］林承全，等. 机械设计基础学习与实训指导［M］. 武汉：华中科技大学出版社，2007.

［2］林承全. 机械设计基础［M］. 武汉：华中科技大学出版社，2008.

［3］林承全. 机械设计基础课程设计及题解［M］. 武汉：华中科技大学出版社，2009.

［4］林承全. 机械设计实训［M］. 武汉：武汉理工大学出版社，2010.

［5］林承全，等. 汽车机械基础［M］. 武汉：华中科技大学出版社，2011.

［6］林承全. 冲模设计指导［M］. 武汉：武汉大学出版社，2012.

［7］濮良贵，纪名刚. 机械设计［M］. 8版. 北京：高等教育出版社，2006.

［8］陈立德. 机械设计基础［M］. 北京：高等教育出版社，2000.

［9］石固欧. 机械设计基础［M］. 北京：高等教育出版社，2000.

［10］徐锦康. 机械设计［M］. 北京：高等教育出版社，2002.

［11］杨可桢，等. 机械设计基础［M］. 5版. 北京：高等教育出版社，2006.

［12］于辉. 机械设计基础教程［M］. 北京：北京交通大学出版社，2009.

［13］吴宗泽，罗圣国. 机械设计课程设计手册［M］. 北京：高等教育出版社，1999.

［14］机械设计手册编委会. 机械设计手册［M］. 北京：机械工业出版社，2004.

［15］周家泽. 机械设计基础［M］. 武汉：武汉大学出版社，2012.

［16］孙恒. 机械原理教学指南［M］. 北京：高等教育出版社，1998.